भारत का जनसंख्या भूगोल

विश्वविद्यालयीय शिक्षार्थियों/राष्ट्रीय शैक्षिक परीक्षा/संघ लोक सेवा आयोग की परीक्षा के प्रतियोगियों हेतु उपयोगी

POPULATION GEOGRAPHY OF INDIA

Useful for University's Students/N.E.T./U.P.S.C. Examination Competitors

लेखक

अनुपम पाण्डेय

अनुसंधानार्थी, भूगोल

डॉ० राम मनोहर लोहिया अवध विश्वविद्यालय

फैज़ाबाद (उ.प्र.)

डिस्कवरी पब्लिशिंग हाउस

नई दिल्ली–110 002

प्रथम संस्करण: 2007

ISBN: 978-93-5056-686-2

प्रकाशक
डिस्कवरी पब्लिशिंग हाउस
4831/24, अन्सारी रोड, दरियागंज
नई दिल्ली—110 002
दूरभाष—23279245
फैक्स—23253475
e-mail: dphbooks@rediffmail.com
dphtemp@indiatimes.com

मुद्रक
अरोड़ा ऑफसैट प्रेस
दिल्ली-110 092

समर्पण

प्रथम पूर्वज कश्यप मुनि

एवं

शहीद देवनाथ पाण्डेय

को समर्पित

आमुख

भौगोलिक अध्ययनों में जनसंख्या संसाधन का मूल्यांकन करना अत्यन्त महत्वपूर्ण होता है। मानव भूगोल की एक विशिष्ट शाखा के रूप में 'जनसंख्या भूगोल' के अध्ययन का श्रेय सर्वप्रथम ट्रिवार्था महोदय को जाता है और आगे चलकर यह विश्व के समस्त भूगोल-प्रिय राष्ट्रों के विश्वविद्यालयों में प्रचलन प्राप्त करता है। भारत के विभिन्न विश्वविद्यालयों ने इसे स्वीकारा है जिसमें 'भारत का जनसंख्या भूगोल' अनिवार्य रूप से समाहित है। भूगोल में ही नहीं प्रत्युत यह अध्ययन अब विज्ञान/सामाजिक विज्ञान/मानविकी तथा वाणिज्य के क्षेत्र में भी महत्वपूर्ण हो चला है। पर्यावरणीय अध्ययन की नूतन विधा में भी यह विषय एक रोचक संस्मरण लेकर प्रतिबिम्बित होता है। ऐसे ज्वलंत विषय पर लेखक द्वारा किया गया लेखनी का प्रवाह उसके समसामयिक सोच की कुशाग्रता ही मानी जायेगी।

विगत वर्षों में जनसंख्या संसाधन में अभिवृद्धि से भौतिक संसाधनों की अक्षुणता पर अंकुश लगा है। जनाधिक्य से मानव संसाधन वरदान स्वरूप न होकर अभिशाप मण्डित हो चला है। ऐसे में एक वैज्ञानिक द्वारा जनवृद्धि एवं उसकी समस्याओं को रेखांकित कर जनसंख्या संसाधन विकास का व्रत लेना मानव कल्याणपरक अभियान माना जायेगा। प्रस्तुत लेखक ने इस कृति में इन समस्त पहलुओं पर पैनी दृष्टि डाली है और उसका कुशल साहित्यिक प्रतिबिम्बन उसके प्रौढ़ चिन्तन का परिणाम है।

चेतन को करे चैतन्य चिन्तन उसे कहेंगे। अमृत जने समन्दर मन्थन उसे कहेंगे। अर्थात् चेतन अपनी चेतनता से चैतन्य महाप्रभु हो सकता है। चिन्तन से सिद्धान्त बनते हैं और सिद्धान्तों का प्रयोग चिन्तन संवारता है। लेखक ने भारत के जनसंख्या भूगोल के अध्ययन द्वारा चिन्तन के बहुआयामी पक्षों को स्पर्श किया है क्योंकि विश्वविद्यालयीय शिक्षा की भूख मिटाते हुए उसने बहुत सारी प्रतियोगी परीक्षाओं में जनसंख्या अध्ययन सम्बन्धी प्रश्नों के हल को बड़े ही चैतन्य मानसिक परिवेश में प्रस्तुत करने का प्रयास किया है। पुस्तक में समाहित ग्यारहों अध्यायों को रूचिकर बनाने हेतु आंकिक, सैद्धान्तिक, आरेखिक एवं मानचित्रीय प्रदर्शन का सामान्यीकरण किया गया है।

सोच, प्रयास, प्रक्रिया एवं प्रतिफल। एक वैज्ञानिक सोच की आधार शिला पर किया गया प्रयास एवं प्रयास के वैज्ञानिक तेवर से उपजी प्रक्रिया उपलब्धियों रूपी

प्रतिफल को अनुप्राणित करती है। इसमें कोई संशय नहीं कि लेखक की संरचनात्मक सोच नई है, किन्तु वैज्ञानिक पहल एवं चैतन्य स्तम्भों के सहारे उपलब्धियों की तिजारत उसके अनुशीलनकर्ता के लिए वरदान स्वरूप, शिक्षाप्रद एवं कल्याणकारी है। मेरी शुभकामनाएँ इस भौगोलिक शिशु सोच के साथ हैं। मुझे आशा ही नहीं पूर्ण विश्वास है कि प्रस्तुत लेखक श्री अनुपम पाण्डेय द्वारा संरचित 'भारत का जनसंख्या भूगोल' नामक बहुआयामी पुस्तक समस्त सुधी पाठकों की ज्ञान-पिपासा को शीतल करेगी।

दीपावली
21 अक्टूबर, शनिवार
2006
सुलतानपुर (उ. प्र.)

डॉ. गोविन्द प्रसाद
वरिष्ठ उपाचार्य, भूगोल विभाग
राणा प्रताप स्नातकोत्तर महाविद्यालय
सुलतानपुर (उ. प्र.)

प्राक्कथन

जनसंख्या के दृष्टिकोण से हम भारत के लोग करोड़पति की सीमा पार करते हुए अब अरबपति बन गए हैं। अतः देश के विश्वविद्यालयों/महाविद्यालयों/उच्च शिक्षण संस्थानों की कक्षाओं/अनुसंधानों के साथ-साथ विभिन्न उच्च स्तरीय प्रतियोगी परीक्षाओं में जनसंख्या के अध्ययन को व्यापक महत्व दिया जा रहा है। भारत सरकार का उद्देश्य भी है कि राष्ट्र की जनसंख्या-विशेषताओं एवं समस्याओं से सबों को परिचित कराया जाय। देश की लगभग आधी जनसंख्या हिन्दी भाषी है और राष्ट्र/राज्य स्तरीय विभिन्न परीक्षाओं में हिन्दी भाषा को आंग्लभाषा के समानान्तर माध्यम-प्रतिष्ठा प्राप्त है। जहाँ तक भूगोल विषय की बात है, अब वह बात नहीं रही कि विद्यार्थी कह सके कि हिन्दी माध्यम में मानक पुस्तकों का अभाव है। आजकल हिन्दी माध्यम में भूगोल की पुस्तकें पर्याप्तता एवं पूर्णता की ओर अग्रसर हैं। स्वयं लेखक भी इस हेतु पूर्ण योगदान देने हेतु वचनबद्ध/कटिबद्ध है। यह पुस्तक लेखक द्वारा हिन्दी भाषा में लिखित सातवीं पुस्तक है जो कि इस कथन का प्रमाण है।

'भारत का जनसंख्या भूगोल' नाम की यह पुस्तक स्वयं में अपने प्रकार की शायद राष्ट्र स्तर पर प्रथम पुस्तक है। अब तक अधिकांश पुस्तकें प्रायः विश्व एवं राष्ट्र दोनों का जनसंख्या अध्ययन समाहित करती रही हैं। प्रस्तुत पुस्तक में भारत की जनसंख्या का बहुस्तरीय एवं तुलनात्मक अध्ययन किया गया है। परम्परागत अध्यायों के साथ-साथ 'भारत की मलिन बस्तियों में जनसंख्या' एक नये अध्याय के रूप में और साक्षरता के साथ शिक्षा एवं जनसंख्या नीति के साथ परिवार कल्याण कार्यक्रम जैसे समसामयिक पहलुओं को भी संयुक्त किया गया है। पुस्तक की विषय सूची 11 अध्यायों में विभक्त है, जिनके अंतर्गत 55 आरेख, 40 आँकड़े, 11 मानचित्र, 7 प्रतिमान और एक-एक चित्र एवं पर्यावरण-भौगोलिक कविता को अत्याधुनिक स्वरूप में प्रस्तुत करने की कुशल चेष्टा की गई है। प्रत्येक अध्याय की समाप्ति पर उससे सम्बन्धित 25-25 अति उपयोगी प्रश्नोत्तर की श्रृंखला (कुल 275 बहुवैकल्पिक प्रश्न) भी संलग्न की गई है, ताकि प्रतियोगी उसकी सहायता ले सकें।

लेखक ने अपने अध्ययन एवं अध्यापन काल में विद्यार्थियों की समस्याओं (विशेषकर, नवीनतम आँकड़ों की अपर्याप्तता) का अनुभव कर इनके निदानार्थ नवीनतम आँकड़ों का संकलन सन्निहित किया है। इस हेतु भारत की जनगणना-2001, आर्थिक जनगणना-2005, जनसंख्या नीति-2000 तथा विभिन्न राष्ट्रीय पत्रिकाओं,

राष्ट्रीय समाचार पत्रों एवं देशी-विदेशी लेखकों की पुस्तकों की सहायता ली गई है। भौगोलिक पारिभाषिक शब्दकोषों/प्रतियोगी पत्रिकाओं/एट्लसों/शब्दकोषों/संयुक्त राष्ट्र संघ के प्रतिवेदनों एवं अन्य वैश्विक/महाद्वीपीय/राष्ट्रीय/राज्यस्तरीय संगठनों/संस्थाओं के प्रतिवेदनों की यथोचित सहायता ली गई है। इस हेतु लेखक इन सबों के प्रति हार्दिक आभार व्यक्त करना अपना परम कर्त्तव्य समझता है साथ ही आँकड़ों के संकलन की सुविधा हेतु जे.एन.यू. एवं दिल्ली विवि. के केन्द्रीय ग्रन्थालयों के अधिकारियों/कर्मचारियों का भी आभार व्यक्त करता है।

उच्च शिक्षा के क्षेत्र में यह पुस्तक परास्नातक शिक्षार्थियों एवं शोधार्थियों के अतिरिक्त राष्ट्रीय शैक्षिक परीक्षा (N.E.T./J.R.F.) एवं संघ लोक सेवा आयोग की प्रारम्भिक एवं मुख्य परीक्षाओं के लिए सर्वथा अनुकूल होगी। चूँकि भूगोल के वे विद्यार्थी जो परास्नातक स्तर पर जनसंख्या भूगोल के साथ विशेषीकरण किये हैं वे विश्वविद्यालय अनुदान आयोग की अधिसूचना के अनुसार 'जनसंख्या अध्ययन' विषय के अंतर्गत भी एन.ई.टी./जे.आर.एफ. की परीक्षा दे सकते हैं, अत: यह समस्त सामाजिक विज्ञान विषयों में मात्र भूगोल के लिए अनुपम प्रावधान है और इन दोनों विषयों में यह पुस्तक उभयनिष्ठ है। इसके अतिरिक्त जनसंख्या भूगोल के प्राध्यापक बन्धु भी इसे पूर्णतया पसन्द करेंगे, लेखक का पूर्ण विश्वास है।

लेखक अनन्त में विद्यमान समस्त शक्तियों को शिव-शंकर के रूप में साक्षी मानते हुए सर्वधर्मसमभाव के प्रतीक स्वास्तिक को सादर सतत् प्रणाम करता है, जिनके समुचित ऊर्जा प्रदान करने के चलते यह पुस्तक स्वरूप ग्रहण कर सकी। नारायणस्वरूप परमपूज्य गुरूदेव डॉ. गोविन्द प्रसाद एवं नारायणीस्वरूपा परमपूजनीया गुरूमाता श्रीमती जानकी देवी तथा शिवस्वरूप परमपूजनीय पिताजी श्री पारसनाथ पाण्डेय एवं पार्वतीस्वरूपा माँ शंकरादेवी पाण्डेया के साथ-साथ नवदुर्गावतार बहनों राजरानी, अमरावती, आशा, अखिलेश, सरिता, अमिता, ममता, मीरा व छाया सहित कार्तिकेय स्वरूप अनुज आदित्य आदि को आत्मा से आभार व्यक्त करता हूँ, जिन सबों के प्रेरणात्मक एवं प्रत्यक्ष सहयोग के परिणामस्वरूप यह सब सम्भव हुआ।

परम आदरणीय गुरूजन वृन्दों में राणा प्रताप स्नातकोत्तर महाविद्यालय के भूगोल विभाग के डॉ. गोविन्द प्रसाद, डॉ. हरिशंकर सिंह, डॉ. हुकुम सिंह, डॉ. इन्द्रजीत सिंह व हिन्दी विभाग के श्री लालचन्द सिंह व संस्कृत के श्री राधेश्याम सिंह; के.एन.आई.पी.एस.एस. के भूगोल विभाग के डॉ. पी.एस. कमला, डॉ. डी.के. त्रिपाठी, डॉ. ओ.पी. सिंह व हिन्दी विभाग के डॉ. राधेश्याम सिंह एवं डॉ. प्रतिमा सिंह; गनपत सहाय स्नातकोत्तर महाविद्यालय के इतिहास विभाग के डॉ. अरुण कुमार मिश्र एवं संस्कृत विभाग की डॉ. प्रेमलता मिश्रा के साथ-साथ इं. का. थौरी के प्राचार्य श्री वीरेन्द्र नाथ सिंह (सदस्य, भारतीय कांग्रेस समिति) एवं समस्त गुरूजनों का अभिवादन करता हूँ। अब तक की प्रकाशित पुस्तकों के ज्येष्ठ सहलेखक

डॉ. शरदेन्दु किसलय (शिक्षक हवलदार, भारतीय सेना, जम्मू) के भी चिरायु होने की कामना करता हूँ।

पूर्व शिक्षण संस्थान, कुन्दाभैरोपुर के प्रबन्धक ज्येष्ठ भ्राता तुल्य श्री राणा अजीत प्रताप सिंह (पूर्व उपाध्यक्ष, छात्र संघ, इलाहाबाद विवि.) कृष्ण-बलराम तुल्य सखा श्री मोनिस हैदर (प्रवक्ता हिन्दी) एवं श्री नरेन्द्र कुमार शुक्ल (प्रवक्ता, संस्कृत), श्री वीरेन्द्र बहादुर सिंह (प्राचार्य इं. का.), श्री विपिन कुमार सिंह 'अग्रज' (शिक्षक, रसायनशास्त्र) के सकारात्मक सहयोग को मैं कभी विस्मृत नहीं कर सकता और संघलोक सेवा आयोग की परीक्षा हेतु अध्ययनरत कमला पति तिवारी, कन्दर्प नारायण मिश्र, अभिषेक श्रीवास्तव, सुधीर कुमार एवं संदीप श्रीवास्तव के सक्रिय समर्थन का भी मैं धन्यवाद अदा करता हूँ। सतत उत्साहवर्धन करने पर मैं विभारानी पाण्डेया को वैश्विक कीर्तिमान स्थापित करने का आशीष प्रदान करता हूँ।

स्वसम्बन्धियों में समस्त पूर्वजों सहित बाबाजी, स्व. श्री शारदा प्रसाद पाण्डेय, नामकरणकर्ता श्री एम.पी. पाण्डेय (पूर्व एस.ओ.), श्री सी.एन. पाण्डेय, स्व. श्री के.पी. पाण्डेय (दादाजी), श्री एस.आर. मिश्र (नानाजी), श्री आर.एम. मिश्र, श्री आर.एल. उपाध्याय (वर्तमान आइ.ए.एस.), श्री जी.एन. मिश्र, श्री आर.बी. मिश्र, श्री वी.एन. मिश्र (मामाजी), श्री एस.डी. तिवारी, श्री एस.डी. मिश्र, श्री वी.के. मिश्र, श्री एस.बी. पाण्डेय, श्री आर. के. शुक्ल, श्री डी.जे. पाण्डेय, श्री आर.के. पाण्डेय, श्री पी.के. मिश्र श्री यू.के. पाण्डेय (जीजाजी) एवं समस्त शुभचिन्तकों को प्रणाम एवं साधुवाद अर्पित करता हूँ।

डिस्कवरी पब्लिशिंग हाउस, दरियागंज, नई दिल्ली के प्रकाशक एवं वितरक श्री टी.आर. वासन, जिन्होंने पुस्तक-प्रकाशन का दायित्व निभाया और इसे सुन्दर साज-सज्जा के साथ पूर्णता प्रदान करते हुए आप तक पहुँचाकर संतोष प्रदान किया, का हार्दिक आभारी हूँ।

पुस्तक के और अधिक परिमार्जन एवं संशोधन हेतु सभी शिक्षार्थियों/ प्रतियोगियों/ शोधार्थियों/प्राध्यापक बंधुओं/अन्य सुधी पाठकों से प्रतिपल सुझाव अपेक्षित हैं, जिसकी लेखक प्रतीक्षा करेगा।

शुभ दीपावली
शनिवार, 21 अक्टूबर
सन् 2006

लेखक
अनुपम पाण्डेय
पटेल चेस्ट (दिल्ली विवि. नार्थ कैम्पस)
नई दिल्ली-07
सम्पर्क सूत्र-09871616241
09415963941
09451775464

विषय सूची

1

भारत : जनसंख्या वृद्धि
(INDIA : POPULATION GROWTH)

प्रस्तावना (Introduction)

जनसंख्या की अप्रत्याशित वृद्धि के परिणामस्वरूप हम इस दृष्टि से करोड़पति की सीमा पार कर अरबपति (11 मई 2000) बन गए। अब विश्व का हर छठा व्यक्ति एक भारतीय है। इस मामले में चीन से हम कड़ी प्रतिस्पर्द्धा करते हुए उसे सन् 2045 तक पीछे छोड़ देने में जुटे हुए हैं। लेकिन क्या यह हमारे लिए खुशखबरी है? कदापि नहीं।

सर्वविदित है कि मानव सभी संसाधनों का संसाधन है, वह जिस तत्व/पदार्थ को स्पर्श मात्र कर लेता है, वह स्वयमेव संसाधन की श्रेणी में आ जाता है। किन्तु यह भी जानना चाहिए कि इन संसाधनों की अपनी सीमाएँ हैं, सभी संसाधन अनन्त एवं अक्षय नहीं हैं। इनकी सुलभ स्थिति तभी तक अनुकूल रहती है, जब तक कि इनकी मात्रा ओर मानवीय हस्तक्षेप में संतुलन बना रहता है। विगत वर्षों में मानव की आवश्यकताएँ अनिवार्यताओं में तब्दील होती गई हैं। एक अनुमान के अनुसार औसत आवश्यकताओं की संख्या विगत शताब्दी (20 वीं) के आरंभ से वर्तमान शताब्दी (21वीं) के आरंभ तक 40 गुने अधिक बढ़ी हैं (भारत के संदर्भ में)। इनका अप्रत्याशित मात्रा में बढ़ना तीव्र संसाधन विदोहन को सूचित करता है, जो कि खतरनाक सम्भावी सूचनाएँ हैं। हम देख रहे हैं कि लगातार मानव जीवन स्तर (Life Standard of Human) अवनयन की ओर अग्रसर है। इससे भी बड़ी बिडम्बना यह प्रतीत होती है जो देश के लगभग 10% लोगों के पास देश की 90% और 90% लोगों के पास मात्र 10% भूमि ही निहित है। सामाजिक विषमता चरम स्तर की ओर बढ़ रही है। धनिक अनवरत धनाढ्य बनता जा रहा है और गरीब लगातार निर्धन। गरीबी से उबरने के लिए देश में न तो पर्याप्त रोजगार हैं और न ही पर्याप्त वित्तीय सुविधाएँ (Financial Facilities)। ऐसे में देश एक ऐसा द्विविभाजित स्वरूप ग्रहण कर रहा है जिसके दोनों स्वरूपों को अलग-अलग दृष्टि से भारत और इण्डिया के रूप में देखा जा

सकता है। भारत गरीबों या ग्रामीणों और इण्डिया शब्द धनिकों या प्रतिष्ठित नागरिकों के लिए संकेतित है। इस संदर्भ में संयुक्त राज्य अमेरिका की राजधानी वाशिंगटन में स्थित संस्था 'विश्व देखरेख' (World Watch) ने तब बड़ी भर्त्सनात्मक टिप्पणी की जब हमारी जनसंख्या 1 अरब के आँकड़े को पार कर गई थी। उसने कहा "एक अरब के स्तर पर जनसंख्या का पहुँच जाना एक ऐसे राष्ट्र हेतु कोई उत्सव मनाने जैसी बात नहीं है जहाँ की 50% के आसपास की वयस्क जनसंख्या निरक्षर हो, इससे भी अधिक प्रतिशत में बच्चे कुपोषण के शिकार हों और जहाँ लगभग 1/4 जनसंख्या निर्धनता रेखा के नीचे (Below Poverty Line or B.P.L.) जीवनयापन कर रही हो।" यह टिप्पणी प्रत्येक भारतीय का कान खोलती है और हमें सचेत हो जाने की भविष्यवाणी करती है।

जनसंख्या वृद्धि के कारण (Causes of Population Growth)

जनसंख्या वृद्धि जन्मदर (Birth Rate) एवं मृत्युदर (Death Rate) के अन्तर का प्रतिफल होती है। प्रजनन दर (Fertilarity Rate) की तीव्रता इसे पल्लवित करती है। फिर भी इतने से ही वृद्धि के कारणों का पूर्णज्ञान नहीं हो पाता। इस हेतु निम्नलिखित बिन्दुओं के माध्यम से इसके कारणों की पड़ताल करना सार्थक होगा–

1. गर्म जलवायु (Warm Climate)
2. समतल/कृष्य भूमि की पर्याप्तता (Enough Plain/Agroland)
3. औद्योगीकरण (Industrialisation)
4. नगरीकरण (Urbanisation)
5. स्वास्थ्य सुविधाओं में सुधार (Reforms in the Health Facilities)
6. बाल विवाह व विवाह की अनिवार्यता (Child Marriage & Compulsory Marriage)
7. संतान प्राप्ति-जन्म सिद्ध अधिकार (Bearing a Child a Birth Right)
8. गरीबी (Poverty)
9. निरक्षरता/अशिक्षा (Illiteracy & Uneducation)
10. अदूरदृष्टि (Myopic)
11. अंध विश्वास (Superstition)
12. सामाजिक असुरक्षा की अनुभूति (Feelings of Social Improtection)
13. प्रजनक आयु वर्ग का उच्च अनुपात (High Ratio of Fertiler Age Group)

14. गर्भ निरोधक उपायों की अपर्याप्तता/अज्ञान (Inadequacy of Contraceptive Methods and Unawareness)
15. जनसंख्या नियंत्रण को धर्म से जोड़ना (Religion Bound in Population Control)
16. मनोरंजनकारी स्रोतों का अभाव (Scarcity of Entertainmental Sources)
17. अन्य कारण (Other Causes)।

उपर्युक्त बिन्दुओं का विवेचन/विश्लेषण संक्षेप, किन्तु सारगर्भित रूप में निम्नतया प्रस्तुत है–

1. गर्म जलवायु (Warm Climate): भारत मुख्यतया उष्णकटिबंधीय मानसूनी जलवायु वाला देश है। वैज्ञानिक/भौगोलिक तथ्य है कि गर्म जलवायु प्रजनन शक्ति को तीव्रता प्रदान करती है। ऐसे में गर्भधारण अधिक होता है और जन्मदर तेजी पकड़ती है। फलत: जनसंख्या वृद्धि की दर तीव्र ढंग से बढ़ती है। ठण्डे जलवायु प्रदेशों (जो कि भारत में अत्यल्प पाये जाते हैं)में यह स्थिति विपरीत है।

2. समतल/कृष्य भूमि की पर्याप्तता (Enough Plain/Agroland): हमारे राष्ट्र में समतल एवं कृष्य (कृषि योग्य) भूमि (46%) की पर्याप्तता है जो कि जापान जैसे देशों की कृष्य भूमि (15%) की 3 गुने से भी अधिक है। इस प्रकार ये क्षेत्र उपजाऊ मृदा से युक्त हैं और अधिक भरण-पोषण करने योग्य हैं। पंजाब, उत्तर प्रदेश, हरियाणा, बिहार, प्रभृति राज्य इसी के ही अंतर्गत हैं जहाँ जनसंख्या तीव्र गति से बढ़ रही है।

3. औद्योगीकरण (Industrialisation): औद्योगीकरण ने जनसंख्या को केन्द्रित करने का प्रयास किया है। अधिक औद्योगीकरण से लोगों को रोजगार के साधनों की प्राप्ति हुई है। इस प्रलोभन में अधिक पारिश्रमिक (प्रति परिवार) प्राप्त करने के लिए प्रवास के दृष्टिकोण का विकास हुआ है और जनसंख्या वृद्धि में तेजी आई है। इस मामले में श्रमिक वर्ग का अधिकांश योगदान है।

4. नगरीकरण (Urbanisation): तीव्र नगरीकरण (वर्तमान में 28%) ने लोगों को विलासिता के गिरोह में शामिल किया है। ग्रामीण जनसंख्या का रोजगार प्राप्ति हेतु नगरोन्मुख पलायन भी बढ़ा है। मुम्बई, दिल्ली, कोलकाता, चेन्नई जैसे महानगर विश्व के शीर्ष महानगरों में शामिल हो गए हैं और यहाँ तीव्र जनसंख्या वृद्धि हो रही है विशेषकर मलिन बस्तियों में यह अधिक है।

5. स्वास्थ्य सुविधाओं में सुधार (Reforms in the Health Facilities): नगरों एवं गाँवों में स्वास्थ्य सुविधाओं का तीव्र प्रसार हुआ है।

सार्वजनिक एवं निजी नर्सिंग होम की बाढ़ सी आई है और जीवन प्रत्याशा (Life Possibility) बढ़ी (65 वर्ष है। इसके साथ ही सुरक्षित प्रसूति सुविधाओं ने मातृ एवं शिशु मृत्यु दर को बड़े पैमाने पर नियंत्रित किया है और कुल मिलाकर मृत्युदर में कमी तथा जन्मदर में वृद्धि हुई है। परिणामतः जनसंख्या की प्राकृतिक वृद्धि को ऊर्जा मिली है।

6. बाल विवाह व विवाह की अनिवार्यता (Child Marriage & Compulsory Marriage): भारत सरकार द्वारा निश्चित की गई विवाह की न्यूनतम आयु (लड़का 21 वर्ष, लड़की 18 वर्ष) का उल्लंघन आज भी जारी है। यह विशेषकर पिछड़े एवं निम्न समाज में अधिक है। लोग अल्पायु में ही बच्चों का विवाह कर स्वयं को दायित्व-बंधनों से मुक्त कर लेते हैं। दूसरे, विवाह को लोग अनिवार्य मानते हैं, चाहे विवाह करने वाला लड़का/लड़की विवाह अयोग्य क्यों न हो? ऐसे में अनेक जनसांख्यिकीय समस्याओं एवं दीर्घ प्रजनन अवधि का सृजन होता है और जनसंख्या तेजी से बढ़ती है।

7. संतानप्राप्ति-जन्म सिद्ध अधिकार (Bearing a Child-a Birth Right): संतानप्राप्ति को लोग जन्मसिद्ध अधिकार समझने लगे हैं। विश्व तीव्रगति से परिवर्तित हो रहा है और भारत उसकी मुख्यधारा से जुड़ चुका है, किन्तु अभी भी भारत के अधिकांश लोग स्वयं को परम्परागत रूढ़ियों से मुक्त नहीं कर पाये हैं। येन-केन प्रकारेण प्रत्येक दम्पत्ति, संतान प्राप्ति करना चाहती है। बिडम्बना इस बात की है कि अधिकांश लोगों के मन में यह गलत धारणा साँप गई है कि बिना संतान का दम्पति शुभ नहीं माना जाता, यद्यपि यह बात काफी हद तक सामाजिक मान्यताओं की देन है। फलस्वरूप जनसंख्या का बढ़ना अवश्यम्भावी हो जाता है।

8. गरीबी (Poverty): देश में अभी भी 19.3% आबादी गरीबी रेखा से नीचे है (2007), जिसमें 15.7% शहरों तथा 21.7% ग्रामों में निवसित है। ऐसी दशा में जबकि पाँच में से एक व्यक्ति निर्धनता रेखा से निम्न (B.P.L.) जीवनयापन करने के लिए बाध्य हो जीवन स्तर कैसे सुधर सकता है? विवश होकर लोग संतानोत्पत्ति को ही पूँजी समझते हैं और सोचते हैं कि आगे-चलकर उनकी आगामी संतान उन्हें गरीबी एवं कर्ज से उबारेगी, फलतः संतानोत्पत्ति के अवसर बढ़ जाते हैं व जनसख्या तीव्र रफ्तार से बढ़ती है। बिहार (43.18% गरीबी) जैसे राज्य इस तथ्य को प्रस्तुत करते हैं।

9. निरक्षरता/अशिक्षा (Illiteracy/Uneducation): देश में अभी भी एक तिहाई से अधिक, अर्थात् 34.62% जनसंख्या (2001) निरक्षर है। अशिक्षितों की संख्या इससे भी अधिक है। साक्षर वह है जो किसी भी भाषा में सरल बातों को पढ़ एवं लिख दोनों ले, जबकि शिक्षित को औपचारिक या अनौपचारिक

शिक्षा भी ग्रहण करनी होती है। इस अवाच्छनीयता (अशिक्षा) से समझदारी की कमी होती है और संतान वृद्धि में रूचि होती है।

10. अदूरदृष्टि (Myopic): यह कारण गरीबी और निरक्षरता से पनपता है। भविष्य के प्रति स्पष्ट आशावादिता और महात्वाकांक्षा अदूरदृष्टि के तले दब जाते हैं। इससे जीवन स्तर को उच्च स्थापित करने की दृढ़ इच्छाशक्ति न होने के कारण बच्चे पर बच्चे पैदा करते रहना लोगों की परम्परागत आदत सी बन जाती है, जिसकी प्रतिफल जनसंख्या वृद्धि होती है।

11. अंध विश्वास (Superstition): ऊपर के तीन अभिशापों के चलते अंधविश्वास को बल मिलता है। लोग यथार्थ जीवन से परे होने लगते हैं। वर्तमान एवं भावी समस्याओं को इसके बलबूते अनदेखा करते रहते हैं, फलतः जीवन संबंधी समस्याएँ और तूल पकड़ती हैं और लोग उसका निदान जनसंख्या-वर्द्धन में खोजन लगते हैं। अतः वृद्धि तीव्रता की ओर अग्रसर होती है।

12. सामाजिक असुरक्षा की अनुभूति (Feeling of Social Improtection): गरीबी व अंधविश्वास से सामाजिक असुरक्षा अनुभव होने लगती है। लोग परिवार में अधिक लोगों का गुट होना अपनी शक्ति (बाहुबल) का प्रतीक मानने लगते हैं, क्योंकि कानूनी नियमों एवं कानूनों का भलीभाँति उन्हें ज्ञान नहीं होतां फलस्वरूप संयुक्त परिवार को बढ़ावा मिलता है और इस प्रकार के परिवार जनसंख्या वृद्धि को भार नहीं हथियार मानते रहने की बड़ी भूल करते हैं। आगे चलकर यह भूल जनसंख्या की अवाञ्छित वृद्धि के रूप में प्रकट होती है।

13. प्रजनक आयु वर्ग का उच्च अनुपात (High Ratio of Fertiler Age Group): हमारे देश में युवाओं और प्रौढ़ों (15-49 वर्ष) की आबादी अधिक है। युवा और प्रौढ़ प्रजनक आयु वर्ग में शामिल किये जाते हैं। अल्पायु में ही विवाह और 45 से 50 वर्षों की आयु तक प्रजनन क्षमता का पाया जाना जनसंख्या की वृद्धि में तीव्र इजाफा करता है। देश की लगभग आधी जनसंख्या इस आयु वर्ग में है।

14. गर्भनिरोधक उपायों की अपर्याप्तता/जागरूकता की कमी (Inadequate Contraceptive Methods & Unawareness): गर्भनिरोधक उपायों की अपर्याप्तता, विशेषकर ग्रामीण क्षेत्रों में विद्यमान है। नसबन्दी, कण्डोम (महिला एवं पुरुष) एवं गर्भनिरोधक औषधियों का पर्याप्तता प्रसार अभी तक नहीं हो पाया है। विश्व बैंक एवं यूनीसेफ तथा सिफ्सा (विश्व स्वास्थ्य संगठन) की परियोजनाएँ जिस तरीके से कागजों पर पेश की जाती हैं उनका उतना बेहतर क्रियान्वयन सभी गाँवों/क्षेत्रों में नहीं हो पाया है, क्योंकि जनसहयोग की कमी है व लोगों में जागरूकता का अभाव है। निष्कर्षतः जनसंख्या बढ़ती जाती है।

15. जनसंख्या नियंत्रण को धर्म से जोड़ना (Religion Bound in Population Control): प्रायः एक विशाल जनसमुदाय जनसंख्या नियंत्रण को धर्म से जोड़ते हुए इसे (संतानोत्पत्ति) ईश्वर/अल्लाह की देन या उपहार मानता है। इस धारणा से विशेषकर मुस्लिम समुदाय अधिक ग्रस्त है जिसकी जनसंख्या वृद्धि दर लगभग 3% प्रतिवर्ष है जो कि राष्ट्रीय औसत की दर से भी 50% अधिक है। यद्यपि कि ट्यूनीशिया जैसे राष्ट्र (इस्लाम धर्मावलम्बी) ने अपने यहाँ नसबन्दी एवं गर्भपात दोनों को ही वैंध बना दिया है किन्तु भारत में जनसंख्या नियंत्रण की नसबन्दी प्रथा को भी इस्लाम के विरुद्ध माने जाने की आम धारणा है। अन्य धर्मों में निम्न समाज के लोग भी इसे ईश्वर की देन ही मानते हैं, जिससे जनसंख्या में तीव्र इजाफा होता है।

16. मनोरंजनकारी स्त्रोतों का अभाव (Scarcity of Entertainmental Sources): भारत (विशेषकर ग्रामीण) में मनोरंजनकारी स्त्रोतों या साधनों का पर्याप्त (जितना कि होना चाहिए) विकास नहीं हो पाया है। यद्यपि कि नगरों या कस्बों में यह अधिक है किन्तु तकनीकी अभाव के चलते गाँवों में यह प्रायः रेडियो तक ही सीमित है। कुछ ग्रामीण संभ्रान्त परिवारों में ही मनोरंजन के दूरदर्शन (श्वेत एवं श्याम तथा रंगीन) जैसे साधन विद्यमान है। अभी भी गरीब लोग संतान एवं पत्नी को ही मनोरंजन का स्तरीय साधन समझते हैं, जो कि तीव्र प्रजनन एवं जन-वृद्धि को प्रेरित करता है।

17. अन्य कारक (Other Causes): जनसंख्या वृद्धि के अन्य कारणों में शिक्षागत कारणों यथा यौन-शिक्षा एवं जनसंख्या शिक्षा के अभाव को मानते हैं। चूँकि देश की अधिकांश आबादी किशोर एवं युवा है या बनने की ओर अग्रसर है तथा इनमें से अधिक संख्या में कालेजों से जुड़ी है जिसे यौन एवं जनसंख्या शिक्षा अनिवार्य रूप से ग्रहण कराया जाना चाहिए, ताकि ये जनसंख्या एवं परिवार नियोजन के लिए सम्भावनाएँ स्थापित कर सकें। किन्तु यह अभी तक अनिवार्य नहीं की गई है और अधिकांश आबादी इसी अज्ञान के चपेट में है, फलस्वरूप जनसंख्या वृद्धि बलवती है।

जनसंख्या वृद्धि की प्रवृत्तियाँ (Trends of Population Growth)

विगत सौ वर्षों (1901-2001) के जनगणना इतिहास में भारत में जनसंख्या वृद्धि की प्रवृत्ति 4 भिन्न-भिन्न स्वरूप ग्रहण करती है। ये स्वरूप निम्नलिखित हैं–

1. स्थायित्वपूर्ण प्रवृत्ति (1901-1921)
2. मन्द वृद्धियुक्त प्रवृत्ति (1921-1951)
3. तीव्र वृद्धियुक्त प्रवृत्ति (1951-1971)
4. तीव्र किन्तु ह्रासोन्मुख वृद्धियुक्त प्रवृत्ति (1971-2001)

1. स्थायित्वपूर्ण प्रवृत्ति (1901-1921) [Stationary Trend (1901-1921)]: इस काल (बीस वर्षीय) के दौरान जनसंख्या वृद्धि अपनी शैशवावस्था में थी अर्थात् लगभग स्थायी सी। 1901 में देश में कुल जनसंख्या (स्त्री एवं पुरुष) 23.04 करोड़ व्यक्ति रही जो सामान्य वृद्धि करती हुई 1911 में 25.20 करोड़ हो गई किन्तु यह अगली जनगणना (1921) में घटकर (आंशिक रूप से)25.13 करोड़ हो गई। अर्थात् इस अवधि के दौरान जनसंख्या में अपवादस्वरूप घटोत्तरी दर्ज की गई। घटने का मूल कारक विभिन्न प्रकार की महामारियों का प्रकोप यथा-हैजा, प्लेग एवं एन्फ्लूएंजा (एक वायु संवाहित रोग, जिसका विषाणु मिक्सोवायरस इन्फ्लुएंजाई है, इसे फ्लू भी कहते हैं) तथा कुपोषण एवं भुखमरी रहा। इस वर्ष (1921) को भारतीय जनसांख्यिकीय इतिहास का महाविभाजक साल (Great Divider Year) कहा जाता है।

2. मन्दवृद्धियुक्त प्रवृत्ति (1921-1951) [Slow Growth Type Trend (1921-1951)]: इस तीस वर्ष की अवधि में जनसंख्या वृद्धि की प्रवृत्ति मन्दता लिये हुए थी। 1921 में जहाँ कुल जनसंख्या 25.13 करोड़ थी वहीं 10 वर्षों में मन्दगति से बढ़कर यह 27.89 करोड़ हो गई इस जनगणना दशक के अंतर्गत यह 2.76 करोड़ व्यक्ति बढ़ी जो कि प्रतिशत में 11 थी। वार्षिक वृद्धि दर इस दशक में मात्र 9.04% थी। 1931 से 41 के बीच 3.96 करोड़ व्यक्तियों को जोड़ते हुए यह 31.86 करोड़ हो गई तथा आगे की जनगणना (1951) में यह 4.24 करोड़ लोगों को संयुक्त कर 36.10 करोड़ रही। इस प्रकार इस अवधि को जनसंख्या वृद्धि की बाल्यावस्था कहा जा सकता है।

3. तीव्र वृद्धि युक्त प्रवृत्ति (1951-1971) [Fast Growth Type Trend (1951-1971)]: यह 20 वर्षीय अवधि तीव्र वृद्धि युक्त प्रवृत्ति वाली रही। 1951 की तत्कालीन जनसंख्या 36.90 करोड़ थी, जो 27.60% की दशकीय वृद्धि करती हुई अगले 10 वर्षों (1961) में 43.92 करोड़ पहुँच गई। इस 10 वर्ष के अंतर्गत 7.85 करोड़ नये लोग जुड़े। 1961 से 1971 के जनगणना दशक में यह और अधिक तीव्र रही जिसकी दशकीय वृद्धि 24.80% रही तथा जनसंख्या बढ़कर 54.81 करोड़ हो गई। इस अवधि को जनसंख्या वृद्धि की युवावस्था कहना सार्थक होगा।

4. तीव्र किन्तु ह्रासोन्मुख वृद्धि युक्त प्रवृत्ति (1971-2001) [Fast but Decreasible Growth Type Trend (1971-2001)]: यह अवधि जनसंख्या वृद्धि की प्रौढ़ावस्था (वृद्धावस्था की ओर उन्मुख) कही जा सकती है, क्योंकि वृद्धि दर (दशकीय) लगातार किन्तु अत्यल्प घटती गई है। जहाँ 1971 में कुल जनसंख्या 54.81 करोड़ थी अग्रिम जनगणना दशक (1971-81) में 24.66% (पूर्व दशक से कम) की वृद्धि करते हुए 1981 में 68.38 करोड़ हो गई। यह

आगे के जनगणना वर्षों 1991 और 2001 में क्रमशः 84.34 करोड़ और 102.70 करोड़ हो गई। इन दोनों वर्षों में वृद्धि दर (दशकीय) क्रमशः 23.86% एवं 21.34% हासिल की गई।

सम्भावना है कि आगामी जनगणना (2011) में भी यह इसी प्रवृत्ति को आत्मसात करती हुई प्रतीत हो।

जनसंख्या वृद्धि एवं वृद्धि दर (Population Growth & Growth Rate)

बीसवीं शताब्दी की प्रथम जनगणना (1901) से लेकर भारत में जनसंख्या वृद्धि एवं उसकी दर (1921 की जनगणना को छोड़कर) 1971 तक लगातार बढ़ती गई है। इस वर्ष से लेकर 2001 तक जनसंख्या वृद्धि तो लगातार होती गई है किन्तु वृद्धि दर में 1971 की अपेक्षा अवनयन देखा जा रहा है। विगत 11 जनगणनाओं (1901-2001) में जनसंख्या वृद्धि एवं उसकी दर कितनी बढ़ी? इसके स्पष्टीकरण हेतु अग्रिम आँकड़ा प्रस्तुत है–

भारत में जनसंख्या वृद्धि और वृद्धि दर (1901-2001)

1901-2001 के मध्य जन गणना क्रम	जनगणना वर्ष	जनसंख्या (करोड़)	दशकीय वृद्धि दर (प्रतिशत)	औसत वार्षिक वृद्धि दर (प्रतिशत)
1.	1901	23.84	—	—
2.	1911	25.20	5.75	0.56
3.	1921	25.13	–0.31	–0.03
4.	1931	27.89	11.00	1.04
5.	1941	37.86	14.22	1.33
6.	1951	36.10	13.31	1.25
7.	1961	43.92	21.64	1.96
8.	1971	54.81	24.80	2.22
9.	1981	68.33	24.66	2.20
10.	1991	84.33	23.86	2.14
11.	2001	102.70	21.34	1.93

स्रोत: वार्षिक संदर्भ ग्रन्थ 'भारत' 2006 पृष्ठ संख्या 8.

स्पष्ट है कि भारत की कुल जनसंख्या 1901 में जहाँ 23.84 करोड़ रही वहीं अगले पच्चास वर्षों में डेढ़ गुने से भी अधिक (1.51 गुना) हो गई। इस वर्ष के बाद यह पुनः अग्रिम पच्चास वर्षों के बीच तीव्र गति से बढ़ती हुई 2.84 गुने वृद्धि दर्ज कर ली। ध्येय सौ वर्षों में (1901-2001) यह चार गुने से भी

अधिक (4.3 गुना) बढ़ीं आँकड़े के मुताबिक 1961 और 1971 के दशक में सर्वाधिक दशकीय वृद्धि (24.80%) रही जबकि इस अवधि की औसत वार्षिक वृद्धि दर 2.22% दर्ज की गई। 2001 की जनगणना में जनसंख्या बढ़कर 102.70 करोड़ हो चुकी है जबकि दशकीय वृद्धि दर (1991-2001) 21.34% तथा औसत वार्षिक वृद्धि दर 1.93% देखी गयी है।

भारत के महापंजीयक (Registrar General) कार्यालय से प्रेषित सूचना (जनसंख्या के पूर्वानुमान) में 2001 से लेकर 2026 तक की जनसंख्या वृद्धि का पूर्वानुमान लगाया गया है जो निम्नवत आरेख के माध्यम से प्रस्तुत है–

जनसंख्या वृद्धि के पूर्वानुमान (2001-2026)

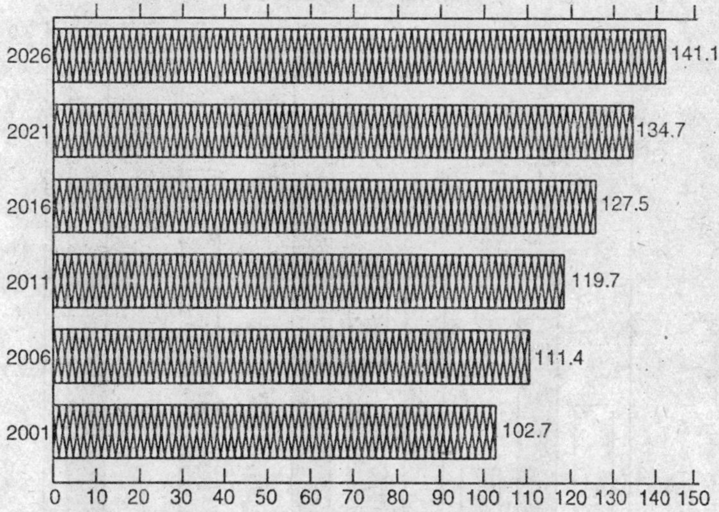

स्रोतः महापंजीयक का कार्यालय, भारत (आर्थिक सर्वेक्षण 2005-2006) पर आधारित

पूर्वानुमान में बताया गया है कि पंचवर्षीय अंतरालों में सन् 2026 तक (2001 से लेकर) कितनी वृद्धि प्राप्त की जाने की संभावना है। 2006 में यह 114.4 करोड़ हो जाने की संभावना है। आगे के पंचवर्षीय अंतरालों क्रमशः 2011, 2016, 2021 एवं 2026 में यह क्रमशः 119.7, 127.5, 134.7 एवं 141.1 करोड़ होते जाने की संभावना पायी जा रही है। अनुमान के अनुसार 2001 की जनगणना में पायी गई कुल जनसंख्या (102.70 करोड़) की तुलना में 2026 (अनुमान का अन्तिम वर्ष) में 38.4 करोड़ व्यक्ति और बढ़ जाने की संभावना है, जो कि 37.3% है।

विश्व के शीर्ष जनसंख्या वाले देशों की वृद्धि दर से भारत की तुलना (Comparison of India between World's Top Populous Countries Growth Rate)

विश्व के शीर्ष जनसंख्या वितरण वाले देश क्रमशः चीन, भारत, संयुक्त राज्य अमेरिका, इण्डोनेशिया, ब्राजील, पाकिस्तान, रूस, बांग्लादेश, जापान तथा नाइजीरिया हैं। इन राष्ट्रों की जनसंख्या वृद्धि दर से भारत की जनसंख्या वृद्धि वृद्धि दर की तुलना करना अपरिहार्य हो जाता है। ऐसा करने से हमें यह जानकारी मिल जाती है कि आगामी वर्षों में भारत की स्थिति उन राष्ट्रों के मध्य क्या होगी तथा दूसरे यह भी ज्ञात हो जाता है कि किस देश की वृद्धि दर से भारत की वृद्धि दर

विश्व : शीर्ष जनसंख्या धारक देशों की औसत वृद्धि दर (वार्षिक) 1975-2001

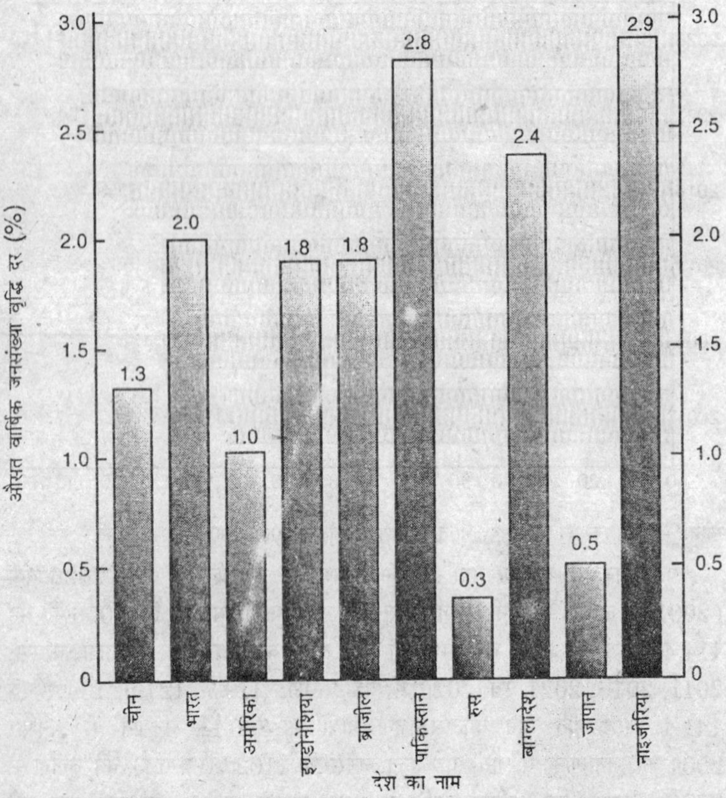

स्रोत: Based on Human Development Report : 2003, Millenium Development Goals, U.N.D.P. pp. 250-53.

अधिक या कम है। संयुक्त राष्ट्र विकास कार्यक्रम (United Nation Development Programme) द्वारा जारी मानव विकास प्रतिव्रेदन 2003 (Human Development Report, 2003) में सन् 1975-2001 के मध्य इन राष्ट्रों की वार्षिक जनसंख्या वृद्धि दर दी गई है, जिसे आधार मानते हुए हम इन राष्ट्र के मध्य भारत की तुलना करेंगे। आँकड़ा दर्शनीय है।

अध्ययनानुसार, भारत की जनसंख्या वृद्धि दर (वार्षिक) विश्व की औसत वार्षिक वृद्धि दर (1975 से 2001 के मध्य) से अधिक है। विश्व की यह दर 1.6% है जबकि भारत की पूरी 2 प्रतिशत। नाइजीरिया, पाकिस्तान बांग्लादेश की क्रमशः वृद्धि दर 2.9%, 2.8% व 2.4% वार्षिक है, जो कि भारत की वार्षिक जनसंख्या वृद्धि दर की अपेक्षा अधिक है। इनके अतिरिक्त सारे लक्षित देशों की वृद्धि दर भारत से कम है। जहाँ संयुक्त राज्य अमेरिका की वृद्धि दर भारत की आधी है वहीं रूस की 1/7 है। चीन और भारत की वृद्धि दर में 0.7% का अंतराल है जिसमें चीन (1.3%) भारत (2.0%) से पीछे है। सम्भावनाएं लगायी जा रही हैं कि यदि वृद्धि दर यही रही तो भारत चीन को पीछे छोड़ता हुआ 2045 तक विश्व का सर्वाधिक जनसंख्या वाला राष्ट्र बन जायेगा। इण्डोनेशिया एवं ब्राजील दोनों की वृद्धि दर भारत से क्रमशः 0.2% कम है। जापान की वृद्धि दर से भारत की वृद्धि दर 4 गुनी अधिक है, जो कि तीव्र वृद्धि दर की परिचायक है। इस प्रकार शीर्ष दस देशों में भारत की स्थिति चौथी है जिसमें कि भारत से अधिक वृद्धि दर वाले मात्र 3 देश हैं एवं उससे कम वाले 6 देश हैं।

प्राकृतिक वृद्धि दर के नियंत्रक कारक (Controlling Factors of Natural Growth Rate)

एक निश्चित समय के भीतर देश की जनसंख्या में कुल जन्मों और कुल मृत्युओं के अंतर को किसी देश की प्राकृतिक वृद्धि व उसकी दर को प्राकृतिक वृद्धि दर कहते है। जब जन्मदर मृत्युदर से अधिक होती है तो उसे धनात्मक वृद्धि एवं जब मृत्युदर जन्मदर से अधिक होती है तो उसे ऋणात्मक वृद्धि दर कहते हैं।

$$\text{प्राकृतिक वृद्धि दर} = \frac{\text{कुल जन्म} - \text{कुल मृत्यु}}{\text{सम्पूर्ण जनसंख्या}} \quad 100$$

प्राकृतिक वृद्धि दर के कारक जन्मदर एवं मृत्युदर होते हैं जिनकी जानकारी से प्राकृतिक वृद्धि दर ज्ञात हो जाती है।

जन्मदर एवं मृत्युदर (Birth Rate & Mortality or Death Rate)

हमारे देश में जन्म/मृत्यु दर कभी एक जैसी नहीं रही। 1901 से लेकर 2001 तक तो मृत्युदर सतत घटती गयी है किन्तु जन्मदर में मृत्युदर की भाँति

तीव्र गिरावट नहीं आयी अर्थात् मध्य के कुछ वर्षों में (1951-61) यह पूर्वदशकों की अपेक्षा बढ़ी है। 1901-11 में जन्मदर एवं मृत्युदर प्रतिहजार व्यक्तियों के पीछे क्रमश: 49.2 एवं 42.6 व्यक्ति थी जो 1951-61 में घटकर क्रमश: 40.8 एवं 22.8 रही। 1991-2001 में यह अपेक्षाकृत तीव्रगति से घटती हुई क्रमश: 27 एवं 9.5 हो गई। जनसंख्या की सर्वाधिक प्राकृतिक वृद्धि दर 1971-1981 के जनगणना दशक में (22.5) आँकी गई एवं सबसे कम (0.9) 1911-21 में। अध्ययनार्थ निम्नलिखित आँकड़ा प्रस्तुत है–

भारत : जन्मदर, मृत्युदर एवं प्राकृतिक वृद्धि दर 1901-11 से 2001-11 तक

जनगणना दशक	जन्मदर	मृत्युदर	नैसर्गिक या प्राकृतिक वृद्धि दर
1901-11	49.2	42.6	6.6
1911-21	48.1	47.2	0.9
1921-31	46.6	36.3	10.3
1931-41	45.2	31.1	14.1
1941-51	39.9	27.3	12.6
1951-61	40.8	22.8	18.0
1961-71	40.0	17.8	22.2
1971-81	37.8	15.3	22.5
1981-91	31.8	10.5	21.3
1991-2001	27.0	09.5	17.5
2001-2011 (अनुमानित)	23.2	08.1	15.1

स्रोत: भारत की जनगणना 2001

जनांकिकी संक्रमण (Demographic Transition)

किसी भी देश की जनसंख्या में परिवर्तन की प्रक्रिया कहलाती है जनांकिकी संक्रमण। वर्तमान में देश जनांकिकी संक्रमण की तृतीय अवस्था से गुजर रहा है। सर्वप्रथम थाम्पसन (1929) फिर बाद में नोटेस्टीन (1945) द्वारा प्रतिपादित जनांकिकी संक्रमण सिद्धान्त (यूरोप के परिप्रेक्ष्य में) अन्य देशों में जनसंख्या परिवर्तन को समझने के लिए काफी महत्वपूर्ण रहा है। इसकी प्रमुखतया 4 अवस्थाएँ होती है। प्रथम-अवस्था में जन्मदर एवं मृत्युदर दोनों ही तीव्र रहती है और प्राकृतिक वृद्धि दर कम रहती है। भारत में यह अवस्था 1901 से लेकर 1951 तक रही है। द्वितीय अवस्था में मृत्युदर तीव्र गति से घटती है, जबकि जन्मदर अतिशयता लिए होती है और प्राकृतिक वृद्धि दर अति तीव्र होती है। यह अवस्था विस्फोटक होती है। 1951 से लेकर 1981 तक भारत में यही संक्रमण काल था (देखिए आरेख)।

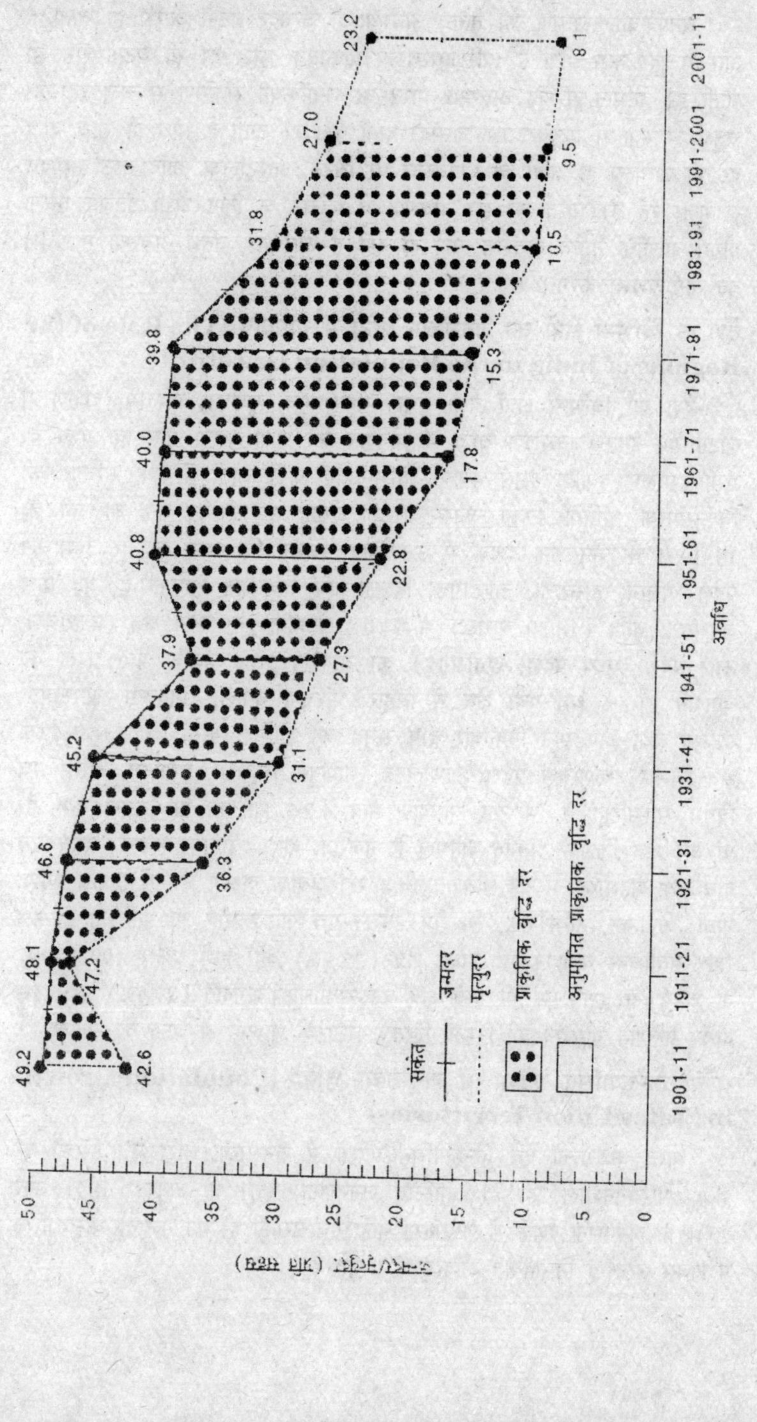
जन्मदर/मृत्युदर (प्रति हजार)
0
5
10
15
20
25
30
35
40
45
50
49.2
42.6
48.1
47.2
46.6
36.3
45.2
31.1
37.9
27.3
40.8
22.8
40.0
17.8
39.8
15.3
31.8
10.5
27.0
9.5
23.2
8.1
1901-11
1911-21
1921-31
1931-41
1941-51
1951-61
1961-71
1971-81
1981-91
1991-2001
2001-11
अवधि
संकेत
जन्मदर
मृत्युदर
प्राकृतिक वृद्धि दर
अनुमानित प्राकृतिक वृद्धि दर

जनांकिकी संक्रमण की तृतीय अवस्था में जन्मदर घटना आरंभ हो जाती है और मृत्युदर कम होती है, परिणामस्वरूप प्राकृतिक वृद्धि दर भी घटना शुरू हो जाती है। वर्तमान में यह अवस्था भारत के जनांकिकी संक्रमण में चल रही है। चतुर्थ अवस्था में मृत्युदर तथा जन्मदर दोनों कम हो जाती है साथ ही साथ वृद्धि दर भी अत्यल्प हो जाती है। विश्वस्तर पर ब्रिटेन, आस्ट्रेलिया आदि राष्ट्र इस दौर से गुजर रहे हैं। भारत को इस अवस्था में पहुँचने के लिए अभी इंतजार करना होगा। हालाँकि तृतीय अवस्था चल ही रही है और यह चतुर्थ अवस्था में प्रवेश का मार्ग प्रशस्त करेगी।

देश के विभिन्न क्षेत्रों का जनसंख्या वृद्धि में योगदान (The Role of the Regions of India in the Population Grwoth)

देश को विभिन्न क्षेत्रों यथा उत्तर, मध्य, पूर्व, पूर्वोत्तर, पश्चिम, दक्षिण में बाँटते हुए इनके जनसंख्या वृद्धि में योगदान की चर्चा करना प्रासंगिक प्रश्न है। ऐसा इसलिए क्योंकि इसमें पर्याप्त विभिन्नताएँ पायी जाती हैं तथा सरकार की विकासपरक नीतियाँ इनकी जनसंख्या को देखते हुए निर्मित की जा रही हैं। 1981-91 के जनगणना दशक में उत्तर क्षेत्र, जिसमें कि जम्मू कश्मीर, हिमाचल प्रदेश, पंजाब, हरियाणा, चण्डीगढ़, दिल्ली एवं राजस्थान शामिल हैं, का कुल जनसंख्या वृद्धि (16.30 करोड़) में 94.0% योगदान था। मध्य क्षेत्र (उत्तरांचल, उत्तर प्रदेश, मध्य प्रदेश, छत्तीसगढ़) का योगदान 26% जबकि पूर्वी प्रदेश का योगदान 21.5% था। पूर्वी क्षेत्र में बिहार, पश्चिम बंगाल, सिक्किम, झारखण्ड, उड़ीसा तथा अण्डमान निकोबार द्वीप समूह को शामिल करते हैं। उत्तर पूर्व के क्षेत्र जिसमें अरुणाचल प्रदेश, नाणालैण्ड, मणिपुर, मिजोरम, मेघालय, असम एवं त्रिपुरा सम्मिलित है, में यह योगदान मात्र 4.2% था जो कि सबसे कम है। पश्चिम क्षेत्र जिसके अंतर्गत शामिल हैं गुजरात, दादरा व नगर हवेली, दमन एवं दीव तथा महाराष्ट्र, में यह प्रतिशत 14.4 रहा जबकि दक्षिण क्षेत्र में (आंध्र प्रदेश, गोवा, कर्नाटक, तमिलनाडु, लक्षद्वीप, केरल एवं पाण्डिचेरी) यह प्रतिशत 19.8% रहा। सर्वाधिक योगदान रहा मध्य क्षेत्र (25.9%) का। इसी प्रकार 1991-2001 के जनगणना दशक में भी इसी क्षेत्र का सर्वाधिक योगदान (27.7%) रहा। इस दौरान प्रतिशत योगदान को निम्नलिखित आरेख के माध्यम से जाना जा सकता है।

राज्यों/केन्द्रशासित प्रदेशों में जनसंख्या वृद्धि (Population Growth in States/Union Territtories)

भारत के राज्यों एवं केन्द्रशासित प्रदेशों में जनसंख्या वृद्धि एवं इसकी दर सर्वदा परिवर्तनशील रही है। अनन्तिम जनगणना 2001 के अनुसार 1991 और 2001 के जनगणना दशक में जनसंख्या वृद्धि एवं उसकी दर का राज्यवार/केन्द्रशासित प्रदेशवार उल्लेख निम्नांकित आँकड़े में प्रस्तुत है–

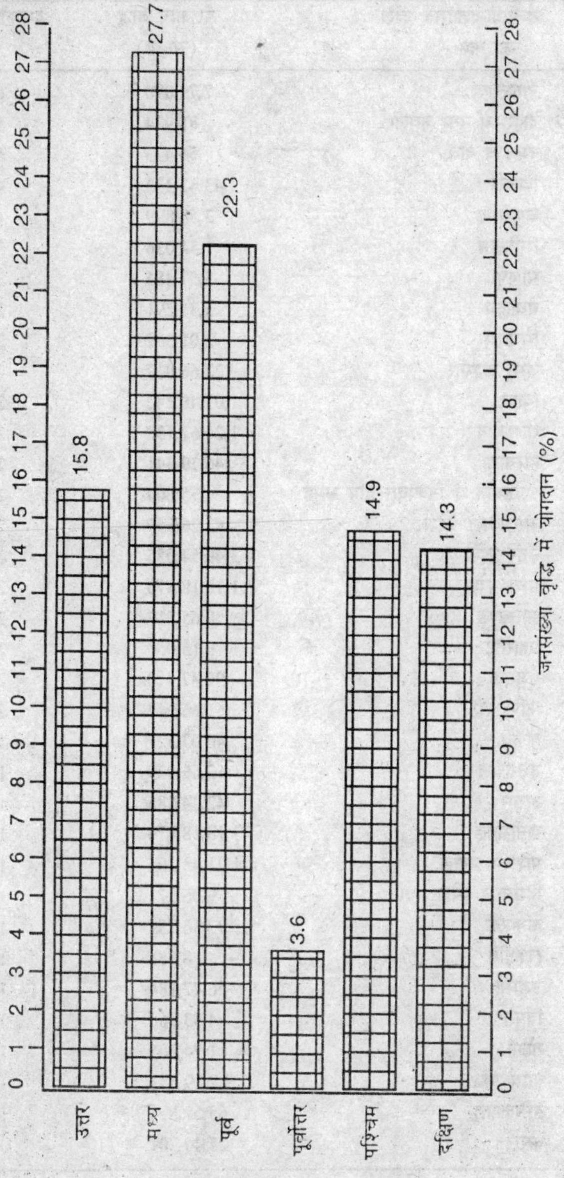

उत्तर
मध्य
पूर्व
पूर्वोत्तर
पश्चिम
दक्षिण
15.8
27.7
22.3
3.6
14.9
14.3
जनसंख्या वृद्धि में योगदान (%)

भारत : राज्यवार/केन्द्रशासित प्रदेशवार जनसंख्या वृद्धि एवं वृद्धि दर 1991-2001

क्रमांक	राज्य/केन्द्रशासित प्रदेश का नाम	दशकीय वृद्धि (संख्या)	दशकीय वृद्धि दर (%)
1.	नागालैण्ड	7,79,090	64.41
2.	दादरा व नगर हवेली	81,974	59.20
3.	दमन व दीव	56,473	55.58
4.	दिल्ली	43,62,332	46.31
5.	चण्डीगढ़	2,58,899	40.33
6.	सिक्किम	1,34,036	32.98
7.	मणिपुर	5,57,485	30.02
8.	मेघालय	5,31,291	29.94
9.	मिजोरम	2,01,302	29.18
10.	जम्मू कश्मीर	22,66,017	29.04
11.	बिहार	1,03,48,242	28.43
12.	राजस्थान	1,24,67,132	28.32
13.	हरियाणा	46,19,341	28.06
14.	अण्डमान व निकोबार द्वीप समूह	75,604	26.94
15.	अरुणाचल प्रदेश	2,26,559	26.20
16.	उत्तर प्रदेश	3,40,54,055	25.80
17.	मध्य प्रदेश	1,18,18,876	24.34
18.	झारखण्ड	50,65,517	23.19
19.	महाराष्ट्र	1,78,15,060	22.57
20.	गुजरात	92,87,410	22.48
21.	पाण्डिचेरी	1,66,044	20.56
22.	पंजाब	40,07,327	19.76
23.	उत्तरांचल	13,66,079	19.20
24.	असम	42,24,085	18.85
25.	छत्तीसगढ़	3,18,18,876	18.06
26.	पश्चिम बंगाल	1,21,43,206	17.84
27.	हिमाचल प्रदेश	9,06,371	17.53
28.	कर्नाटक	77,56,757	17.25
29.	लक्षद्वीप	8,888	17.19
30.	उड़ीसा	50,47,184	15.94
31.	त्रिपुरा	4,33,963	15.74
32.	गोआ	1,74,205	14.89
33.	आंध्र प्रदेश	9,2,19,533	13.86
34.	तमिलनाडु	65,51,893	11.19
35.	केरल	27,40,701	9.49
	भारत (सम्पूर्ण)	18,06,27,359	21.34

स्रोत: भारत की जनगणना, 2001

अध्ययनोपरान्त ज्ञात होता है कि उत्तर प्रदेश, बिहार, महाराष्ट्र, पश्चिम बंगाल, मध्य प्रदेश, छत्तीसढ़ एवं राजस्थान प्रभृति राज्यों में 1991-2001 के बीच जनसंख्या वृद्धि अधिक रही। इसके विपरीत लक्षद्वीप, दवन एवं दीव, दादरा व नगर हवेली, अण्डमान निकोबार द्वीप समूह, हिमाचल प्रदेश एवं गोवा जैसे राज्यों/केन्द्रशासित प्रदेशों में यह कम रही शेष राज्यों में मध्यम।

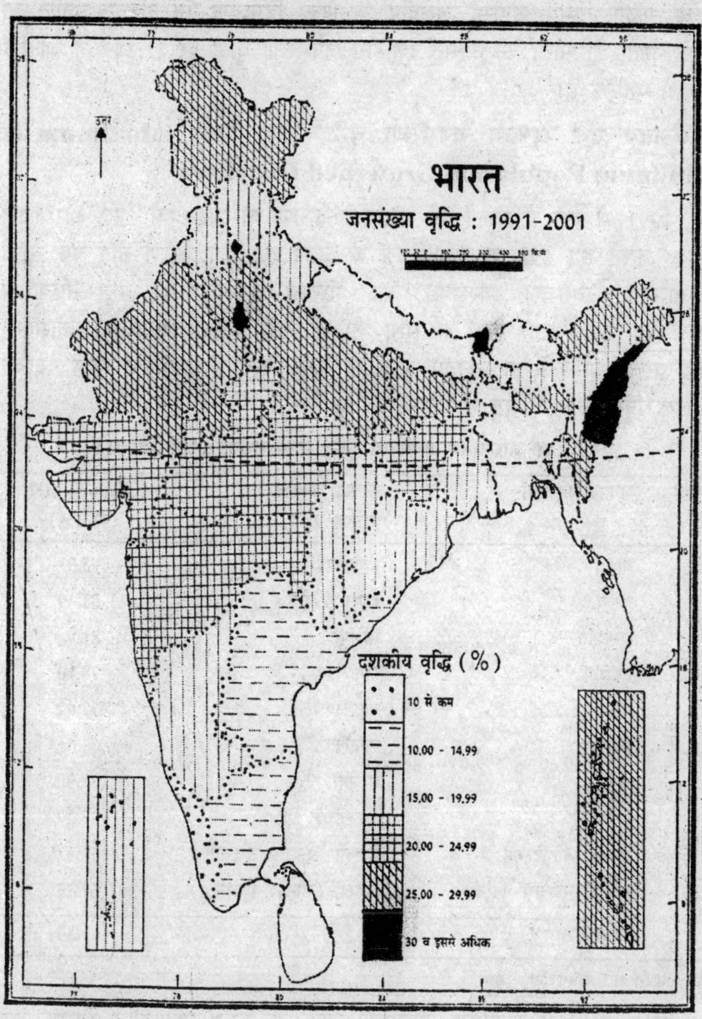

जनसंख्या वृद्धि दर (दशकीय) के मामले में नागालैण्ड अव्वल रहा जिसने इस दौरान 64.41% की वृद्धि दर्ज करायी। इसके बाद दादरा व नगर हवेली, दमन

व दीव, दिल्ली एवं चण्डीगढ़ आदि केन्द्रशासित प्रदेशों का स्थान आता है। तदुपरान्त, पूर्व एवं पूर्वोत्तर के चार राज्यों सिक्किम, मणिपुर, मेघालय, मिजोरम आते हैं। जम्मू कश्मीर 10वें स्थान पर है। उत्तर प्रदेश का स्थान 16वाँ है जबकि बिहार और महाराष्ट्र का क्रमशः ग्यारहवाँ एवं उन्नसीवाँ। इसके विपरीत अल्प जनसंख्या वृद्धिदर (दशकीय) वाले राज्यों में सर्वोपरि केरल है। फिर तमिलनाडु, आंध्रा, गोआ, त्रिपुरा, उड़ीसा, लक्षद्वीप, कर्नाटक, हिमाचल एवं पश्चिम बंगाल का स्थान आता है। भारत की औसत दशकीय जनसंख्या वृद्धि दर 21.34% है जो कि 1.93% वार्षिक है।

अधिकतम एवं न्यूनतम जनसंख्या वृद्धि वाले जिले (Maximum & Minimum Population Growthed Districts)

1991 में देश में जिलों की संख्या 466 थी जो 2001 में 127 और जिले संयुक्त करते हुए 593 हो गई। जिलों के बढ़ने का मूल कारण तीन नये राज्यों (छत्तीसगढ़, उत्तरांचल, झारखण्ड) का अस्तित्व में आना एवं बड़ी संख्या में जिलों का सृजन रहा। इनमें से सभी का तो नहीं, किन्तु 10 प्रमुख जनसंख्या वृद्धि वाले तथा इतने ही न्यूनतम वृद्धि दर वाले जिलों में जनसंख्या वृद्धि दर का उल्लेख निम्नांकित आँकड़े में किया जा रहा है–

भारत : 10 अधिकतम जनसंख्या वृद्धि वाले जनपद (1991-2001)

क्रमांक	जनपद का नाम	सम्बद्ध राज्य/केन्द्र शासित प्रदेश	दशकीय वृद्धि दर (%)
1.	वोखा	नागालैण्ड	95.01
2.	दमण	दमण व दीउ	83.49
3.	सेनापति	मणिपुर	81.95
4.	टूनसांग	नागालैण्ड	78.10
5.	मौन	नागालैण्ड	73.42
6.	दिमापुर	नागालैण्ड	73.31
7.	चन्देल	मणिपुर	72.80
8.	पापमपोर	अरुणाचल प्रदेश	67.27
9.	उत्तरी पूर्वी दिल्ली	दिल्ली (राष्ट्रीय राजधानी)	62.52
10.	दक्षिणी पश्चिमी दिल्ली	दिल्ली (राष्ट्रीय राजधानी)	61.29
	भारत (सम्पूर्ण)	–	21.34

स्रोत: भारत की जनगणना, 2001

वोखा देश का सर्वाधिक जनसंख्या वृद्धि दर वाला जनपद है जिसकी दर राष्ट्रीय औसत से लगभग साढ़े चार गुनी (4.45 गुनी) अधिक है। यह नागालैण्ड

राज्य (जिसकी वृद्धि दर सर्वाधिक है) का जिला है। इसके अतिरिक्त इस राज्य के 3 अन्य जिले भी टॉपटेन सूची में लिपिबद्ध हैं। ये क्रमश: टूनसांग, मौन एवं दिमापुर हैं जिनकी वृद्धि दर (दशकीय) 78.10, 73.42 एवं 73.31 (क्रमश:) है। दमण व दीव का दमण जिला तथा दिल्ली के उत्तरी पूर्वी दिल्ली और दक्षिणी पश्चिमी दिल्ली जिले क्रमश: 83.49% तथा 62.52% और 61.29% जनसंख्या वृद्धि की दशकीय दर के साथ केन्द्रशासित प्रदेशों के जिले के रूप में है। मणिपुर राज्य का सेनापति तथा चन्देल जिला 81.95% एवं 72.80% वृद्धि दर के साथ सूची में तीसरे और सातवें (क्रमश:) स्थान पर है। अरुणाचल प्रदेश का एकमात्र जिला पापमपोर 67.21% वृद्धि दर के साथ आठवें स्थान पर विद्यमान है। गौरतलब है कि देश की दशकीय जनसंख्या वृद्धि दर (औसत) की तुलना में इन सभी जनपदों की दर लगभग तीन गुने से लेकर साढ़े चार गुने तक हैं।

भारत : 10 न्यूनतम जनसंख्या वृद्धि दर वाले जनपद (1991-2001)

क्रमांक	जनपद का नाम	सम्बद्ध राज्य/केन्द्र शासित प्रदेश	दशकीय वृद्धि दर (%)
1.	मैमित	मिजोरम	–3.50
2.	केन्द्रीय दिल्ली	दिल्ली (रा.रा.)	–7.91
3.	नई दिल्ली	दिल्ली (रा.रा.)	2.41
4.	अल्मोड़ा	उत्तरांचल	3.14
5.	सिंहदुर्ग	महाराष्ट्र	3.54
6.	पथनम्थिट्टा	केरल	3.72
7.	गढ़वाल	उत्तरांचल	3.87
8.	कोलकाता (पूर्व कलकत्ता)	प. बंगाल	4.11
9.	शिवगंगा	तमिलनाडु	4.32
10.	थेणी	तमिलनाडु	4.33
	भारत (सम्पूर्ण)	–	21.34

स्रोत: भारत की जनगणना, 2001

मैमित भारत का सबसे कम वृद्धि दर वाला जनपद है, जो कि मिजोरम राज्य (पूर्वोत्तर) में स्थित है। इसकी दर ऋणात्मक (–3.50%) है। इसके अतिरिक्त केन्द्रीय दिल्ली की भी वृद्धि दर नकारात्मक (–1.91%) ही है। शेष आठ शीर्ष जनपदों में यह धनात्मक है। धनात्मक वृद्धि दर वाले जिले में सबसे कम वृद्धि वाला जिला नई दिल्ली (2.41%) है यह राष्ट्रीय औसत वृद्धि दर (दशकीय) की मात्र 11.2% है। अल्मोड़ा और गढ़वाल (उत्तरांचल) की वृद्धि दर क्रमश: 3.14% एवं 3.87% है, जबकि सिंहदुर्ग (महाराष्ट्र) एवं पथनम्थिट्टा (केरल) की वृद्धि

दर 3.54% और 3.72% है। कोलकाता (4.11% वृद्धि दर) एवं शिवगंगा तथा थेणी (तमिलनाडु) जनपद (वृद्धि दर क्रमशः 4.32% एवं 4.33%) इस दृष्टिकोण से देश के आठवें, नवें एवं दसवें सबसे कम वृद्धि दर वाले जनपद हैं। उपर्युक्त आँकड़े में मात्र 2 जनपद (केन्द्रीय दिल्ली एवं नई दिल्ली) केन्द्रशासित प्रदेशों से हैं जबकि शेष 8 जनपद राज्यों के अंतर्गत हैं। सूची में थेणी की सबसे अधिक (अपेक्षाकृत) वृद्धि दर रही जबकि मैमित की सबसे कम।

इस प्रकार निष्कर्ष निकलता है। कि जनपद स्तर पर जनसंख्या वृद्धि को लेकर अतिशय विषमता विद्यमान है कहीं यह अधिकतम है तो कहीं न्यूनतम है।

ग्रामीण एवं नगरीय जनसंख्या में वृद्धि (Growth in Rural & Urban Population)

देश में जनसंख्या का स्वरूप जनगणना के प्रारम्भिक वर्षों से लेकर अब तक लगातार परिवर्तनशील रहा है और आगे भी रहेगा, क्योंकि जनसंख्या स्थानांतरण एवं वृद्धि में गतिशीलता एक जनसांख्यिकीय सच्चाई है और यह कभी भी विराम लेने वाली नहीं है। सन् 1901 से लेकर अब तक की जनगणनाओं में पर्याप्त स्वरूपगत विभिन्नताएँ विद्यमान नजर आती हैं। ग्रामीण-नगरीयअनुपात सदैव बदलता रहा है। जहाँ 1901 में यह 89 : 11 था वहीं आगे के वर्षों में लगातार वर्धन करते हुए 1951 में 83 : 17 फिर 2001 में 72:28 हो गया। 1901 से लेकर 2001 तक की ग्रामीण तथा नगरीय जनसंख्या वृद्धि एवं ग्रामीण-नगरीय अनुपात का दर्शन निम्नलिखित आरेख में करें–

जाहिर है कि आरंभिक वर्ष (1901) से लेकर अनन्तिम वर्ष (2001) तक ग्रामीण एवं नगरीय जनसंख्या (दोनों) में अप्रत्याशित वृद्धि दर्ज की गई है। मात्र 1921 के महाविभाजन वर्ष में ग्रामीण जनसंख्या में ह्रासमान वृद्धि अंकित की गई है। ऐसा इसलिए कि महामारियाँ एवं भुखमरी खासकर गाँवों में ही पनपी थीं इसके विपरीत नगरीय भारत में जनसंख्या वृद्धि में ह्रासमान प्रवृत्ति कभी पायी ही नहीं गई (1901-2001)। 1901 में 21.3 करोड़ जनसंख्या ग्रामीण थी और मात्र उसकी लगभग 11% नगरीय। 1951 में यह 29.9 तथा उसकी लगभग 17 प्रतिशत रही। आगे बढ़ते हुए सन् 2001 में जहाँ ग्रामीण जनसंख्या 74.3 करोड़ हो गई वहीं उसकी मात्र 27.8% जनसंख्या (अर्थात् 28.6 करोड़) नगरीय रही।

इसी प्रकार जनसंख्या अनुपात में भी पर्याप्त अंतर पाया गया, जिसका स्पष्टीकरण उपर्युक्त पंक्तियों एवं आँकड़े में देखें–

जनसंख्या वृद्धि के कुपरिणाम (Bad Results of Population Growth)

देश के अधिकांश अर्थशास्त्रियों के अनुसार जनसंख्या वृद्धि भारत में तीव्र

भारत ग्रामीण एवं नगरीय जनसंख्या में वृद्धि (1901-2001)

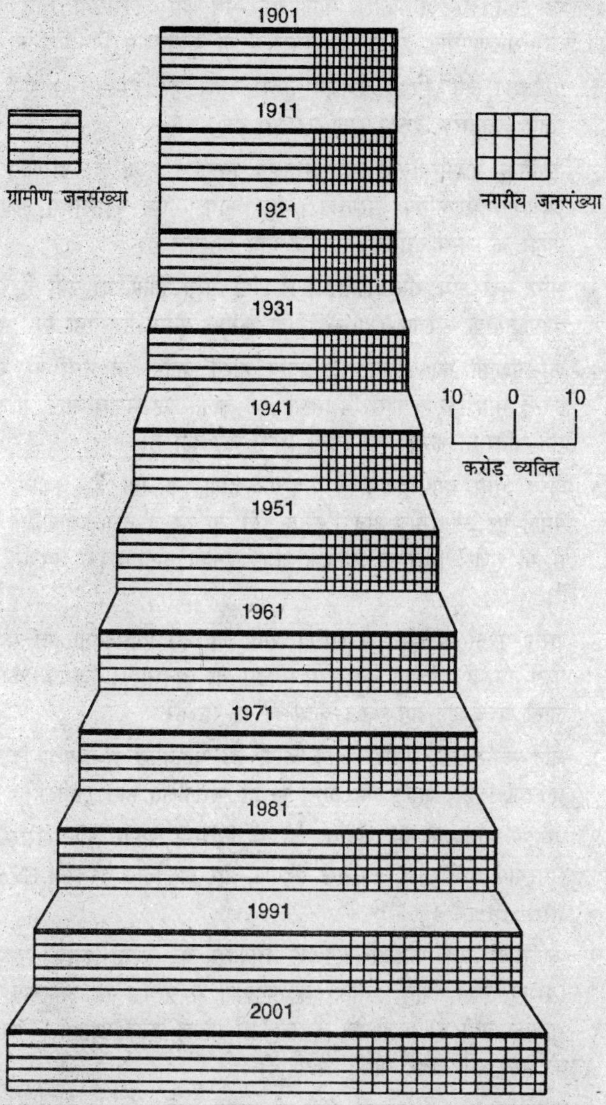

स्रोतः भारत की जनगणना 2001, वार्षिक संदर्भ ग्रन्थ भारत 2006 पृष्ठ सं. 16, पर आधारित

आर्थिक विकास दर के लिए तोहफा है। यद्यपि कि यह बात सही है कि आगामी वर्षों में देश की अर्थव्यवस्था विश्व अर्थव्यवस्था में द्वितीय या तृतीय स्थान

(वर्तमान में चतुर्थ है) प्राप्त कर सकती है, किन्तु मात्र अर्थव्यवस्था ही खुशहाली का मानदण्ड नहीं है। अधिकांश सामाजिक समस्याएँ जनसंख्या वृद्धि की ही प्रतिफल हैं जनसंख्या वृद्धि से उपजी समस्याएँ या कुपरिणाम निम्नलिखित हैं–

1. पर्यावरण की सुरक्षा प्रणाली तहस-नहस हुई है। स्वच्छ एवं प्रदूषण रहित वातावरण दुर्लभ होता जा रहा है।
2. नैसर्गिक परिसम्पत्तियों का अंधाधुंध विदोहन हुआ है, परिणाम स्वरूप अधिकांश प्राकृतिक संसाधन (यथा कोयला एवं पेट्रोलियम अथवा कई प्रकार के अन्य खनिज) समाप्त प्राय हो चले हैं।
3. भूमि मृदा-क्षय रोग (Soil T.B.) से ग्रस्त होती जा रही है, जिसका पुनर्प्राकृतिक उपचार (यथा-जैविक कृषि) ढूँढ़ना पड़ रहा है।
4. कीटनाशकों का तथाकथित प्रयोग हरित क्रान्ति के नाम पर जारी है, किन्तु भूगर्भिक जल में विद्यमानता के चलते यह मानव शरीर में पहुँचकर रोग प्रतिरोधी क्षमता को छिन्न-भिन्न कर रहा है।
5. कृष्य भूमि का दिनानुदिन संकुचन होता जा रहा है, क्योंकि व्यापक पैमाने पर आवासीय क्षेत्र विस्तृत होते जा रहे हैं तथा व्यापारिक उपयोग में भी (जैसे-विशिष्ट आर्थिक क्षेत्र) इनका अनावश्यक उपयोग हो रहा है।
6. शरीर में 50 प्रतिशत से अधिक रोग जल की विषाक्तता एवं संदूषण से फैल रहे हैं (विश्व स्वास्थ्य संगठन के अनुसार), जिसके कारण 15 लाख बच्चे हर वर्ष काल-कवलित हो रहे हैं।
7. जल-संकट की त्रासदी आने वाली है। महानगरों में (यथा-दिल्ली का सोनिया विहार क्षेत्र) यह अभी से ही परिलक्षित होने लगी है।
8. पर्यटन कार्यक्रमों को बढ़ावा देने से विभिन्न प्रकार की पारिस्थितिकीय समस्याएँ यथा ठोस अपशिष्ट प्रदूषण और प्राकृतिक हस्तक्षेप (Natural Interfare) बढ़ा है।
9. प्लास्टिक एवं फाइबर युग के विकास के चलते इसकी सभी स्तर (स्थल, जल, वायु, ध्वनि) के प्रदूषणों में प्रत्यक्ष या अप्रत्यक्ष रूप से भूमिका बढ़ी है। पोलीथीन के खाने से पालतू छुट्टे पशुओं (यथा-गायो) के मरने की खबरें सामने आयी हैं।
10. वनकटान तीव्र जनसंख्या वृद्धि के कारण अधिक हुआ है। राजस्थान के थार मरूस्थल जैसे क्षेत्र कभी हरे-भरे जंगल थे, किन्तु बुरी तरह से जनहस्तक्षेप के कारण इसका अपघटन एवं तत्जनित आगजनी की घटनाएं बढ़ी है।

11. वाहनों की संख्या में अप्रत्याशित वृद्धि या बाढ़ सी आ गयी है तथा सड़के छोटी पड़ती जा रही हैं। इससे वायु, ध्वनि प्रदूषण एवं दुर्घटनाएं तथा मानव जीवन पर विपरीत प्रभाव पड़ने लगे हैं।

12. विकास रणनीति का सही ढंग से उपयोग/क्रियान्वयन नहीं हो पा रहा है, क्योंकि अधिकांश धन अन्य जनोपयागों (जैसे-संक्रामक रोग आदि) व सुविधाओं के लिए खर्च कर दिया जाता है।

13. प्राकृतिक आपदाओं में आशातीत वृद्धि हुई है, क्योंकि ग्रीन हाउस गैसों का भण्डारण वायुमण्डल में हुआ है और प्रकृति रूष्ट हुई है। यह भी मानव के ही उद्दण्डता का प्रतिफल है।

14. कुपोषण की समस्या बढ़ रही है। 'भारत में ही हैं विश्व के एक तिहाई कुपोषित बच्चे' (यूनिसेफ, प्रोग्रेस फॉर चिल्ड्रेन, रिपोर्ट, 2006)। 4 मई 2006 को पृष्ठ 7 पर 'हिन्दुस्तान दैनिक' में प्रकाशित यह वाक्य कुपोषण की वर्तमान समस्या उजागर करता है।

15. जल जैसे प्रकृति प्रदत्त उपहार का व्यवसायीकरण हुआ है। 7 मई 2006 को 'हिन्दुस्तान दैनिक' में पृष्ठ 11 (नई दिल्ली संस्करण) पर बताया गया है कि बोतल बंद पानी की माँग एवं बढ़त 2004-05 में 800 लाख क्रेट से अधिक रही जो लगातार बढ़ती जा रही है।

16. नैतिक भ्रष्टाचार में वृद्धि हुई है। 16 अगस्त, 2006 को पृष्ठ सं. 6 पर हिन्दुस्तान दैनिक ने लिखा है कि 'अनजानों ने कम, अपनों ने किया ज्यादा शर्मशार'। अर्थात् बलात्कार की संख्या मात्र दिल्ली में ही बढ़कर (2005 में) 56 हुई है, जिसमें सर्वाधिक 16 बलात्कार पिता द्वारा बेटी पर किये गए हैं। 2004 में भारत में 18233 बलात्कार हुए (इंडिया टुडे, 26 अगस्त, 2006)।

17. देश का आर्थिक विकास तथाकथित तौर पर ही बढ़ा है। जनसामान्य पर इसका प्रभाव नजर नहीं आ रहा है।

18. सामाजिक कलह, जातिवाद, भाई-भतीजावाद, धर्मवाद, क्षेत्रवाद को बढ़ावा मिलने से प्रशासनिक तंत्र समुचित सुरक्षा प्रदान करने में स्वयं को अपाहिज महसूस कर रहा है।

19. बेरोजगारी की समस्या निदान की ओर नहीं उत्थान की ओर अग्रसर है।

20. गरीब और गरीब होते जा रहे हैं, अमीर और अधिक अमीर, फलस्वरूप सामाजिक विषमता की स्थिति आन पड़ी है। 39 करोड़ भारतीय प्रतिदिन 50 रुपये से कम में अपना गुजरा चलाते हैं (इंडिया टुडे, अगस्त, 26 2006)।

21. जानलेवा एवं असाध्य बीमारियों का नये-नये रूप में दिनानुदिन पल्लवीकरण हो रहा है। एड्स यौन जनित रोग, पोलियो, क्षयरोग, खसरा, हिपेटाइटिस जैसी बीमारियाँ बढ़ी हैं। विश्व के सर्वाधिक एड्स रोगी (लगभग 50 लाख) भारत में ही हैं। यहाँ सर्वाधिक क्षयरोगी (विश्व का 20%) भी हैं।
22. विद्यालयों (विशेषकर प्राथमिक) की हालत दयनीय है। इंडिया टुडे 26 अगस्त 2006 के अनुसार भारत के 9.51% प्राथमिक स्कूलों में ब्लैक बोर्ड नहीं है तथा 25% स्कूल शिक्षक अपने काम से गैर हाजिर रहते हैं।
23. विश्व के सर्वाधिक मुसलमान भारत में हैं। 13.3 करोड़ भारत में जबकि इसके बाद 12.4 करोड़ पाकिस्तान में। अधिकांश मुसलमान समुदाय जनसंख्या वृद्धि (जनगणना, 2001) की चपेट में हैं और परिवार में शिक्षा जैसी अनिवार्य आवश्यकता से महरूम हैं।
24. मानव जीवन की गुणवत्ता में तीव्र क्षरण हुआ है।
25. पुत्र प्राप्ति की कामना में भ्रूण हत्याओं की संख्या बढ़ी और यौन अनुपात विरल होते हुए 933/1000 ही रहा गया। हरियाणा जैसे राज्य में यह मात्र 861 और दमनदीव तथा चण्डीगढ़ जैसे केन्द्रशासित प्रदेशों में मात्र 709 एवं 773 स्त्री प्रति सहस्त्र पुरुष ही रह गया, जिसने नाना प्रकार की नैतिक समस्याओं को जन्म दिया है।

जनसंख्या नियंत्रण के सुझाव/उपाय (Proposals/Remedies for Population Control)

जनसंख्या वृद्धि एक राष्ट्रीय समस्या है जिसका निदान अकेले न तो सरकार कर सकती है और न ही व्यक्ति विशेष। इसे सार्वजनिक समस्या के रूप में समझना चाहिए तथा निदानार्थ संयुक्त प्रयास (सरकार सह जनभागीदारी) करने होंगे, अन्यथा इस पर नियंत्रण कर पाना बेहद मुश्किल होगा। उपर्युक्त शीर्षक 'जनसंख्या वृद्धि के कुपरिणाम' के अंतर्गत जो-जो समस्याएँ ज्ञात हुई उन्हें ध्यान में रखते हुए हमें व्यापक कार्य योजना को जनसंख्या वृद्धि के नियंत्रण-संदर्भ में क्रियान्वित करना होगा कतिपय महत्वपूर्ण उपाय निम्नलिखित हैं–

1. 'हम दो हमारे दो' या 'शेर का बच्चा, एक ही अच्छा' की मानसिकता प्रत्येक मानव मस्तिष्क में होनी चाहिए ताकि जीवन खुशहाल बनाते हुए संतान पर पूर्ण दायित्व प्रभार उठाया जा सके।
2. गर्भ निरोधक उपायों/साधनों का त्वरित एवं तीव्र (वाञ्छित) प्रसार एवं प्रचार तथा ईमानदारी पूर्वक वितरण किया जाय। इसमें स्वयंसेवी संगठनों

को भी ईमानदार पहल करनी चाहिए न कि केवल कागजी। आदर्श विज्ञापनों की आवृत्ति बढ़ायी जाय।

3. शिक्षा प्रणाली में जनसंख्या तथा यौन शिक्षा को अनिवार्य किया जाय एवं शिक्षण का नैतिकपूर्ण ढंग से (वैज्ञानिक/सामाजिक पहलुओं पर कुठाराघात किये बिना) सुचारू संपादन किया जाय।
4. विवाह एवं संतानोत्पत्ति सम्बन्धी नियमों का यथार्थ रूप से अपेक्षाकृत कठोरतया निर्माण किया जाय तथ उनको पर्याप्त जनसहयोग दिया जाय। जनसंख्या नीति को लेकर वोट बैंक की राजनीति न की जाए, यह आर्दशात्मक होनी चाहिए। इस हेतु हम चीन से सबक ले सकते हैं।
5. उच्च शिक्षा को बढ़ावा दिया जाय, क्योंकि सर्वेक्षणों से ज्ञात हुआ है कि उच्च शिक्षा प्राप्त व्यक्ति संतानोत्पत्ति की सीमित इच्छा रखते हैं एवं जीवन स्तर पर विशेष ध्यान देते हैं। किन्तु इस हेतु सर्वप्रथम शिक्षा की निचली सीढ़ियाँ आसान बनायी जाये।
6. विवाह की आयु को लड़के एवं लड़की के परिप्रेक्ष्य में (वर्तमान) 21 एवं 18 वर्ष (क्रमशः) की अपेक्षा 25 एवं 21 किया जाये। ऐसा अधिकांश भारतीय चिन्तकों का मानना है। आयु वृद्धि को लेकर हमें पश्चिमी देशों विशेषकर ब्रिटेन से प्रेरणा लेनी चाहिए क्योंकि उसने जनसंख्या वृद्धि को नियंत्रित करने हेतु समय-समय पर विवाह की आयु को बढ़ाया है एवं अपने मिशन में सफल रहा है।
7. सरकार द्वारा तीव्र आर्थिक विकास हेतु ऐसी पारदर्शी योजनाएँ बनायी जाएँ जिसका लाभ राजनेता और नौकरशाहों को न मिल सके बल्कि सामान्य जनसंख्या उसकी प्राप्ति कर सके एवं जीवन स्तर सुधारते हुए वह स्वयं के भविष्य के बारे में चिन्ता नहीं वरन चिन्तन कर सके।
8. सामाजिक असुरक्षा की अनुभूति को दूर करने के लिए नौकरशाही को चुस्त होना होगा ताकि लोगों को इस पर विश्वास हो सके तथा बाहुबल का स्थान बुद्धिबल ले सके।
9. जो क्षेत्र सामार्थिक दृष्टि से अधिक पिछड़े हों उन पर त्वरित् कार्यवाही, किन्तु सतर्कतापूर्वक की जा सकती है ताकि सामार्थिक-असंतुलन को पाटा जा सके तथा लोगों का जीवन स्तर ऊपर उठाया जा सके।
10. जनमानस में प्रौढ़ शिक्षा एवं साक्षरता अभियानों को तीव्र किया जाये तथा इन्हें अपेक्षाकृत अधिक प्रोत्साहन दिया जाय।

11. प्रत्येक जन्म एवं मृत्यु तथा विवाह का पंजीकरण करवाना अनिवार्य किया जाय ताकि तत्कालीन परिस्थितियों का ज्ञान हो सके।

12. ग्रामीण क्षेत्रों में भी मनोरंजन के सस्ते साधन उपलब्ध कराने होंगे। मनोरंजन कर हटाना सार्थक होगा (ग्रामीण परिप्रेक्ष्य) ताकि अधिकाधिक लोगों को यह सुविधा प्राप्त हो सके फलस्वरूप लोगों के अंदर जो यह भावना पैठी हुई है कि पत्नी और संतान ही मनोरंजन के साधन है, अपेक्षाकृत दूर हो सके।

13. नारी सशक्तिकरण जनसंख्या नियंत्रण की प्रभावी प्रणाली है। चूँकि गर्भधारण/संतोनोत्पत्ति से लेकर संतान-पालन तक की अधिकांश जिम्मेदारी नारी की ही होती है। अतः उसे जागरूक एवं शिक्षित बनाया जाय। जुलाई, 2005 में वर्तमान प्रधानमंत्री डॉ. मनमोहन सिंह ने जनसंख्या तथा विकास सम्बन्धी संसदीय संगठन (IAPPD) द्वारा तैयार किये गए 'एडवोकेसी ब्रीफिंग किट' का प्रमोचन करते हुए कहा कि "शिक्षा तथा जागरूकता से लोग, खासकर महिलाएँ सोच समझकर गर्भधारण के मामले में निर्णय लेती हैं, अतः सशक्तिकरण जनसंख्या नियंत्रण की कुंजी है (कुरुक्षेत्र, जुलाई, 2005 पृष्ठ संख्या 7)।" अतः नारी सशक्तिकरण को अनुशासनात्मक ढंग से ईमानदारीपूर्वक बढ़ावा दिया जाना चाहिए ताकि जनसंख्या नियंत्रित करने में सहयोग मिल सके।

14. हिन्दी भाषी क्षेत्रों में जहाँ की जनसंख्या वृद्धि सर्वाधिक है, में जनसंख्या कार्य दल (Population Task Force or P.T.F.) का गठन राज्य स्तर पर किया जाय ताकि उन क्षेत्रों की प्राथमिकताओं का व्यावहारिक ढंग से क्रियान्वयन के लिए तैयार किया जा सके। इस दल में अलग-अलग विभागों के बुद्धिजीवियों को नियुक्त किया जाना चाहिए। यथा-परिवार कल्याण मंत्रालय, स्वास्थ्य मंत्रालय, शिक्षा मंत्रालय/मानव संसाधन मंत्रालय, अभियान्त्रिकी मंत्रालय, ग्रामीण विकास मंत्रालय, संस्कृति मंत्रालय, विश्वविद्यालयों/शिक्षण संस्थानों के जनांकिकी विशेषज्ञों एवं अंतर्राष्ट्रीय संगठनों जैसे, विश्व स्वास्थ्य संगठन (W.H.O.), संयुक्त राष्ट्र अन्तर्राष्ट्रीय बाल शिक्षा कोष (UNICEF), संयुक्त राष्ट्र विकास कार्यक्रम (UNDP), संयुक्त राष्ट्र शैक्षणिक, वैज्ञानिक एवं सांस्कृतिक संगठन (UNESCO) एवं विभिन्न स्वयं सेवी संगठनों आदि।

इस प्रकार हम निश्चित रूप से कह सकते हैं कि उपर्युक्त सुझावों/उपायों का यदि मनसा-वाचा-कर्मणा ईमानदारी पूर्वक अनुपालन एवं क्रियान्वयन किया जाय तो निस्संदेह जनसंख्या नियंत्रण के वाञ्छित लक्ष्य प्राप्त किये जा सकते हैं।

अति उपयोगी प्रश्न शृंखला

1. विश्व का कौन सा राष्ट्र सन् 2000 में जनसंख्या की दृष्टि से अरबपति बना?
(अ) चीन (ब) भारत (स) संयुक्त राज्य अमेरिका
(द) मलेशिया
2. देश की कितनी आबादी गरीबी रेखा से नीचे है।
(अ) 1/2 (ब) 1/3 (स) 1/4 (द) 1/5
3. भारत में जनसंख्या वृद्धि के मूल कारण क्या हैं?
(अ) गर्म जलवायु (ब) औद्योगीकरण (स) गरीबी (द) सभी
4. 1901 में भारत की जनसंख्या कितनी थी?
(अ) 15 करोड़ (ब) 24 करोड़ (स) 30 करोड़ (द) 35 करोड़
5. 2001 में भारत की कुल जनसंख्या कितनी थी?
(अ) 50 करोड़ (ब) 102.70 करोड़
(स) 98.15 करोड़ (द) 120.40 करोड़
6. 1991-2001 के दशक में जनसंख्या वृद्धि दर कितनी थी?
(अ) 24.5% (ब) 21.3% (स) 28.4% (द) 31.5%
7. किस वर्ष तक भारत चीन को जनसंख्या के मामले में पीछे छोड़ देगा, ऐसी सम्भावनाएँ हैं–
(अ) 2030 (ब) 2045 (स) 2055 (द) 2070
8. इस समय भारत में जनसंख्या वृद्धि की वार्षिक दर क्या है?
(अ) 2.13% (ब) 1.93% (स) 1.54% (द) 1.32%
9. भारत प्रतिवर्ष एक आस्ट्रेलिया के बराबर जनसंख्या पैदा करता है। यह संख्या लगभग कितनी है?
(अ) 1 करोड़ (ब) 1.5 करोड़ (स) 2 करोड़ (द) 5 करोड़
10. भारत की जनसंख्या वृद्धि दर जापान से कितनी गुनी अधिक है?
(अ) 1 (ब) 2 (स) 3 (द) 4
11. विश्व जनसंख्या वृद्धि दर से भारत की जनसंख्या वृद्धि के बारे में कौन सा कथन सही है?
(अ) कम (ब) बराबर
(स) अधिक (द) कहा नहीं जा सकता।
12. प्राकृतिक वृद्धि दर ज्ञात करने का सूत्र क्या है?
(अ) $\frac{\text{कुल जन्म - कुल मृत्यु}}{\text{सम्पूर्ण जनसंख्या}}$ 100 (ब) $\frac{\text{कुल मृत्यु - कुल जन्म}}{\text{सम्पूर्ण जनसंख्या}}$ 100

(स) $\frac{\text{कुल जनसंख्या}}{\text{कुल जन्म - कुल मृत्यु}}$ 100 (द) $\frac{\text{कुल जनसंख्या}}{\text{कुल मृत्यु - कुल जन्म}}$ 100

13. जनांकिकी संक्रमण संकल्पना के प्रथम प्रतिपादनकर्ता कौन थे?
(अ) नोटेस्टीन (ब) थाम्पसन (स) ब्लैकर (द) साक्स

14. देश के किस राजनैतिक-भौगोलिक क्षेत्र का 2001 की जनसंख्या वृद्धि में सर्वाधिक योगदान रहा।
(अ) मध्य (ब) पूर्व (स) उत्तर (द) पश्चिम

15. इस समय देश के किस राज्य की जनसंख्या वृद्धि दर अधिक है?
(अ) नागालैण्ड (ब) पंजाब (स) उत्तर प्रदेश (द) बिहार

16. संघशासित प्रदेशों में सर्वाधिक जनसंख्या वृद्धि दर किसमें है?
(अ) लक्षद्वीप (ब) दादरा व नगर हवेली
(स) अण्डमान निकोबार द्वीप समूह (द) पुडुच्चेरी

17. देश का सबसे कम जनसंख्या वृद्धि दर वाला राज्य कौन सा है?
(अ) केरल (ब) तमिलनाडु (स) गोआ (द) उड़ीसा

18. देश का कौन सा जनपद सर्वाधिक जनसंख्या वृद्धि दर वाला है?
(अ) मौन (नागालैण्ड) (ब) वोखा (नागालैण्ड)
(स) चन्देल (मणिपुर) (द) दिमापुर (नागालैण्ड)

19. भारत का सबसे कम वृद्धि दर वाला जिला कौन सा है?
(अ) मैमित (मिजोरम) (ब) अल्मोड़ा (उत्तरांचल)
(स) कोलकाता (पश्चिम बंगाल) (द) शिवगंगा (तमिलनाडु)

20. शहरी एवं ग्रामीण जनसंख्या का वर्तमान अनुपात क्या है?
(अ) 25 : 75 (ब) 22 : 78 (स) 28 : 72 (द) 35 : 65

21. बीसवीं सदीं की प्रथम जनगणना में शहरी एवं ग्रामीण जनसंख्या का अनुपात क्या था?
(अ) 15 : 85 (ब) 11 : 89 (स) 20 : 80 (द) 5 : 95

22. देश के कितने प्रतिशत लोग 50 रुपये प्रतिदिन से भी कम में गुजारा करते हैं?
(अ) 25 (ब) 30 (स) 35 (द) 39

23. विश्व की सर्वाधिक मुस्लिम आबादी किस देश में है?
(अ) पाकिस्तान (ब) भारत (स) मलेशिया (द) सऊदी अरब

24. भारत सरकार द्वारा निर्धारित वर्तमान में विवाह की आयु लड़कें एवं लड़कियों के परिप्रेक्ष्य में कितनी है?
(अ) क्रमशः 25 एवं 20 (ब) 21 एवं 18
(स) 20 एवं 22 (द) निर्धारित नहीं है।

25. "शिक्षा तथा जागरूकता से लोग, खासकर महिलाएँ सोच समझकर गर्भधारण के मामले में निर्णय लेती हैं, अतः सशक्तीकरण जनसंख्या नियंत्रण की कुन्जी है।" किसने कहा है?

(अ) डा. जाकिर हुसैन (ब) डा. मुरली मनोहर जोशी

(स) डा. कलाम (द) डा. मनमोहन सिंह

उत्तरदायी सूची

1. ब	2. स	3. द	4. ब	5. ब
6. ब	7. ब	8. ब	9. स	10. द
11. स	12. अ	13. ब	14. अ	15. अ
16. ब	17. अ	18. ब	19. अ	20. स
21. ब	22. द	23. ब	24. ब	25. द

2

भारत : जनसंख्या वितरण
(INDIA : POPULATION DISTRIBUTION)

सामान्य परिचय (General Introduction)

भारत एक वैविध्यपूर्ण राष्ट्र है, जिसके अंतर्गत प्राय: प्रत्येक क्षेत्र में विविधताएँ विद्यमान हैं। यह विविधता जनसांख्कीय विशेषताओं में भी पर्याप्त रूप में उपस्थित है। जनसंख्या वितरण में विविधता/विभिन्नता उनमें से एक है। यह विभिन्नता प्रादेशिक स्तर से लेकर मण्डल/जनपद/तहसील/विकासखण्ड एवं इससे भी सूक्ष्म इकाई ग्राम/मोहल्ला तक में उपस्थित पायी जा सकती है। ग्लोब के कुल स्थलीय क्षेत्रफल का मात्र 2.4 प्रतिशत भाग भारत का कुल क्षेत्रफल है, जो कि 32,87,263 वर्ग किलोमीटर है, किन्तु जनसंख्या परिमाण/वितरण चीन (127.86 करोड़ व्यक्ति) के बाद सर्वाधिक (102.70 करोड़ व्यक्ति) पाया जाता है, जो भारत को जनसंख्या वितरण की दृष्टि से विश्व का द्वितीय सबसे बड़ा देश घोषित करता है। अब यह देश जनसंख्या की दृष्टि से करोड़ नहीं अरबपति बन गया (2000) है।

यहाँ पर्वतीय, मरूस्थलीय एवं सघन वन भूमियों की तुलना में समतल एवं उपजाऊ (Plain & Fertile) मैदानों में जनसंख्या वितरण अधिक पाया जाता है। दूसरे शब्दों में, भारत का अति जनसंख्या वितरण समतल एवं उपजाऊ मैदानों का अनुसरण करता है। प्राय: विशालकाय क्षेत्रफल वाले राज्यों में जनसंख्या वितरण अधिक पाया जाता है, किन्तु इसकी स्थिति बड़ी वैषम्यपूर्ण है। उ. प्र., महाराष्ट्र, बिहार, पश्चिम बंगाल एवं आंध्र प्रदेश (5 शीर्ष जनसंख्या वितरण वाले राज्य) की कुल जनसंख्या देश की आधी (50% के लगभग) जनसंख्या का प्रतिनिधित्व करती है। इससे भी रोचक तथ्य यह कि उत्तर प्रदेश और महाराष्ट्र मात्र दो राज्य मिलकर देश की कुल एक चौथाई जनसंख्या का वितरण प्राप्त करते हैं। इससे भी बढ़कर उत्तर प्रदेश भारत का सर्वाधिक जनसख्ंया वितरक/धारक राज्य है जबकि विश्व स्तर पर यह पाँच देशों (चीन, स्वयं भारत, संयुक्त राज्य अमेरिका, इण्डोनेशिया तथा ब्राजील) के बाद सर्वाधिक जनसंख्या को शरण दिये हुए है। दूसरी ओर

अरुणाचल प्रदेश जैसा राज्य भी है जो देश की कुल जनसंख्या का मात्र 0.11%ही धारण किये हुए है।

जनसंख्या वितरण के वर्तमान मानचित्र के दर्शन से ज्ञात होता है कि जहाँ एक तरफ राजस्थान की रेगिस्तानी पेटी, आसाम की पहाड़ी पेटी और दक्षिणी पठार के अधिकांश में जन समूहन कम है वहीं दूसरी तरफ नदी-घाटियों, उत्तर के मैदानी भागों, सागर तटीय छोरों या आर्थिक दृष्टि से सम्पन्न खनिज वाले क्षेत्रों/नगरों एवं औद्योगिक प्रदेशों में अतिशय जनसंख्या वितरण पाया जाता है। इस प्रकार कह सकते हैं कि भारत के जनसंख्या वितरण का प्रारूप अतिशत विषमता लिए हुए है।

जनसंख्या वितरण/घनत्व को प्रभावित करने वाले प्रमुख कारक (Major Effecting Factors of Popoulation Distribution/Density)

भारत में जनसंख्या वितरण/घनत्व को प्रभावित करने वाले प्रमुख कारकों को मोटे तौर पर 2 भागों में विभक्त करने के बाद इनके उपविभाग करते हुए निम्नलिखित रूप में जाना जा सकता है एवं उनसे रूबरू होना आसान हो जाता है–

1. भौतिक कारक (Physical Factors): किसी भी देश के जनसंख्या वितरण/घनत्व पर वहाँ पर उपस्थित भौतिक कारकों का बड़ा प्रभाव प्रड़ता है। भारत में इन्हें निम्नवत् प्रतिमान से समझा जा सकता है–

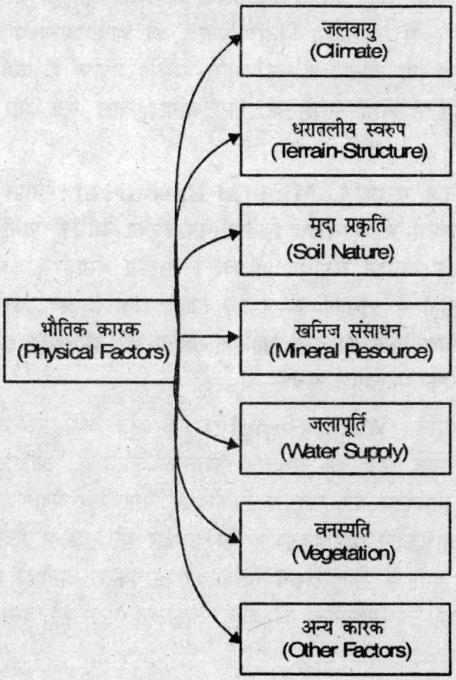

उपर्युक्त कारकों का विश्लेषण/विवेचन इस प्रकार है–

***(i)* जलवायु (Climate) :** स्वास्थ्यकर/अनुकूल जलवायु भारत के जनसंख्या वितरण/घनत्व को प्रभावित करती है। यह तथ्य उत्तरी भारत में शीतोष्ण तथा आर्द्र एवं शुष्क जलवायु के कारण अधिक जनसंख्या वितरण/घनत्व से स्पष्ट है। अस्वास्थ्यकर जलवायु (यथा-उच्च तापमान, भीषण वर्षा, कच्छ/दलदल प्रभावित क्षेत्र) वाले क्षेत्रों में वितरण व घनत्व में अल्पता पायी जाती है।

***(ii)* धरातलीय स्वरूप (Terrain-Structure) :** सघन जनसंख्या वितरण/घनत्व भारत के उन क्षेत्रों में पाया जाता है, जो प्राय: मैदानी है। इसके विपरीत जटिल भूआकृति वाले क्षेत्रों में यह अत्यल्प पाया जाता है। मैदानी क्षेत्रों में कृष्य भूमि, सूचारू-यातायात, प्रचुर जल आदि की सुविधा तथा सभ्य सामाजिक संगठन अधिक जनसंख्या को आकर्षित करता है। इसके बजाय दुष्कर क्षेत्र अधिक जनसंख्या बसाव को हतोत्साहित करते हैं। जैसे पूर्वोत्तर भारत में जनसंख्या का कम पाया जाना।

***(iii)* मृदा-प्रकृति (Soil-Nature) :** अधिक उपजाऊ भूमि शुरू से ही मानव को आकर्षित करती आयी है, क्योंकि यह अधिक जनसंख्या के भरण-पोषण के लिए उत्तरदायी है। यही कारण है कि गंगा की घाटी एवं मैदानों में भारत की आधी आबादी पायी जाती है। बजाय इसके राजस्थान की अनुर्वर रेगिस्तानी भूमि वाले क्षेत्र (थार) में जनसंख्या वितरण/घनत्व की मात्रा अत्यल्प है। पहाड़ी क्षेत्रों में भी वे ही अधिक आबाद हैं जहाँ भूमि-उर्वरता पर्याप्त हैं एवं बागाती कृषियों का प्रभाव-प्रसार है यथा-असम के चाय बागान वाले क्षेत्र और प. बंगाल का दार्जिलिंग क्षेत्र।

***(iv)* खनिज संसाधन (Mineral Resource) :** बिहार, झारखण्ड एवं उड़ीसा आदि राज्यों में जनसख्ंया वितरण/घनत्व का अधिक पाया जाना इस बात का प्रमाण है कि खजिन संसाधन अधिक जनसंख्या बसाव को आकृष्ट करते हैं। चूँकि खानों/खदानों में श्रमिकों की पर्याप्त खपत होती है अत: यहाँ जनाधिक्य का अधिक होना स्वाभाविक है। दूसरे यहाँ कारखानों की उपस्थिति इनके अधिक घने होते जाने का एक महत्वपूर्ण सूचक है।

***(v)* जलापूर्ति (Water-Supply) :** वे क्षेत्र जहाँ पर जल की आपूर्ति प्रचुर मात्रा में होते रहने की संभावना विद्यमान होती है, अधिक जनसंख्या को प्रश्रय देते हैं। हिमालय की गोद से निकलकर गंगा जब मैदानी क्षेत्रों में पदार्पण करती हैं तो अधिकांश प्रवाहित जल को उपहार के रूप में मैदानी भूमियों तले भूगर्भ में छिपा देती हैं, फलस्वरूप भारत की अधिकांश आबादी उससे तृप्त होती है एवं जनसंख्या-वितरण/घनत्व की एक संकेन्द्रित पेटी को जन्म देती है। इसके

विपरीत राजस्थान जैसे रेगिस्तान में जलापूर्ति न होने के चलते अत्यल्प आबादी ही निवास करती है।

(*vi*) वनस्पति (Vegetation) : वनस्पतियुक्त (किन्तु अतिसघन नहीं) क्षेत्र अधिक जनसंख्या वितरण एवं घनत्व को प्रश्रय देते हैं, हालाँकि उत्तर प्रदेश और हरियाणा ऐसे राज्य हैं जहाँ अल्प वनस्पति पायी जाती है, किन्तु कभी ये क्षेत्र वनस्पतियों से आच्छादित थे, तथा अधिक आबादी को आकर्षित किये। वनस्पति विहीन और अतिशय सघन वानस्पतिक क्षेत्र अधिक जनसंख्या को आकर्षित नहीं करते।

(*vii*) अन्य कारक (Other Factors) : अन्य कारकों में सागर तल से ऊँचाई एवं जीव-जन्तुओं को शामिल किया जाता है। सागर तल की ऊँचाई का भारत की जनसंख्या के वितरण एवं घनत्व पर वैश्विक प्रभाव है। जीव-जन्तुओं का प्रभाव मानव के क्रिया-कलापों को प्रभावित करता है जैसे वे क्षेत्र जहाँ पर्याप्त पालतू पशु पाये जाते हैं जनसंख्या निवास अधिक पाया जाता है तथा जहाँ जहरीले जीव-जन्तुओं की भरमार है वहाँ आबादी बसने में हतोत्साह अनुभव करती है।

2. मानवीय कारक (Manual Factors)

मानवीय कारक, जो कि देश की जनसंख्या के वितरण/घनत्व को प्रभावित करते हैं, को 4 मुख्य एवं कई गौण भागों में विभक्त करते हुए क्रमबद्ध अध्ययन किया जा सकता है। इसे निम्नवत प्रतिमान से समझना अध्ययन की सुचारूता प्रदान करेगा।

प्रतिमानित कारकों का विश्लेषण इस प्रकार निम्नलिखित है–

(*i*) आर्थिक कारक (Economical Factors) : आधुनिक समय अर्थ प्रेरित है और इस प्रेरणा से भारत भी नहीं बच पाया। निश्चित है कि यहाँ भी आर्थिक कारक जनसंख्या वितरण/घनत्व को प्रभावित करते हैं। इन आर्थिक कारकों में औद्योगिक क्रियाएँ, विपणन प्रणाली, तकनीकी ज्ञान, नगरीकरण प्रमुख है। ये कारक अनायास ही जनघनत्व को बढ़ाने में सहायक सिद्ध होते हैं। औद्योगीकरण के वैश्विक प्रभाव में आने के बाद, विशेषकर 1951 के बाद भारत में तीव्र जनसंख्या वितरण हुआ परिणामस्वरूप जनघनत्व बढ़ा और आज यह 324 व्यक्ति प्रतिवर्ग किमी. है। वैश्वीकरण के प्रभाव के चलते विपणन प्रणाली में परिपक्वता आयी और आबादी बाजारी-संस्कृति के चपेट में आने से स्वयं को न रोक सकी, अत: बाजार के चतुर्दिक तीव्र जनबसाव होना आरंभ हुआ। साक्षरता एवं शिक्षा का स्तर बढ़ा और खासकर तकनीकी शिक्षा का बोलबाला शुरू हुआ, अत: तकनीकी शिक्षा ने पढ़ने वाले विद्यार्थियों को दिल्ली, चेन्नई, बैंगलूरु जैसे स्थान के लिए

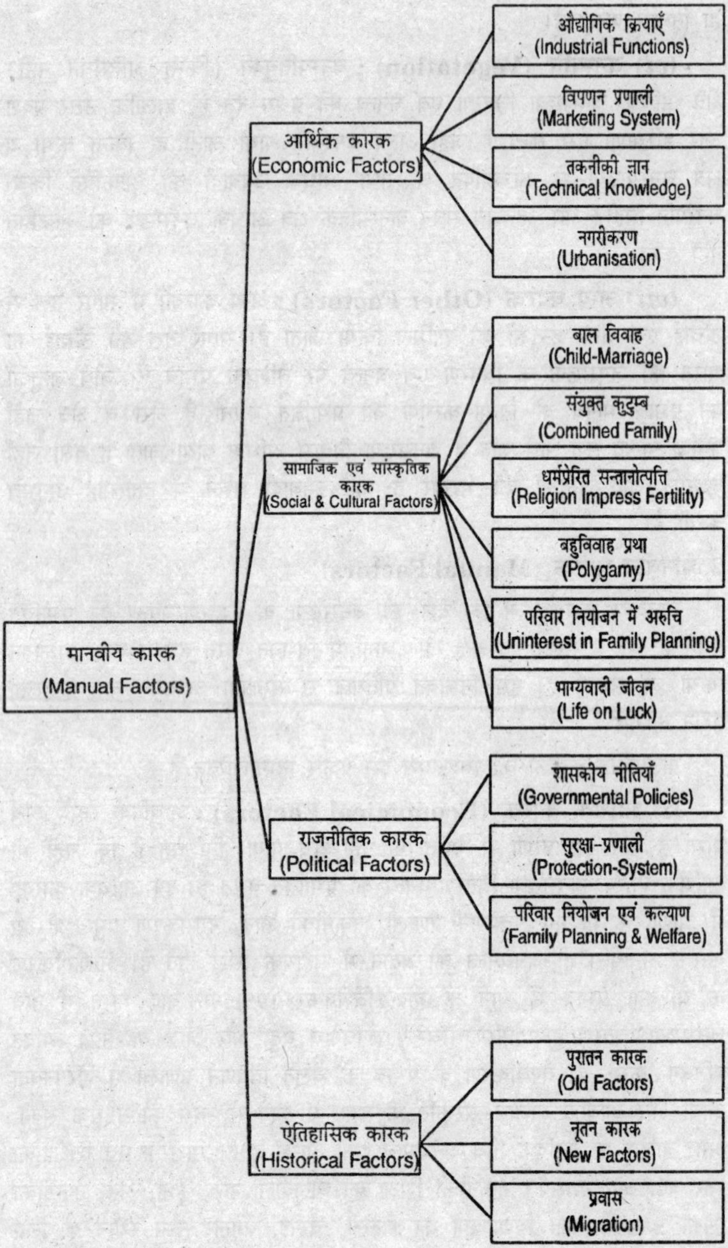
मानवीय कारक
(Manual Factors)
आर्थिक कारक
(Economic Factors)
औद्योगिक क्रियाएँ
(Industrial Functions)
विपणन प्रणाली
(Marketing System)
तकनीकी ज्ञान
(Technical Knowledge)
नगरीकरण
(Urbanisation)
सामाजिक एवं सांस्कृतिक कारक
(Social & Cultural Factors)
बाल विवाह
(Child-Marriage)
संयुक्त कुटुम्ब
(Combined Family)
धर्मप्रेरित सन्तानोत्पत्ति
(Religion Impress Fertility)
बहुविवाह प्रथा
(Polygamy)
परिवार नियोजन में अरुचि
(Uninterest in Family Planning)
भाग्यवादी जीवन
(Life on Luck)
राजनीतिक कारक
(Political Factors)
शासकीय नीतियाँ
(Governmental Policies)
सुरक्षा-प्रणाली
(Protection-System)
परिवार नियोजन एवं कल्याण
(Family Planning & Welfare)
ऐतिहासिक कारक
(Historical Factors)
पुरातन कारक
(Old Factors)
नूतन कारक
(New Factors)
प्रवास
(Migration)

प्रेरित किया और वहाँ पर घनत्व एवं वितरण स्वत: बढ़ गया। तकनीकी शिक्षा और नगरीकरण एक दूसरे के सहोदर हैं। विशेषकर आधुनिक परिवेश में यह कहावत अधिक सत्य प्रमाणित होती है। अत: इन आर्थिक कारकों के संयुक्त प्रभाव ने वितरण एवं घनत्व की वृद्धि को प्रेरणा दी है।

(*ii*) सामाजिक एवं सांस्कृतिक कारक (Social & Cultural Factors) : भारत में प्रतिबन्ध के बावजूद भी यत्र-तत्र बाल विवाह प्रथा अपने कार्यवाही में है जिससे तीव्र प्रजननता, संतानोत्पत्ति एवं जनसंख्या वृद्धि दर उत्पन्न होती है, फलत: घनत्व एवं वितरण में सघनता आती है। संतानोत्पत्ति विशेष तौर पर अंधविश्वास प्रेरित होती है, ऐसी मान्यता, है कि नि:संतान दम्पत्ति शुभ नहीं माने जाते। बहु विवाह की प्रथा (विशेषकर मुसलमानों और जन-जातियों में) अभी भी जारी है। एकाकी परिवारों का प्रचलन तीव्र हुआ है किन्तु संयुक्त परिवार अभी भी बड़ी मात्रा में अस्तित्व में हैं, जो कि जनसंख्या वृद्धि को बढ़ावा देते हुए घनत्व बढ़ाते हैं। परिवार नियोजन एवं कल्याण का भाव प्रसार उतना नहीं है, जितना कि होना चाहिए। इससे भी बढ़कर लोगों में भाग्यवादी प्रवृति पायी जाती हैं अत: ये सभी कारक वितरण/घनत्व को प्रेरित करते हैं। जहाँ इन कारकों का प्रभाव है वहाँ जनाधिक्य एवं जहाँ इनका वर्चस्व नहीं है अल्प-जनसंख्या घनत्व/वितरण पाया जाता है।

(*iii*) राजनीतिक कारक (Political Factors) : शासकीय नीतियाँ जनसंख्या के नियंत्रण एवं वर्द्धन की सशक्त माध्यम होती हैं, किन्तु भारत में कठोर जनसंख्या नीति कभी नहीं बनी (इंदिरा गाँधी की पूर्व सरकार के नसबन्दी अभियान, जो थोड़े समय तक ही प्रभावी रहा, को छोड़कर)। आज भी सरकार की मंशा परिवार कल्याण की है न कि प्रत्यक्षतया परिवार नियंत्रण की। दूसरे कुछ क्षेत्र ऐसे हैं, जिन्हें सरकारी योजनाएँ और धन अधिक मिलता है और कुछ को कम, इसलिए जहाँ अधिक योजनाएँ वहाँ अधिक जनसंख्या और जहाँ कम योजनाएँ कम जनसंख्या की प्रवृत्ति पायी जाती है। सुरक्षा प्रणाली की बेहतर व्यवस्था जनाधिक्य को बढ़ावा देती है। जम्मू कश्मीर में अपेक्षाकृत कम घनत्व का पाया जाना वहाँ के लोगों के भय के महसूस होते रहने के साथ-साथ सरकार द्वारा पारित नागरिकता सम्बन्धी कठोर नियमों का परिणाम है।

(*iv*) ऐतिहासिक कारक (Historical Factors) : ऐतिहासिक कारक भी जनसंख्या घनत्व/वितरण को प्रभावित करते आये हैं। प्राचीन काल में जनसंख्या घनत्व एवं वितरण दोनों कम था। इसके प्रमुख कारण परम्परागत जीवन पद्धति, उद्यम के अल्प स्रोत, युद्ध एवं महामारियाँ रहे हैं। प्राचीन संस्कृति एवं धारणा भी इसमें शामिल हैं। अब लोगों की संस्कृतियाँ, धारणाएँ बदली औद्योगिक एवं नगरीय जीवन पद्धति का विकास हुआ, आवश्यकताओं में वृद्धि हुई, जीवन जीना आसान

हुआ फलस्वरूप वितरण एवं घनत्व बढ़ा। प्रवास विशेषकर मध्यएशिया एवं समीपी देशों में हुआ दूसरी ओर यहाँ से भी विदेशी प्रवास हुए जिन्होंने संयुक्त रूप से भारत की जनसंख्या के वितरण/घनत्व को प्रभावित किया।

प्रमुख देशों के जनसंख्या वितरण की भारत से तुलना (The Comparison between Major Countries of Population Distributien with India)

भारत के जनसंख्या वितरण की तुलना विश्व के प्रमुख देशों यथा-चीन, संयुक्त राज्य अमेरिका, इण्डोनेशिया, ब्राजील, पाकिस्तान, रूस, बांग्लादेश, जापान एवं नाइजीरिया से करना अपेक्षित होगा। ज्ञात हो कि ये सभी राष्ट्र जनसंख्या के वितरण में विश्व के शीर्ष 10 देशों (भारत सहित) में आते हैं, किन्तु वितरण को लेकर इनमें पर्याप्त भिन्नता पायी जाती है। किसी भी देश का जन वितरण एक सदृश नहीं पाया जाता। निम्नवत चक्रारेख में इन देशों का जनसंख्या वितरण देखने योग्य है–

टॉपटेन देशों के जनसंख्या वितरण से तुलना : 2000

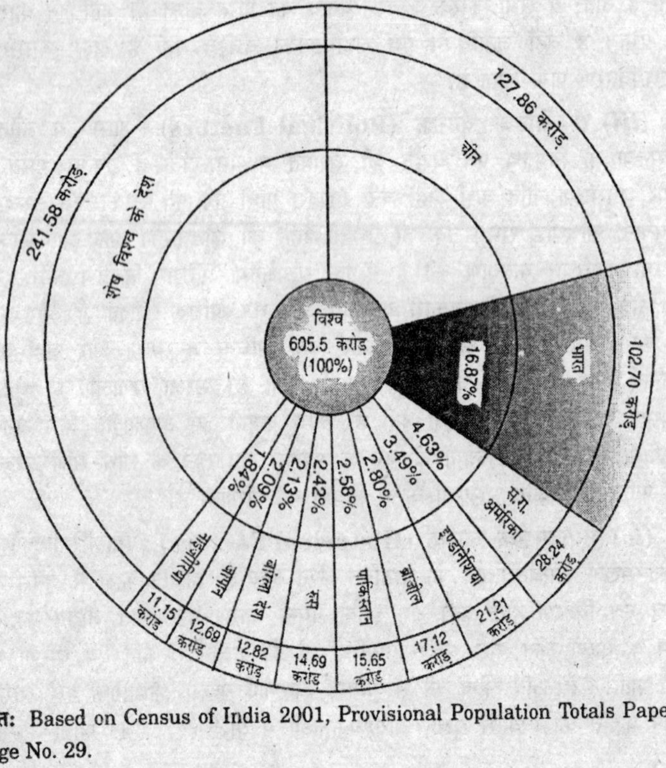

स्रोत: Based on Census of India 2001, Provisional Population Totals Paper-1 Page No. 29.

भारत की तुलना में चीन की जनसंख्या 25.16 करोड़ अधिक है। विश्व के छः व्यक्तियों में से एक भारतीय है व पाँच व्यक्तियों से एक चीनी। सन् 2045 तक आशा है कि भारत इस मामले में चीन को पीछे छोड़ता हुआ विश्व का सर्वाधिक जनसंख्या वाला राष्ट्र बन जायेगा। शीर्ष 10 देशों में चीन को छोड़कर सभी देशों की जनसंख्या भारत से कम है। इस क्रम में भारत के बाद संयुक्त राज्य अमेरिका का स्थान आता है, जिसकी जनसंख्या भारत की जनसंख्या की लगभग एक चौथाई है। इण्डोनेशिया और ब्राजील की जनसंख्या भारत की तुलना में क्रमशः लगभग 1/5 एवं 1/6 है। 1947 में भारत से विभाजित हुए पाकिस्तान की जनसंख्या से यहाँ की जनसंख्या साढ़े छः गुना अधिक है अर्थात् 7 भारतीयों के पीछे केवल 1 व्यक्ति पाकिस्तानी है। रूस की जनसंख्या और भारत की जनसंख्या की मात्रा में भी लगभग यही अनुपात है। अतीत में पूर्वी पाकिस्तान कहे जाने वाले बांग्लादेश की जनसंख्या हमारे देश की कुल जनसंख्या का मात्र 1/8 है जबकि जापान और नाइजीरिया की जनसंख्या से यहाँ की जनसंख्या क्रमशः 8 एवं 9 गुने अधिक है।

ज्ञातव्य है कि इन 10 शीर्ष जनसंख्या धारक राष्ट्रों की कुल जनसंख्या 363.9 करोड़ है, जिसमें भारत का अंश 28.2% है। यह प्रतिशतांश एक चौथाई से भी अधिक है, जो देश को शीर्ष धारकों में अगुआ प्रमाणित करता है। शीर्ष सभी 10 देशों को छोड़कर शेष विश्व की जनसंख्या भारत की जनसंख्या की मात्र ढाई गुनी है।

राज्यों/केन्द्रशासित प्रदेशों में जनसंख्या वितरण का कोटि-क्रम (Population Distribution Ranking in States/U.T.S.)

वर्तमान भारत में कुल राज्यों एवं संघशासित प्रदेशों की संयुक्त संख्या 35 है। वितरण की दृष्टि से इनका कोटि क्रम हमेशा स्थायी नहीं रहता प्रत्युत परिवर्तनशील रहता है। हाँ, कुछ इनमें अपवाद स्वरूप भी हो सकते है, जैसे-उत्तर प्रदेश का कोटि क्रम हमेशा प्रथम रहा है। 1951 से लेकर अनन्तिम जनगणना 2001 तक विभिन्न भारतीय राज्यों/केन्द्रशासित प्रदेशों का जनसंख्या वितरण की वृद्धि से कोटि क्रम का निर्धारण निम्नांकित आँकड़े में प्रस्तुत है, अवलोकन करें–

सारणी के अवलोकन से सुस्पष्ट हो जाता है कि विभिन्न राज्यों एवं केन्द्रशासित प्रदेशों में वितरण (जनसंख्या) का कोटि क्रम सदैव परिवर्तनशील रहा है। ऊपर के दस शीर्ष जनसंख्या वितरक/धारक राज्यों में उत्तर प्रदेश, महाराष्ट्र, बिहार, पश्चिम बंगाल, आंध्र प्रदेश, तमिलनाडु, मध्य प्रदेश, राजस्थान, कर्नाटक और गुजरात ही 1951 से लेकर 2001 तक स्थान सुनिश्चित किये हैं, तथापि यह अकाट्य सत्य है कि उत्तर प्रदेश को छोड़कर शेष सभी 9 शीर्षस्थ राज्य इस

भारत के राज्यों/केन्द्रशासित प्रदेशों में जनसंख्या वितरण का कोटि-क्रम : 1951-2001

राज्य/केन्द्रशासित	जनगणना वर्ष					
प्रदेश का नाम	1951	1961	1971	1981	1991	2001
उत्तर प्रदेश	1	1	1	1	1	1
महाराष्ट्र	3	3	3	3	3	2
बिहार	2	2	2	2	2	3
पश्चिम बंगाल	6	5	4	4	4	4
आंध्र प्रदेश	4	4	5	5	5	5
तमिलनाडु	5	6	7	7	7	6
मध्य प्रदेश	7	7	6	6	6	7
राजस्थान	10	10	10	9	10	8
कर्नाटक	8	8	8	8	8	9
गुजरात	9	9	9	10	9	10
उड़ीसा	11	11	11	11	11	11
केरल	12	12	12	12	12	12
झारखण्ड	–	–	–	–	–	13
असम	14	14	13	13	13	14
पंजाब	13	13	14	14	14	15
हरियाणा	15	15	15	15	15	16
छत्तीसगढ़	–	–	–	–	–	17
दिल्ली	18	18	17	16	17	18
जम्मू व कश्मीर	16	16	16	17	16	19
उत्तरांचल	–	–	–	–	–	20
हिमाचल प्रदेश	17	17	18	18	18	21
त्रिपुरा	19	19	19	19	19	22
मणिपुर	22	20	20	20	20	23
मेघालय	20	21	21	21	21	24
नागालैण्ड	24	23	23	23	24	25
गोआ	–	–	–	–	–	26
अरुणाचल प्रदेश	–	25	25	24	23	27
पाण्डिचेरी	23	24	24	25	25	28
चण्डीगढ़	27	26	27	26	26	29
मिजोरम	–	–	–	26	28	30
सिक्किम	25	26	27	28	27	31
अण्डमान व निकोबार द्वीप समूह	27	28	28	29	29	32
दादरा व नगर हवेली	26	29	29	30	30	33
दमन व दीव	–	–	–	–	–	34
लक्षद्वीप	29	30	30	31	31	35

स्रोत: Census of India 2001, & P.K. Chaubey, Population Policy for India, Perspeatives, Issues & Challenges, Page, No. 22.

अवधि के दौरान कोटिं-क्रम पारिवर्तित करते रहे हैं। छत्तीसगढ़, उत्तरांचल, झारखण्ड ये तीन राज्य नवनिर्मित हैं (क्रमश: 1, 9, 15 नवम्बर, 2000 को निर्मित), अत: इनका कोटि क्रम 2001 की जनगणना में निश्चित किया गया जिनका क्रम 17, 13 एवं 20 है। शेष राज्यों/केन्द्रशासित प्रदेशों का जनसंख्या वितरण कोटि-क्रम सारणी में देख लें। हाँ, उड़ीसा और केरल ऐसे अपवादित राज्य हैं जिन्होंने इस अवधि में कोटि परिवर्तन नहीं किया और वे क्रमश: 11वें एवं 12वें स्थान पर निश्चित हैं।

राज्यों/केन्द्रशासित प्रदेशों में जनसंख्या वितरण (Population Distribution in States/Union Territories)

देश में जनसंख्या की गणना (जनगणना) का इतिहास लगभग सवा सौ साल पुराना है। इस काल के दौरान जनसंख्या आकार में परिवर्तन के साथ-साथ प्रादेशिक वितरण में भी पर्याप्त अंतर देखने को मिला है। तब से लेकर अब तक कई नये राज्य अस्तित्व में आये हैं और कइयों में वितरण की प्रवृत्ति भी प्रभावित हुई है। अध्ययन को रूचिकर एवं समकालीन बनाने हेतु हम अनन्तिम जनगणना 2001 को आधार मानते हुए देश के विभिन्न प्रदेशों में जनसंख्या का वितरण निम्नलिखित आँकड़े में पेश करते हैं–

वर्तमान में भारत में कुल राज्यों एवं केन्द्रशासित प्रदेशों की संख्या क्रमश: 28 एवं 07 (कुल मिलाकर 35) है, जिसके अभी और बढ़ने की संभावना है। आंध्र प्रदेश से तेलंगाना राज्य के अलग बनाने की माँग चल रही है। फिलहाल 2001 तक इनकी संख्या (कुल) 35 ही रही है।, जिनमें से 10 शीर्ष जनसंख्या वितरण वाले राज्य ऐसे हैं जहाँ देश की तीन-चौथाई से भी अधिक (76.34%) जनसंख्या वितरित रही है। इसके अतिरिक्त 25 राज्यों एवं केन्द्रशासित प्रदेशों को मिलाकर मात्र 23.66% जनसंख्या का निवास पाया गया। इन शीर्ष 10 राज्यों में क्रमश: उत्तर प्रदेश, महाराष्ट्र, बिहार, पश्चिम बंगाल, आंध्र प्रदेश, तमिलनाडु, मध्य प्रदेश, राजस्थान, कर्नाटक एवं गुजरात आदि सम्मिलत हैं। निम्नवत दण्डारेख के अवलोकन से ये तथ्य स्पष्ट हो जाते है–

शीर्ष जनसंख्या वितरण वाले राज्य (Top Population Distributer States)

उत्तर प्रदेश देश का सर्वाधिक जनसंख्या वाला राज्य है, जिनकी जनसंख्या 16.60 करोड़ (2001) है। इसके बाद दूसरा स्थान महाराष्ट्र का एवं तीसरा बिहार का आता है, जिनकी जनसंख्या क्रमानुसार 9.67 एवं 8.3 करोड़ है। इन दोनों राज्यों की कुल जनसंख्या (संयुक्त) उत्तर प्रदेश से अंश मात्र अधिक है। चतुर्थस्थान पर पश्चिम बंगाल आता है। जिसकी जनसंख्या बिहार से कम किन्तु आंध्र प्रदेश

भारत : राज्यों/केन्द्र शासित प्रदेशों में जनसंख्या वितरण : 2001

क्रमांक	राज्य/केन्द्र शासित प्रदेश का नाम	जनसंख्या वितरण
	राज्य	
1.	उत्तर प्रदेश	16,60,52,859
2.	महाराष्ट्र	9,67,52,247
3.	बिहार	8,28,78,796
4.	पश्चिम बंगाल	8,02,21,171
5.	आंध्र प्रदेश	7,57,27,541
6.	तमिलनाडु	6,21,10,839
7.	मध्य प्रदेश	6,03,85,118
8.	राजस्थान	5,64,73,122
9.	कर्नाटक	5,27,33,958
10.	गुजरात	5,05,96,992
11.	उड़ीसा	3,67,06,920
12.	केरल	3,18,38,619
13.	झारखण्ड	2,69,09,428
14.	असम	2,66,38,407
15.	पंजाब	2,42,89,296
16.	हरियाणा	2,10,82,989
17.	छत्तीसगढ़	2,07,95,956
18.	जम्मू एवं कश्मीर	1,00,69,917
19.	उत्तरांचल	84,89,562
20.	हिमाचल प्रदेश	60,77,248
21.	त्रिपुरा	31,91,168
22.	मणिपुर	23,88,634
23.	मेघालय	23,06,069
24.	नागालैण्ड	19,88,636
25.	गोआ	13,43,998
26.	अरुणाचल प्रदेश	10,91,117
27.	मिजोरम	8,91,050
28.	सिक्किम	5,40,493
	केन्द्र शासित प्रदेश	
1.	दिल्ली (राष्ट्रीय राजधानी प्रदेश)	1,37,82,976
2.	पाण्डिचेरी	9,73,829
3.	चण्डीगढ़	9,00,914
4.	अण्डमान एवं निकोबार द्वीप समूह	3,56,265
5.	दादरा व नगर हवेली	3,20,451
6.	दमन एवं दीव	1,58,069
7.	लक्षद्वीप	60,595
	सम्पूर्ण भारत वर्ष	1,02,70,15,247

स्रोतः Census of India, 2001, Previsional Total, Paper I. pp. 37-38.

भारत : 10 शीर्ष जनसंख्या वितरण वाले राज्य 2001

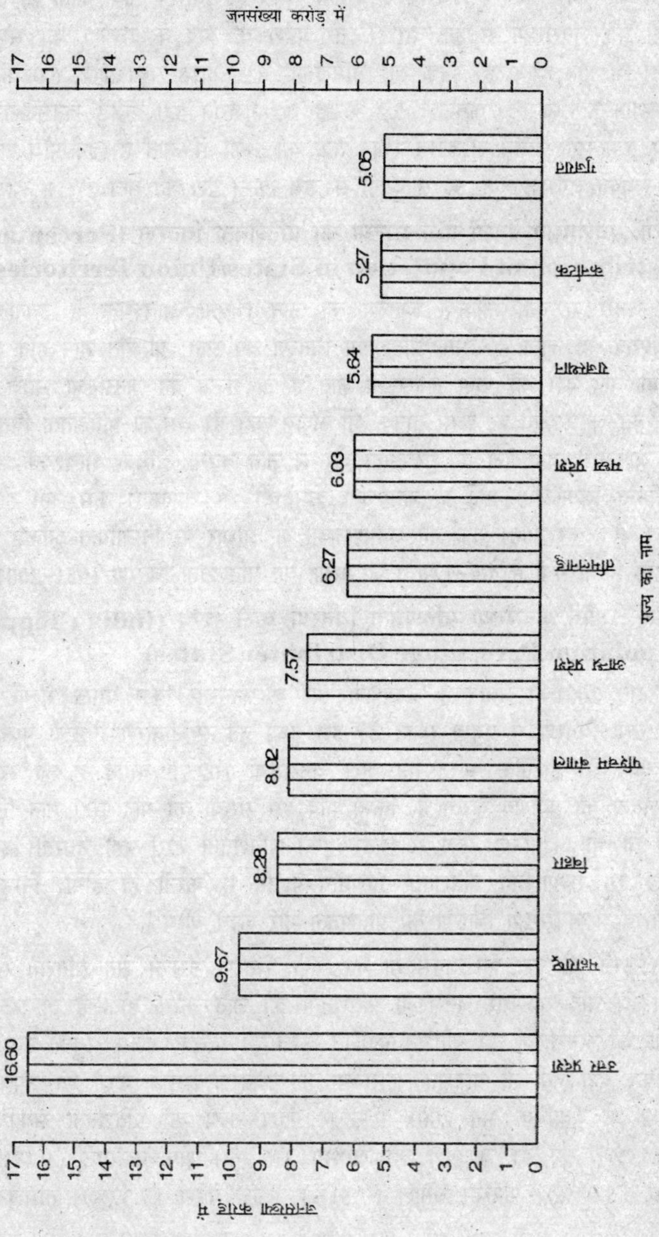

स्रोत: Based on Census of India, 2001 Provisionals Totals Paer I, pp. 37-38.

से अधिक है, यह 8.02 करोड़ है। आंध्र प्रदेश 7.57 करोड़ जनसंख्या के साथ भारत का पंचम राज्य है, जिसमें अत्यधिक जनसंख्या वितरण पाया जाता है। उत्तर प्रदेश की जनसंख्या से इन चारों (उत्तर प्रदेश के बाद के राज्यों) की संयुक्त जनसंख्या मात्र दुगुनी है। इनके बाद तमिलनाडु 6.2 करोड़ मध्य प्रदेश 6.0 करोड़ राजस्थान 5.6 करोड़, कर्नाटक 5.2 करोड़ एवं गुजरात 5.0 करोड़ जनसंख्या के साथ क्रमानुसार छठवें से दसवें स्थान तक की श्रेणी में आते हैं। इन पाँच राज्यों की संयुक्त जनसंख्या उ. प्र. से दुगुनी से कम किन्तु देश की मात्र 27.5% है।

राज्यों/संघशासित प्रदेशों में जनसंख्या का प्रतिशतता वितरण (Percentage Distribution of Population in States/Union Territories)

जनसंख्या का आंकिक वितरण का ज्ञान जितना आवश्यक है उतना ही आवश्यक हो जाता है उसके प्रतिशतता वितरण का ज्ञान। प्रतिशत-ज्ञान होने मात्र से ही यदि देश की कुल जनसंख्या ज्ञात है तो राज्यों की जनसंख्या सहज ही ज्ञात की जा सकती है, इसमें तनिक भी संशय नहीं है। वैसे तो प्रतिशतता वितरण की जानकारी जनगणना के शुरूआती दौर से ज्ञात करना अधिक आवश्यक होता है किन्तु विगत 50 वर्षों के जनगणना क्रम की भी जानकारी कम नहीं होती। 1951 से लेकर 2001 तक की जनगणनाओं के आधार पर निम्नांकित आँकड़े को अंकित किया गया है देखें–(भारत जनसंख्या का प्रतिशतता वितरण 1951-2001)।

भारत : शीर्ष जनसंख्या प्रतिशतता वितरण वाले राज्य (India : Topper Population Percentage Distributer States)

सन् 2001की नवीनतम् जनगणना सार के अनुसार किन प्रमुख राज्यों का जनसंख्या वितरण में प्रमुख स्थान है? इस तथ्य का स्पष्टीकरण पिछली पृष्ठ में हो चुका है। हालाँकि भारत की कुल जनसंख्या 102.70 करोड़ है जो स्वतः प्रतिशतता को प्रदर्शित करती है, किन्तु यदि इस संख्या को यदि 100 मान लिया जाय तो भी सैद्धान्तिक रूप से वितरण की प्रतिशतता खरी नहीं उतरती। अतः प्रमुख 10 राज्यों की प्रतिशतता गणितीय-पद्धति में करनी ही होगी। निम्नवत चक्रारेख में जनसंख्या वितरण की प्रतिशतता गौर करने योग्य है–

किसी भी देश का जनसंख्या का कुल वितरण उसका शत प्रतिशत माना जाता है। यदि राज्यवार जनसंख्या प्रतिशतता को ज्ञात करना होता है तो प्रत्येक राज्यों की जनसंख्या का प्रतिशत प्रदर्शित करते हैं। प्रत्येक राजय संयुक्त रूप से मिलकर देश की सौ प्रतिशत जनसंख्या का वितरण प्रस्तुत करते हैं। उपर्युक्त आरेख के मुताबिक सन् 2001 में उत्तर प्रदेश राज्य की प्रतिशतता सर्वाधिक (16.17%) रही है। जो देश की लगभग 1/6 थी। शेष महाराष्ट्र (9.42%), बिहार (8.07%), पश्चिम बंगाल (7.81%), आंध्र प्रदेश (7.37%), तमिलनाडु

भारत : जनसंख्या का प्रतिशतता वितरण 1951-2001

राज्य/संघशासित प्रदेश का नाम	अवधि					
	1951	1961	1971	1981	1991	2001
आंध्र प्रदेश	8.62	8.19	7.94	7.81	7.86	7.37
अरुणाचल प्रदेश	–	0.007	0.085	0.092	0.102	0.11
असम	2.22	2.47	2.67	2.91	2.65	2.59
बिहार (झारखण्ड सहित)	10.74	10.57	10.28	10.21	10.21	10.69
गोआ	0.165	0.141	0.156	0.158	0.158	0.13
गुजरात	4.50	4.70	4.87	4.97	4.88	4.93
हरियाणा	1.57	1.73	1.83	1.88	1.95	2.05
हिमाचल प्रदेश	0.661	0.640	0.631	0.620	0.611	0.59
जम्मू एवं कश्मीर	0.901	0.811	0.842	0.872	0.912	.098
कर्नाटक	5.37	5.37	5.35	5.42	5.31	5.16
केरल	3.75	3.85	3.89	3.71	3.44	3.10
मध्य प्रदेश (छत्तीसगढ़ सहित)	7.22	7.37	7.60	7.62	7.82	7.91
महाराष्ट्र	8.86	9.00	9.20	9.17	9.33	9.42
मणिपुर	1.60	1.78	1.96	2.10	2.17	0.23
मेघालय	0.168	0.175	0.184	0.194	0.210	0.22
मिजोरम	0.054	0.061	0.058	0.071	0.081	0.09
नागालैण्ड	0.059	0.084	0.094	0.113	0.143	0.19
उड़ीसा	4.06	4.00	4.01	3.84	3.74	3.57
पंजाब	2.54	2.53	2.47	2.44	2.40	2.37
राजस्थान	4.42	4.59	4.70	4.99	5.20	5.50
सिक्किम	0.038	0.037	0.038	0.046	0.048	0.05
तमिलनाडु	8.34	7.67	7.52	7.06	6.60	6.05
त्रिपुरा	0.177	0.260	0.284	0.301	0.326	0.31
उत्तर प्रदेश (उत्तरांचल सहित)	17.51	16.79	16.12	16.21	16.44	17.00
पश्चिम बंगाल	7.28	7.95	8.08	7.97	8.04	7.81
अण्डमान व निकोबार द्वीप समूह	0.009	0.015	0.021	0.027	0.033	0.03
चण्डीगढ़	0.007	0.027	0.047	0.066	0.066	0.09
दादरा एवं दीव	–	–	–	–	–	0.02
दिल्ली	0.48	0.60	0.74	0.91	1.11	1.34
लक्षद्वीप	0.006	0.005	0.006	0.006	0.006	0.01
पाण्डिचेरी	0.088	0.084	0.086	0.088	0.096	0.09

स्रोत: Census of India 1951 to 2001.

भारत : 10 शीर्ष राज्यों में जनसंख्या वितरण की प्रतिशतता : 2001

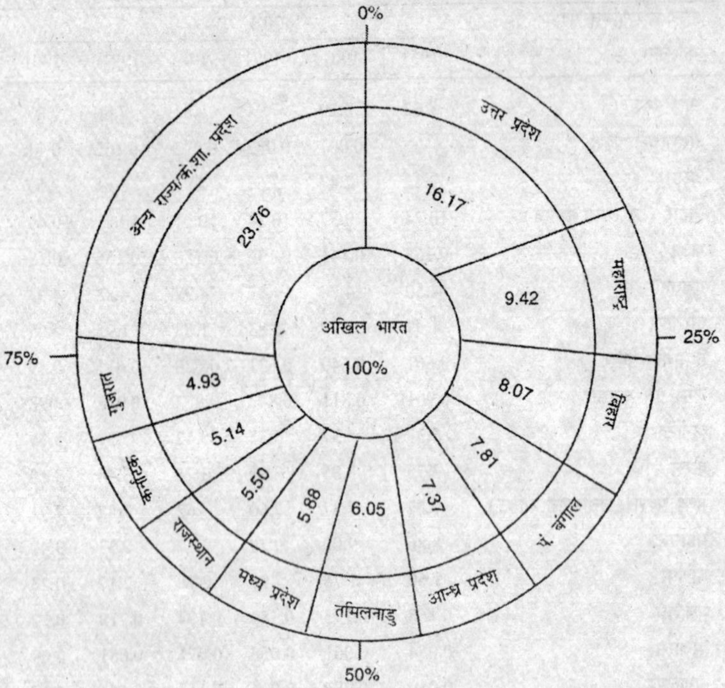

Source : Based on Census of India, 2001, Provisionals Totals Paper I, pp. 37-38.

(6.05%), मध्य प्रदेश (5.88%), राजस्थान (5.50%), कर्नाटक (5.14%) एवं गुजरात (4.93%) आदि राज्य द्वितीय से लेकर दसवें तक के क्रम में क्रमशः पाये गए। इन 9 राज्यों में देश की जनसंख्या का लगभग 60% हिस्सा पाया गया, जो कि उत्तर प्रदेश की कुल जनसंख्या का मात्र 4 गुना के लगभग था। अन्य सभी राज्यों एवं केन्द्रशासित प्रदेशों में जनसंख्या वितरण का राष्ट्रस्तरीय प्रतिशत मात्र 23.8% (1/4 के लगभग) रहा।

आगामी जनगणना (2011) हेतु सम्भावित जनसंख्या वितरण प्रतिशतता (Probable Population Distribution Percentile for the Next Census, 2011)

विगत जनगणना वर्षों के प्रतिवेदनों के आधार पर अग्रिम जनगणना सन् 2011 के लिए जनसंख्या वितरण प्रतिशतता का गणितीय/भौगोलिक अनुमान लगाया जा सकता है। अनुमान फल प्राप्त करने के उपरान्त हम निम्नलिखित सारणी में प्रतिशतता का राज्य/केन्द्रशासित प्रदेश वार प्रस्तुतीकरण कर रहे हैं, देखें–

2011 के लिए सम्भावित जनसंख्या वितरण प्रतिशतता

राज्य/केन्द्रशासित प्रदेश का नाम	जनसंख्या वितरण प्रतिशतता	राज्य/केन्द्रशासित प्रदेश का नाम	जनसंख्या वितरण प्रतिशतता
आंध्र प्रदेश	7.19	नागालैण्ड	0.185
अरुणाचल प्रदेश	0.130	उड़ीसा	3.35
असम	2.58	पंजाब	2.27
बिहार	10.29	राजस्थान	5.54
गोआ	0.171	सिक्किम	0.061
गुजरात	4.75	तमिलनाडु	5.73
हरियाणा	2.02	त्रिपुरा	0.409
हिमाचल प्रदेश	0.675	उत्तर प्रदेश	18.41
जम्मू व कश्मीर	0.983	पश्चिम बंगाल	7.70
कर्नाटक	5.06	अण्डमान व निकोबार द्वीप समूह	0.042
केरल	3.02	चण्डीगढ़	0.097
मध्य प्रदेश	8.19	दादरा व नगर हवेली	0.021
महाराष्ट्र	8.70	दमन एवं दीव	0.015
मणिपुर	0.272	दिल्ली	1.65
मेघालय	0.263	लक्षद्वीप	0.008
मिजोरम	0.104	पाण्डिचेरी	0.120
		सम्पूर्ण भारत	100.000

स्रोत: P.K. Chaubey : Population Policy for India : Perspective, Issues & Challenges, Page No. 224.

धार्मिक समूहों के आधार पर जनसंख्या वितरण (Population Distribution Based on Religious Communities)

भारत बहुधर्मी राष्ट्र है। धार्मिक विविधता, किन्तु एकता का जितना अच्छा उदाहरण हमारे राष्ट्र में विद्यमान है उतना बेहतर विश्व में कहीं भी नहीं है। इस भौगोलिक क्षेत्र में विभिन्न धर्मों का आकर्षित होना इसकी वैश्विक भव्यता एवं सहानुभूति का प्रतिफल है। शरणार्थियों को अतिथि सदृश सम्मान देना इसकी मौलिक संस्कृति है। आज हमारे राष्ट्र में हिन्दू, मुस्लिम, इसाई, सिक्ख, बौद्ध, जैन (अवरोही क्रम) एवं अन्य धर्म के अनुयायियों का सम्मिश्रण पाया जाता है। ये सभी धर्म भारत रूपी बगीचे के अलग-अलग सुगंध वाले किन्तु एक ही बागान के पुष्प सदृश हैं।

जनगणना वर्ष 2001 में विभिन्न धर्मों की जनसंख्या की पुष्टि हुई। हिन्दुओं की संख्या देश की कुल जनसंख्या में सर्वाधिक 80.45% रही, किन्तु यह 1991 की तुलना में घटी है और वह भी लगभग डेढ़ प्रतिशत। ज्ञात हो कि 10 वर्ष पूर्व इनकी संख्या 82% थी। इसके विपरीत इस्लाम धर्म के लोगों की जनसंख्या के प्रतिशत में वृद्धि अंकित की गई है। 1991 में जहाँ यह 12.12% थी वहीं 2001 में 13.43% हो गयी। अचानक इतनी तीव्र वृद्धि जनसंख्या वृद्धि दर तीव्र होने का नतीजा है क्योंकि मुसलमान लोग परिवार नियोजन की नसबन्दी-प्रणाली को धर्म से जोड़ते हैं और उसकी अवमानना करते हैं। हालाँकि तीव्र जनसंख्या वृद्धि का प्रतिफल घोर अशिक्षा एवं जनसांख्यिकीय समस्याओं को जन्म दे रहा है।

इन दो वृहद् धर्म समूहों के बाद इसाइयों का स्थान आता है। इनकी वर्तमान जनसंख्या देश की 2.34% है। ज्ञात हो कि यही प्रतिशत 1991 में भी था। सिक्खों की संख्या 1991 के 1.94% से घटकर 1.86% विगत जनगणना (2001) में हो गयी।

बौद्धों का वर्तमान प्रतिशत 0.77 है जो कि 1991 के 0.76% से अधिक है इसके अतिरिक्त जैनियों का प्रतिशत 1991 में 0.4% था जो अब बढ़कर 0.41% हो गया है।

हिन्दुओं की तुलना में मुसलमानों की संख्या 1/6 है, जबकि इसाइयों की संख्या 1/34 है। यह सिक्ख, बौद्ध एवं जैन के लिए क्रमश: 1/43, 1/104 एवं 1/196 है। अन्य धर्म के लिए यह 1/125 है। धर्म के अनुसार जनसंख्या के राष्ट्रीय वितरण की यह तुलना निम्नवत 2 जनगणना वर्षों के आरेखीय प्रदर्शन से और अधिक रूचिकर प्रतीत होगी।

राज्यों/केन्द्रशासित प्रदेशों में धर्मानुसार जनसंख्या वितरण (Population Distribution Based on Religion in States/U.Ts.)

समस्त राज्यों एवं केन्द्रशासित प्रदेशों में धर्म के आधार पर जनसंख्या का वितरण अति विषम है। यह विषमता प्रमुखतया सामाजिक संगठनों पर निर्भर करती है। जहाँ पर जिस धर्म का सामाजिक संगठन अधिक प्रभावी है वहाँ पर उस धर्म विशेष की जनसंख्या का अधिक पाया जाना देखा गया है। प्रत्येक धर्म की अलग-अलग मान्यताएँ/अवधारणाएँ हैं एवं उनके लागू होने की भिन्न-भिन्न पद्धतियाँ हैं। कुछ भी हो, धार्मिक विविधिता के बावजूद सारे धर्म एक ही मंजिल को तय करते हैं, वह मंजिल है मानव कल्याण की। कुछ हद तक सभी धर्म प्राणियों के कल्याण की आस्था भी रखते हैं। एच.एम. जानसन का यह कथन "धर्म अति प्राकृतिक प्राणियों, शक्तियों, स्थलों और अन्य तत्वों से संबंधित विश्वासों तथा रीतियों की सुसंगत प्रणाली है।" सभी धर्मों के लिए सत्य प्रतीत होता है।

भारत : कुल जनसंख्या में धार्मिक समूहों का प्रतिशत : 1991 एवं 2001.

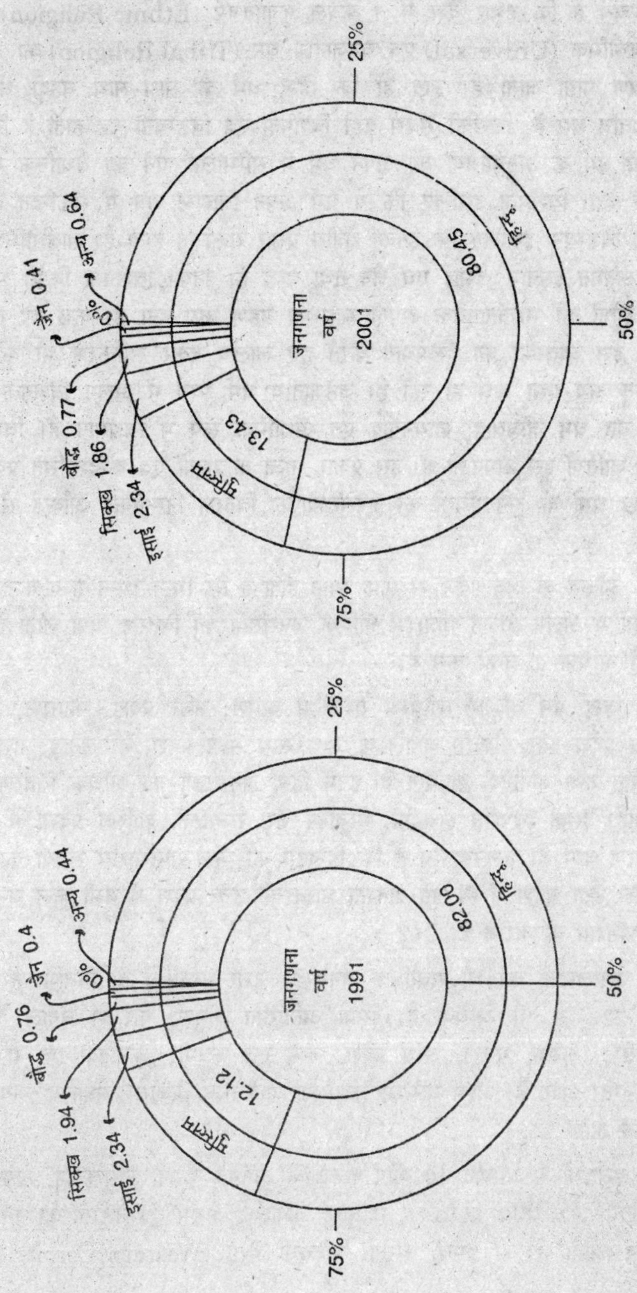

स्रोत: भारत की जनगणना, 1991 एवं 2001 पर आधारित।

आश्चर्य है कि हमारे देश में न केवल नृजातिधर्म (Ethnic Religion) प्रत्युत् सार्वभौमिक (Universal) एवं जनजातीय धर्म (Tribal Religion) का अद्भुत मिश्रण पाया जाता है। ज्ञात हो कि हिन्दू धर्म के साथ-साथ यहूदी धर्म भी नृजातीय धर्म है, जिसकी सबसे बड़ी विशेषता एवं बिडम्बना यह होती है कि यह अन्य धर्म के अनुयायियों को अपने धर्म में सम्मिलित होने की वैधानिक मान्यता नहीं देता। विशेषता इसलिए कि ये धर्म अपने विशिष्ट क्षेत्र में संकेन्द्रित होते हैं और बिडम्बना इसलिए कि इनका क्षेत्रीय प्रसार संकुचित होता है। सार्वभौमिक धर्म के अंतर्गत इस्लाम, इसाई एवं जैन तथा बौद्ध हैं। इनकी विशेषता किसी भी धर्म के लोगों को सरलतापूर्वक अपनी सदस्यता ग्रहण करा देना है। कुछ हद तक ये धर्म इस व्यवस्था का दुरूपयोग करते हुए लालच देकर स्वीकरण भी कराते हैं किन्तु अब ऐसा कम हो रहा है। जनजातीय धर्म स्वयं में अलग विशेषता रखते हैं। यह धर्म जीववाद, शायनवाद एवं अधार्मिक रूप में विद्यमान हैं। विशेषकर जन जातियाँ इसे अपनाती हैं। इस प्रकार भारत के राज्यों एवं केन्द्रशासित प्रदेशों में प्रमुख धर्मों के अनुयायियों की जनसंख्या का वितरण निम्नांकित आँकड़े से स्पष्ट है–

आँकड़े के अवलोकन से साफ स्पष्ट होता है कि भिन्न-भिन्न राज्यों/केन्द्रशासित प्रदेशों में अलग-अलग मात्रा में धार्मिक जनसंख्या का वितरण पाया जाता है। यह कहीं अधिक तो कहीं कम है।

हिन्दू धर्म के 10 शीर्षस्थ राज्यों में क्रमशः उत्तर प्रदेश, महाराष्ट्र, बिहार, आंध्र प्रदेश और पश्चिम बंगाल के साथ-साथ मध्य प्रदेश, तमिलनाडु, राजस्थान, गुजरात तथा कर्नाटक शामिल है। इनमें हिन्दू जनसंख्या का अधिक वितरण पाया जाताहै। इसके विपरीत लक्षद्वीप, मिजोरम जैसे राज्यों/के. शासित प्रदेशों में इनका वितरण कम है। उल्लेखनीय है कि हिन्दुओं की कुल राष्ट्रस्तरीय संख्या का 16% केवल उत्तर प्रदेश में है। यह प्रतिशत भारत की उत्तर प्रदेश में बसी कुल जनसंख्या के प्रतिशत के करीब है।

मुसलमानों की भी सर्वाधिक जनसंख्या उत्तर प्रदेश में ही निवास करती है। यह 22% से भी अधिक है। इसके अतिरिक्त क्रमशः पश्चिम बंगाल, बिहार, महाराष्ट्र, असम, केरल, आंध्र प्रदेश, जम्मू एवं कश्मीर, कर्नाटक एवं राजस्थान का नम्बर आता है। अल्प मुस्लिम जनसंख्या वाले राज्य मिजोरम, मेघालय, नागालैण्ड, पंजाब आदि हैं।

इसाइयों से आबाद 10 शीर्ष राज्यों क अंतर्गत केरल, तमिलनाडु, नागालैण्ड, मेघालय, आंध्र प्रदेश, झारखण्ड, महाराष्ट्र, कर्नाटक, असम एवं उड़ीसा का क्रमानुसार स्थान आता है। ये इसाई वस्तुतः पश्चिमी देशों (Western Countries) से

भारत : धर्मानुसार जनसंख्या वितरण 2001

राज्य/केन्द्रशासित प्रदेश का नाम	धर्मानुसार जनसंख्या वितरण (लाख) हिन्दू	इस्लाम	इसाई	सिक्ख	बौद्ध	जैन	अन्य धर्म
भारत	8275.79	1381.88	240.80	192.15	70.55	42.25	66.40
जम्मू एवं कश्मीर	30.05	67.93	0.20	2.07	1.13	0.02	0.001
हिमाचल प्रदेश	58.00	1.19	0.07	0.72	0.75	0.01	0.004
पंजाब	89.97	3.82	2.92	145.92	0.41	0.39	0.086
चण्डीगढ़	7.07	0.35	0.07	7.45	0.01	0.03	0.003
उत्तरांचल	72.12	10.12	0.27	2.12	0.12	0.09	0.007
हरियाणा	186.55	12.22	0.27	11.70	0.07	0.57	0.013
दिल्ली	113.58	16.23	1.30	5.55	0.23	1.55	0.22
राजस्थान	501.50	47.88	0.72	8.18	0.10	6.50	0.05
उत्तर प्रदेश	1339.79	307.40	2.72	6.78	3.02	2.07	0.09
बिहार	690.76	137.22	0.53	0.20	0.18	0.16	0.53
सिक्किम	3.29	0.07	0.36	0.01	1.52	0.001	0.13
अरुणाचल प्रदेश	3.80	0.20	2.05	0.02	1.43	0.002	3.37
नागालैण्ड	1.53	0.35	17.90	0.11	0.01	0.02	0.06
मणिपुर	9.96	1.90	7.37	0.17	0.02	0.01	2.35
मिजोरम	0.32	0.10	7.72	0.003	0.70	0.002	0.02
त्रिपुरा	27.39	2.54	1.02	0.01	0.98	0.005	0.03
मेघालय	3.07	0.99	16.28	0.03	0.05	0.007	2.67
असम	172.96	82.40	9.86	0.22	0.51	0.23	0.22
पश्चिम बंगाल	581.05	202.40	5.15	0.66	2.43	0.55	8.95
झारखण्ड	184.75	37.31	10.93	0.83	0.05	0.16	35.14
उड़ीसा	347.26	7.61	8.97	0.17	0.09	0.09	3.61
छत्तीसगढ़	197.29	4.09	4.01	0.69	0.65	0.56	0.95
मध्य प्रदेश	550.04	38.41	1.70	1.50	2.09	5.45	4.09
गुजरात	451.43	45.92	2.84	0.45	0.17	5.25	0.28
दमन एवं दीव	1.41	0.12	0.03	0.001	0.001	0.003	0.001
दादरा व नगर हेवली	2.06	0.06	0.06	0.001	0.005	0.009	0.001
महाराष्ट्र	778.59	102.70	10.58	2.15	58.38	13.01	2.36
आंध्र प्रदेश	678.36	69.86	11.81	0.30	0.32	0.42	0.05
कर्नाटक	443.2	164.63	10.09	0.15	3.93	4.12	1.15
गोआ	8.86	0.92	3.59	0.009	0.006	0.008	0.004
लक्षद्वीप	0.02	0.57	0.005	6 व्यक्ति	1 व्यक्ति	–	–
केरल	178.83	78.63	60.57	0.03	0.02	0.05	0.03
तमिलनाडु	549.85	34.70	37.85	0.09	0.05	0.83	0.07
पाण्डिचेरी	8.45	0.59	0.67	0.001	0.007	0.009	0.002
अण्डमान निकोबार द्वीप समूह	2.46	0.29	0.77	0.016	0.004	0.0002	0.002

स्रोत: भारत की जनगणना, 2001

आये हुए प्रवासी नहीं हैं बल्कि इसाई मिशनरियों के प्रचार-प्रसार एवं प्रलोभन देने के उपरान्त जनजातियों या निम्न कही जाने वाली हिन्दू जातियों के धर्म परिवर्तन के परिणाम हैं। अल्प इसाइयों वाले राज्य बिहार, हरियाणा, चण्डीगढ़ (के.शा. प्रदेश), राजस्थान आदि है। अकेले केरल में इनकी संख्या 25% से अधिक या एक चौधााई (देश की इसाइयों की कुल संख्या का) है।

सिक्खों का धार्मिक समूह की विशालता में चतुर्थ स्थान आता है, जो हिन्दू, इस्लाम और इसाई के बाद है। 'हिन्दू मुस्लिम, सिक्ख, ईसाई, आपस में सब भाई-भाई' का नारा तो रूचिकर लगता है किन्तु नारे में कहा गया क्रम जनसंख्या की दृष्टि से सही नहीं है। इस दृष्टि से हिन्दू, मुस्लिम, ईसाई, सिक्ख का स्थान आता है (क्रमशः)। सर्वाधिक सिक्ख पंजाब में पाये जाते हैं। देश के कुल सिक्खों का 75.9% अर्थात् तीन चौथाई हिस्सा केवल पंजाब में है। यही कारण है कि पंजाबी को सिक्ख का पर्याय माना जाता है। पंजाब के अतिरिक्त ये समूह क्रमशः हरियाणा, राजस्थान, उत्तर प्रदश, दिल्ली, महाराष्ट्र, उत्तरांचल, जम्मू एवं कश्मीर, मध्य प्रदेश एवं चण्डीगढ़* में पाया जाता है। साथ ही साथ सिक्खों की कम आबादी वाले राज्यों में लक्षद्वीप,* गोवा, मिज़ोरम, त्रिपुरा, आंध्र प्रदेश, कर्नाटक आदि प्रमुख हैं।

बौद्ध धर्म के अनुयायियों की सर्वाधिक संख्या महाराष्ट्र में पायी जाती है जो देश के कुछ बौद्ध-संख्या की 73.4% (तीन चौथाई के आसपास) है। इसके बाद कर्नाटक, उत्तर प्रदेश, पश्चिम बंगाल, मध्य प्रदेश, सिक्किम, अरुणाचल प्रदेश, जम्मू कश्मीर, त्रिपुरा एवं हिमाचल का स्थान निश्चित होता है। लक्षद्वीप, पाण्डिचेरी, अण्डमान निकोबार द्वीप समूह या यों कहें कि सारे केन्द्रशासित प्रदेशों और नागालैण्ड, मणिपुर, मेघालय, झारखण्ड एवं हरियाणा जैसे राज्यों में इनकी संख्या मुठ्ठी भर ही है। लक्षद्वीप में तो मात्र 1 ही बौद्धनुयायी पाया गया।

जैन का स्थान षष्टम है। इसकी जनसंख्या 42.3 लाख मात्र है जिसमें से 13.0 लाख जैनी महाराष्ट्र में निवसित हैं। दूसरे शब्दों में महाराष्ट्र में देश के कुल जैनियों का एक तिहाई भाग पाया जाता है। इसके अतिरिक्त राजस्थान, मध्य प्रदेश, गुजरात, कर्नाटक, उत्तर प्रदेश, दिल्ली, तमिलनाडु, हरियाणा और छत्तीसगढ़ में इनकी विद्यमानता दर्ज है। सभी केन्द्रशासित प्रदेशों (दिल्ली को छोड़कर) में कम जनसंख्या के साथ-साथ गोआ, उड़ीसा, पूर्वोत्तरी प्रदेशों में इनकी संख्या अल्प पायी जाती है। अन्य धर्मानुयायियों के अंतर्गत यहूदी के साथ विभिन्न जनजातीय धर्मों एवं अनीश्वरवादी समूहों को भी शामिल किया जाता है। झारखण्ड में 'अन्य' समूह के वर्ग में सर्वाधिक लोग आते है। इसके अलावा पश्चिम बंगाल, मध्य प्रदेश, उड़ीसा, अरुणाचल प्रदेश, राज्यों का स्थान आता है। इस वर्ग

के लोगों का अल्प बसाव/अल्प वितरण केन्द्रशासित प्रदेशों के साथ-साथ जम्मू एवं कश्मीर, उत्तर प्रदेश, हिमाचल प्रदेश, गोआ, हरियाणा आदि में पाया जाता है।

अति उपयोगी प्रश्न शृंखला

1. ग्लोब के कुल स्थलीय क्षेत्रफल का कितना प्रतिशतांश भारत में है?
   (अ) 2.9% (ब) 2.4% (स) 2.8% (द) इनमें से कोई नहीं
2. जनसंख्या वितरण में भारत का कौन सा स्थान है?
   (अ) प्रथम (ब) द्वितीय (स) तृतीय (द) चतुर्थ
3. भारत की जनसंख्या 2001 की जनगणनानुसार कितनी है?
   (अ) 100 करोड़ (ब) 101 करोड़
   (स) 102.7 करोड़ (द) 105.2 करोड़
4. उ. प्र., महाराष्ट्र, बिहार, पश्चिम बंगाल एवं आंध्र प्रदेश पाँच राज्यों की कुल जनसंख्या (संयुक्त) देश की कुल जनसंख्या के कितने प्रतिशत का प्रतिनिधित्व करती है?
   (अ) 30% (ब) 40% (स) 50% (द) 60%
5. उत्तर प्रदेश और महाराष्ट्र देश की कितनी जनसंख्या धारण किये हैं?
   (अ) 1/2 (ब) 1/3 (स) 1/4 (द) 1/5
6. जनसंख्या वितरण की दृष्टि से कौन सा भारतीय राज्य सर्वोपरि है?
   (अ) महाराष्ट्र (ब) उत्तर प्रदेश
   (स) तमिलनाडु (द) राजस्थान
7. किस प्रदेश में देश की मात्र 0.11% जनसंख्या ही पायी जाती है?
   (अ) बिहार (ब) उड़ीसा
   (स) हिमाचल प्रदेश (द) अरुणाचल प्रदेश
8. विश्व की कुल जनसंख्या का कितना प्रतिशत हिस्सा भारत में वितरित है?
   (अ) 20% (ब) 16.87% (स) 15.54% (द) 13.2%
9. निम्नलिखित में से किस देश की जनसंख्या भारत की जनसंख्या से अधिक है?
   (अ) संयुक्त राज्य अमेरिका (ब) इण्डोनेशिया
   (स) रूस (द) चीन
10. जनसंख्या वितरण के मामले में अवरोही क्रम में लगे कौन से राज्यों का समूह सही है?
    (अ) उत्तर प्रदेश, बिहार, मध्य प्रदेश
    (ब) उत्तर प्रदेश, महाराष्ट्र, बिहार

(स) महाराष्ट्र, उत्तर प्रदेश, बिहार

(द) म. प्र., बिहार, महाराष्ट्र

11. किस राज्य में सबसे कम जनसंख्या का वितरण पाया गया है?

(अ) गोआ (ब) सिक्किम (स) नागालैण्ड (द) मिजोरम

12. संघशासित प्रदेशों में सर्वाधिक जनसंख्या किसकी है?

(अ) दिल्ली (ब) चण्डीगढ़ (स) लक्षद्वीप (द) दादरा व नगर हवेली

13. किस संघशासित प्रदेश में जनसंख्या वितरण सबसे कम पाया जाता है?

(अ) दमन एवं दीव (ब) चण्डीगढ़

(स) पाण्डिचेरी (द) लक्षद्वीप

14. उत्तर प्रदेश की जनसंख्या पाकिस्तान से भी अधिक है, यह कितनी है?

(अ) 15 करोड़ (ब) 16 करोड़

(स) 16.6 करोड़ (द) 20 करोड़

15. देश की कितना प्रतिशत आबादी उ. प्र. में बसती है?

(अ) 10% (ब) 15% (स) 20% (द) 16.17%

16. हिन्दू जनसंख्या देश की कुल जनसंख्या में कितने प्रतिशत है?

(अ) 80.45% (ब) 75%

(स) 60% (द) 49%

17. सबसे कम जनसंख्या वाला धार्मिक समूह कौन सा है?

(अ) मुस्लिम (ब) इसाई (स) सिक्ख (द) जैन

18. देश में मुस्लिम जनसंख्या (2001) का प्रतिशत कितना है?

(अ) 10% (ब) 12% (स) 13.4% (द) 15.2%

19. सर्वाधिक मुस्लिम आबादी किस राज्य में है?

(अ) बिहार (ब) जम्मू कश्मीर (स) उ. प्र. (द) महाराष्ट्र

20. देश में इसाइयों का जनसंख्या की दृष्टि से कौन सा स्थान है?

(अ) प्रथम (ब) द्वितीय (स) तृतीय (द) चतुर्थ

21. बौद्धों की सर्वाधिक जनसंख्या किस राज्य तले है?

(अ) उ. प्र. (ब) उत्तरांचल (स) महाराष्ट्र (द) तमिलनाडु

22. जैन धर्मावलम्बियों की सबसे ज्यादा संख्या किस राज्य में है?

(अ) महाराष्ट्र (ब) उ. प्र. (स) महाराष्ट्र (द) तमिलनाडु

23. महाराष्ट्र में देश की कुल जनसंख्या का कितना प्रतिशत है?

(अ) 15% (ब) 9.4% (स) 8.3% (द) 10%

24. उत्तर प्रदेश के किस जिले में सर्वाधिक जनसंख्या पायी गई है?

(अ) सुलतानपुर	(ब) लखनऊ
(स) इलाहाबाद	(द) फैजाबाद

25. चीन की जनसंख्या से देश की जनसंख्या कितनी कम है?

(अ) 50.2 करोड़	(ब) 25.2 करोड़
(स) 29.1 करोड़	(द) 30.2 करोड़

उत्तरदायी सूची

1. ब	2. ब	3. स	4. स	5. स
6. ब	7. द	8. ब	9. द	10. ब
11. ब	12. अ	13. द	14. स	15. द
16. अ	17. द	18. स	19. स	20. स
21. स	22. अ	23. ब	24. स	25. ब

3

भारत : जनसंख्या घनत्व
(INDIA : POPULATION DENSITY)

सामान्य परिचय (General Introduction)

किसी भी देश/प्रदेश के जनसंख्या भूगोल के समग्र अध्ययन में जनसंख्या घनत्व एक महत्वपूर्ण एवं अपरिहार्य तत्व होता है, क्योंकि यह किसी गणितीय भौगोलिक इकाई (यथा प्रतिवर्ग किलोमीटर या प्रतिवर्ग मील) में निवसित व्यक्तियों की औसत संख्या का परिचायक सिद्ध होते हुए अध्ययन को भौगोलिक प्रामाणिकता प्रदान करता है। नवीनतम् जनगणना सार 2001 के प्रतिवेदन के अनुसार हमारे देश का जनसंख्या घनत्व 324 व्यक्ति प्रतिवर्ग किलोमीटर है। ज्ञात हो कि जनसंख्या घनत्व का परिकलन (Calculation) प्राय: निम्नलिखित 4 पद्धतियों (Methods) से किया जाता है–

1. अंकगणितीय पद्धति (Arithmatic Method) : इसके अंतर्गत हम प्रदेश या देश (जिसका ज्ञात करना हो) की सम्पूर्ण जनसंख्या को उसके कुल भौगोलिक क्षेत्रफल से भाग दे देते है, और सरलतापूर्वक घनत्व निकल आता है। घनत्व के परिणाम को आदर्शरूप देने के लिए उसे दशमलव नहीं बल्कि पूर्ण संख्या में माना जाता है। यह पद्धति सर्वाधिक उपयुक्त है और इस अध्याय में इसी के प्रयोग पर आधारित घनत्व की चर्चा की जायेगी।

2. कायिक पद्धति (Physiographic Method) : इसमें क्षेत्र विशेष की कुल जनसंख्या को उसके भौगोलिक क्षेत्र में अवस्थित कुल कृषि क्षेत्रफल से भाग दे देंगे और घनत्व प्राप्त हो जायेगा।

3. कृषि पद्धति (Agro-Method) : इस पद्धति के अंतर्गत कृषि में लगी हुई आबादी को उस क्षेत्र विशेष के कुल क्षेत्रफल से भाग दे देंगे और घनत्व प्राप्त कर लेंगे।

4. आर्थिक पद्धति (Economical Method) : आर्थिक घनत्व को प्राप्त करने के लिए इसका प्रयोग किया जाता है। इसमें आबादी के सूचकांक

को पैदावार के सूचकांक (क्षेत्र में व्याप्त) से भाग देकर 100 से गुणा कर दिया जायेगा।

इन चारों पद्धतियों में सर्वाधिक प्रचलित पद्धति अंकगणितीय जनसंख्या घनत्व को निकालने की है, क्योंकि यह अधिक व्यवहार्य है।

उल्लेखनीय है कि भारत का वर्तमान जनसंख्या घनत्व, जिसका कि ऊपर की पंक्तियों में वर्णन हो चुका है, भारत के कुल क्षेत्रफल 32.87 लाख से नहीं बल्कि इसमें से पाक एवं चीन अधिकृत हिस्से को निकालकर किया गया है। इन हिस्सों को निकाल देने पर हमारे देश का क्षेत्रफल मात्र 31.7 लाख वर्ग किलोमीटर रह जाता है। इस आधार पर यदि 2001 की कुल जनसंख्या (102.70 करोड़) को देश के क्षेत्रफल से भाग दे दिया जाता है तो निष्कर्ष 324 व्यक्ति आ जाता है। यही हमारे देश का वास्तविक जनसंख्या घनत्व है।

जनसंख्या घनत्व के प्रतिरूप (Pattern of Population Density)

जनगणना सार 2001 के प्रतिवेदन के अध्ययनोपरान्त देश में जनसंख्या घनत्व के 5 प्रतिरूप उभरते हैं। ये प्रतिरूप जनसंख्या घनत्व की मात्रा के आधार पर अभिनिर्धारित किये जाते हैं–

1. न्यून जनसंख्या घनत्व वाले प्रतिरूप
2. निम्न मध्यम जनसंख्या घनत्व वाले प्रतिरूप
3. उच्च मध्यम जनसंख्या घनत्व वाले प्रतिरूप
4. सघन जनसंख्या घनत्व वाले प्रतिरूप
5. अतिसघन जनसंख्या घनत्व वाले प्रतिरूप

1. न्यून जनसंख्या घनत्व वाले प्रतिरूप (Pattern of Low Population Density)

इसके अंतर्गत वे राज्य/केन्द्रशासित प्रदेश आते हैं जिनका जनसंख्या घनत्व 1 से लेकर 100 व्यक्ति प्रतिवर्ग किलोमीटर तक है। अरुणाचल प्रदेश (13), मिजोरम (42), अण्डमान निकोबार द्वीप समूह (43), सिक्किम (76) तथा जम्मू एवं कश्मीर (99) आते हैं। ये प्रदेश मुख्यतः पहाड़ी हैं, जहाँ पर भूआकृतिक उच्चावच का आधिक्य विद्यमान है। जीवन के सुचारू संचालन एवं सामान्यीकरण के अभाव के कारण यहाँ जनसंख्या घनत्व न्यून पाया जाता है। ऐसे क्षेत्रों में जनजातियों का बाहुल्य है, जो जीवन यापन में परम्परागत (नृजातीय) शैली को आत्मसात करती हैं। हालाँकि अब इनमें पर्याप्त बदलाव आ रहा है। सीमावर्ती क्षेत्र के अंतर्गत इन क्षेत्रों की अवस्थिति भी अल्प घनत्व के लिए उत्तरदायी है कयोंकि ऐसे क्षेत्र सामरिक दृष्टि से संवेदनशील माने जाते हें जहाँ सुरक्षा को लेकर भय बना रहता

है और जीवन में पूर्ण मानसिक-संतुलन एवं शांति की संभावना कम पायी जाती है। यह तथ्य विशेषकर जम्मू एवं कश्मीर के लिए अधिक सटीक है।

2. निम्न मध्यम जनसंख्या घनत्व वाले प्रतिरूप (Pattern of Low Moderate Population Density)

इस वर्ग में 101 से लेकर 300 व्यक्ति प्रतिवर्ग किलोमीटर जनसंख्या घनत्व वाले क्षेत्रों को समाहित किया जाता है। इस प्रकार के क्षेत्रों में मेघालय (103), मणिपुर (107), हिमाचल प्रदेश (109), नागालैण्ड (120), छत्तीसढ़ (154), उत्तरांचल (159), राजस्थान (165), मध्य प्रदेश (196), उड़ीसा (236), गुजरात (258), कर्नाटक (275) व आंध्र प्रदेश (275) राज्य सम्मिलित किये जाते हैं। इस प्रतिरूप में पहाड़ी, पठारी तथा मैदानी तीनों प्रकार के राज्य शामिल हैं महत्वपूर्ण है कि इस श्रेणी में कोई भी केन्द्रशासित प्रदेश शामिल नहीं है किन्तु सर्वाधिक राज्य इसी प्रतिरूप के अंतर्गत चिन्हित है।

3. उच्च मध्यम जनसंख्या घनत्व वाले प्रतिरूप (Pattern of High-Medium Population Density)

इसके अंतर्गत 301 से लेकर 500 व्यक्ति प्रतिवर्ग किलोमीटर वाले जनसंख्या घनत्व के क्षेत्र सम्मिलित हैं। त्रिपुरा (304), महाराष्ट्र (314), झारखण्ड (338), असम (340), गोआ (363), दादरा व नगर हवेली (449), हरियाणा (477), तमिलनाडु (478) व पंजाब (482) आदि राज्यों/केन्द्रशासित प्रदेशों को इस श्रेणी में रखते हैं। इस प्रतिरूप में भी देश के सभी प्रकार के उच्चावच वाले राज्य सम्मिलित है। केन्द्रशासित प्रदेशों से मात्र दादरा व नगर हवेली इसके अंतर्गत शामिल है।

4. सघन जनसंख्या घनत्व वाले प्रतिरूप (Pattern of Dense Population Density)

इस प्रतिरूप के सीमा के भीतर 501 से लेकर 1000 व्यक्ति प्रतिवर्ग किलोमीटर जनसंख्या घनत्व वाले राज्य सम्मिलित किये जाते हैं। इस प्रतिरूप में सर्वप्रथम उत्तर प्रदेश (689) प्रवेश करता है। इसके अतिरिक्त मात्र 3 राज्य क्रमशः करेल (819), बिहार (880) एवं पश्चिमी बंगाल (904) सम्मिलित होते हैं। इनमें कोई भी संघशासित प्रदेश योगदान नहीं देता। इन प्रदेशों का मुख्य व्यवसाय कृषि है। मात्र केरल इससे हटकर अपनी तकनीकी-प्रगति के लिए जाना जाता है।

5. अति सघन जनसंख्या घनत्व वाले प्रतिरूप (Pattern of Very Dense Population Density)

इसके भीतर 5 केन्द्रशासित प्रदेशों का समूह आता है, जिनकी सीमा 1001 व्यक्ति प्रतिवर्ग किलोमीटर से लेकर अधिकतम तक निश्चित की गई है। दमन

एवं दीव (1411), लक्षद्वीप (1894), पाण्डिचेरी (2029), चण्डीगढ़ (7903) एवं दिल्ली (9294) को इसके अंतर्गत रखा गया है। इन पाँच अतिसघन जनसंख्या घनत्व वाले केन्द्रशासित प्रदेशों में सर्वाधिक घनत्व दिल्ली (राष्ट्रीय राजधानी क्षेत्र) का है, जो कि इस प्रदेश के कुछ भागों जैसे उत्तर पूर्वी दिल्ली जनपद में 19,395 व्यक्ति प्रतिवर्ग किलोमीटर तक है।

इस प्रकार कहा जा सकता है कि उपर्युक्त प्रतिरूप निर्धारण घनत्व (जनसंख्या) के अध्ययन के लिए समकालीन एवं नयापन लिये हुए है, जो कि रोचकता प्रदान करता है।

जनसंख्या घनत्व का 100 वर्षों का इतिहास (History of Hundred Years of Population Density)

बीसवीं शताब्दी की प्रथम जनगणना (1901) से लेकर इक्कीसवीं सदी (वर्तमान) की प्रथम जनगणना (2001) के मध्य 11 जनगणनाएँ सम्भव हुई। इस 100 वर्ष के इतिहास में भारत के जनसंख्या घनत्व में वर्ष 1921 (जनसंख्या की दृष्टि से महाविभाजक वर्ष) को छोड़कर शेष सभी दसों जनगणनाओं में अनवरत आरोह (उत्थान) देखा गया है। यह उत्थान इस काल में 1991 एवं 2001 के मध्य (57 व्यक्ति नए जुड़े) सर्वाधिक रहा। अधिक रोचक अध्ययन के लिए निम्नांकित आरेख का प्रयोग बेहतर होगा–

उपर्युक्त प्रामाणिक आँकड़े का दर्शन करने मात्र से ही ज्ञात हो जाता है कि विगत एक शतक वर्ष (1901-2001) के मध्य जनसंख्या घनत्व में व्यापक वृद्धि हुई है। 1901 के घनत्व (77) की तुलना में 2001 का जनसंख्या घनत्व चार गुने से भी अधिक है। जो अंतराल आगे के वर्षों में परिलक्षित हुआ, पूर्व के वर्षों में कदापि इतना अधिक न था। 1901 और 1911 के मध्य यह अंतराल मात्र 5 व्यक्ति था जो 1911-21 के मध्य बढ़ा नहीं बल्कि 1 अंक की कमी हुई। इस वर्ष कमी का होना तत्कालीन महामारियों यथा-प्लेग एवं एंफ्लूएंजा के दुष्प्रभाव के कारण है, जिसके चलते अप्रत्याशित रूप से व्यक्तियों का कालकवलन हुआ था। किन्तु 1921 के बाद यह लगातार (घनत्व) बढ़ता गया। जहाँ 1921 से लेकर 31 के मध्य यह 9 व्यक्ति बढ़ा वहीं 1931-41 के दशक में 13 और फिर बाद के वर्षों 1941-51, 1951-61, 1961-71, 1971-81, 1981-91 और 1991-2001 में क्रमश: 14, 25, 35, 39, 51 एवं 57 बढ़कर अब 324 व्यक्ति प्रतिवर्ग किलोमीटर की संख्या में उपस्थित है। अग्रिम वर्षों में भी पुनर्वृद्धि सम्भव है।

भारत के जनसंख्या घनत्व की शीर्ष देशों से तुलना (Comparision of India's Population Density by Top Most Countries)

विश्व के वर्तमान जनसंख्या घनत्व के साथ-साथ इसके 10 प्रमुख जनसंख्या

भारत : जनसंख्या घनत्व (1901-2001)

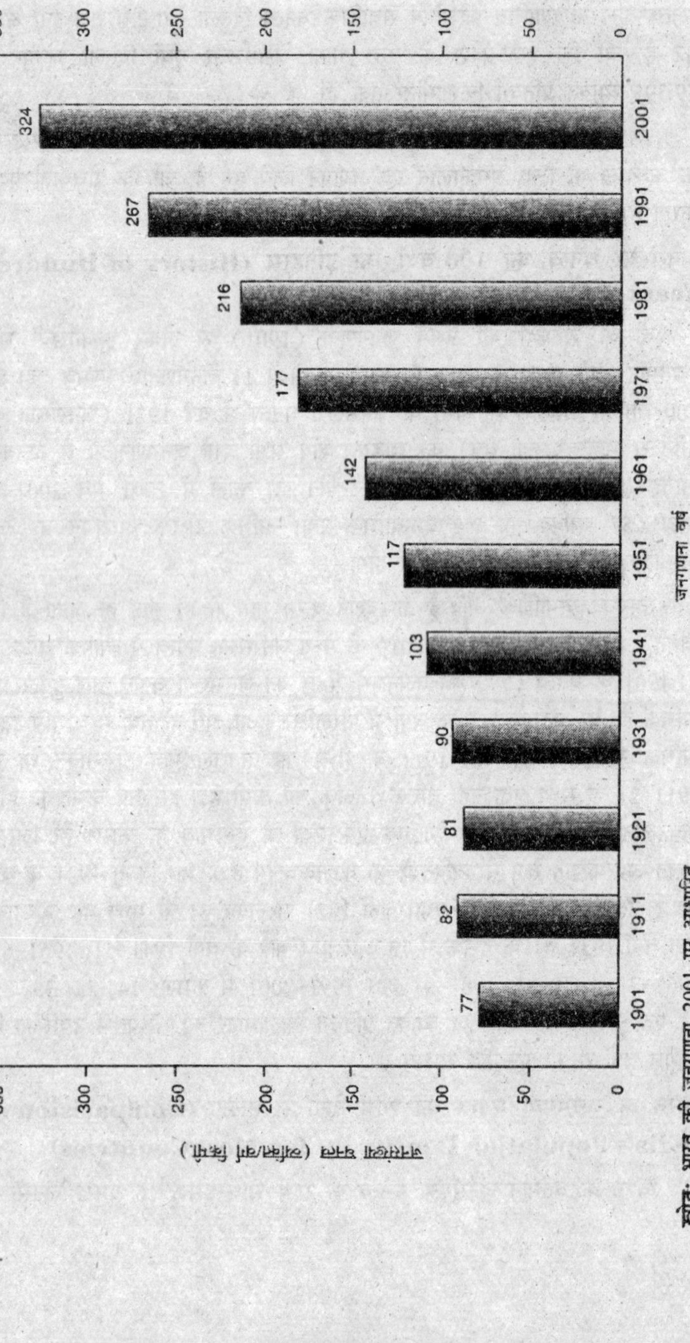

स्रोतः भारत की जनगणना 2001 पर आधारित

घनत्व वाले राष्ट्रों के मध्य भारत के जनसंख्या घनत्व की तुलना करना अपरिहार्य सा हो जाता है। चूँकि भारत विश्व के 10 सघनतम राष्ट्रों में से एक है तथा दूसरे इसकी अपनी अलग अंतर्राष्ट्रीय छवि है, अतः अन्य प्रमुख देशों के मध्य इसकी तुलना करना अवश्यम्भावी हो जाता है। अध्ययनार्थ निम्नवत आरेख का प्रयोग सार्थक होगा।

विश्व के 10 शीर्ष देशों में भारत के जनसंख्या घनत्व की तुलना : 2000

क्रमांक	देशों के नाम	जनसंख्या घनत्व (व्यक्ति/वर्ग किमी.)
	*विश्व	44
1.	सिंगापुर	4670
2.	बांग्लादेश	926
3.	ताइवान	627
4.	दक्षिण कोरिया	491
5.	प्यूर्टोरिको	435
6.	नीदरलैण्ड	392
7.	लेबनान	354
8.	बेल्जियम	338
9.	जापान	337
10.	भारत	324

स्रोत: CIA, The World Fact Book, May, 2004.

भारत का वर्तमान जनसंख्या घनत्व विश्व के औसत घनत्व (44 व्यक्ति) की अपेक्षा 7 गुने से भी अधिक (324) है। किन्तु यह विश्व के 10 शीर्ष घनत्व वाले देशों में सबसे कमतर है। सिंगापुर (विश्व का सर्वाधिक घनत्व वाला देश) की अपेक्षा इसका घनत्व 1/13 से भी कम है। इसके बाद बांग्लादेश का घनत्व इसका लगभग तीन गुना है। ताइवान का घनत्व इसका लगभग दुगुना एवं दक्षिण कोरिया का डेढ़ गुना के आस पास है। इसके उपरान्त प्यूर्टोरिको, नीदरलैण्ड, लेबनान, बेल्जियम एवं जापान के जनसंख्या में भारत की अपेक्षा क्रमशः 111,68,30,14 एवं 13 व्यक्ति अधिक जुड़े पाये गए।

एशिया तथा इसके 10 प्रमुख देशों के घनत्व से भारत के घनत्व की तुलना (Comparison of Population Density between India & Asia & its Ten Major Countries)

भारत एशिया महाद्वीप का एक विशिष्ट राष्ट्र है। एशिया के जनसंख्या घनत्व (112) की अपेक्षा इसका घनत्व लगभग तीन गुना अधिक है। आइए, एशिया के 10 प्रमुख जनसंख्या घनत्व वाले राष्ट्रों की महफिल में इस राष्ट्र के जनसंख्या

घनत्व का तुलनात्मक परीक्षण करें। इस हेतु निम्नवत आँकड़े का उपयोग करना प्रामाणिक सिद्ध होगा–

एशिया के 10 शीर्ष देशों में भारत के जनसंख्या घनत्व की तुलना

क्रमांक	देशों के नाम	जनसंख्या घनत्व (व्यक्ति/वर्ग किमी.)
	*एशिया	112
1.	सिंगापुर	4670
2.	बांग्लादेश	926
3.	ताइवान	627
4.	जापान	337
5.	भारत	324
6.	श्रीलंका	299
7.	पाकिस्तान	179
8.	चीन	135
9.	इण्डोनेशिया	116
10.	अफगानिस्तान	39

स्रोत: Oxford School Atlas, 31st Edition, 2006. Page No 89.

पूर्व पृष्ठ पर सिंगापुर, बांग्लादेश, ताइवान एवं जापान के जनघनत्व से भारत की तुलना की जा चुकी है (देखें ठीक इसके पहले का आँकड़ा विश्लेषण) (चयनित 10 देशों के उपर्युक्त आँकड़े में भारत से कम जनसंख्या घनत्व रखने वाले 6 से लेकर 10 तक क्रमांक के देश सम्मिलित हैं। इनमें श्रीलंका, पाकिस्तान, चीन, इण्डोनेशिया एवं अफगानिस्तान आते हैं। श्रीलंका की अपेक्षा भारत का जनसंख्या घनत्व 25 व्यक्ति प्रतिवर्गकिलोमीटर अधिक है। पाकिस्तान (179) और भारत (324) के जनसंख्या घनत्व में 145 व्यक्ति का अंतर है अर्थात् पाकिस्तान में प्रतिवर्ग किलोमीटर घनत्व में भारत की अपेक्षा 145 व्यक्ति कम पाये जाते हैं। चीन की अपेक्षा भारत का औसत जनसंख्या घनत्व ढाई गुना (2.4 गुना) के लगभग है। इसके अतिरिक्त इण्डोनेशिया एवं अफगानिस्तान का घनत्व भारत से क्रमशः 208 एवं 285 व्यक्ति कम है।

राज्यों/केन्द्रशासित प्रदेशों में जनसंख्या घनत्व (Population Density in States & Union Territories)

भारत के राज्यों एवं केन्द्रशासित प्रदेशों में जनसंख्या का घनत्व एक सा नहीं पाया जाता है, बल्कि इसमें पर्याप्त सांख्यिकीय विषमता विद्यमान दृष्टिगत होती है। जहाँ एक ओर दिल्ली जैसे केन्द्रशासित प्रदेश में यह 9,294 व्यक्ति प्रतिवर्ग

भारत : राज्यों/केन्द्रशासित प्रदेशों में जनसंख्या घनत्व : 1991 एवं 2001

क्रमांक	राज्य/केन्द्रशासित प्रदेशों के नाम	जनसंख्या घनत्व (व्यक्ति/वर्ग किमी.)	
		1991	2001
	राज्य		
1.	पश्चिम बंगाल	767	904
2.	बिहार	685	880
3.	केरल	749	819
4.	उत्तर प्रदेश	548	689
5.	पंजाब	403	482
6.	तमिलनाडु	429	478
7.	हरियाणा	372	477
8.	गोआ	316	363
9.	असम	286	340
10.	झारखण्ड	274	338
11.	महाराष्ट्र	257	314
12.	त्रिपुरा	263	304
13.	आंध्र प्रदेश	242	275
14.	कर्नाटक	235	275 (अपवाद)
15.	गुजरात	211	258
16.	उड़ीसा	203	236
17.	मध्य प्रदेश	158	196
18.	राजस्थान	129	165
19.	उत्तरांचल	133	159
20.	छत्तीसगढ़	130	154
21.	नागालैण्ड	73	120
22.	हिमाचल प्रदेश	93	109
23.	मणिपुर	82	107
24.	मेघालय	79	103
25.	जम्मू-कश्मीर	77	99
26.	सिक्किम	57	76
27.	मिजोरम	33	42
28.	अरुणाचल प्रदेश	10	13
	केन्द्रशासित प्रदेश		
1.	दिल्ली (राष्ट्रीय राजधानी क्षेत्र)	6,352	9,294
2.	चण्डीगढ़	5,632	7,903
3.	पाण्डिचेरी	1,683	2,029
4.	लक्षद्वीप	1,616	1,894
5.	दमन एवं दीव	907	1,411
6.	दादरा एवं नगर हवेली	282	449
7.	अण्डमान-निकोबार द्वीप समूह	34	43
	सम्पूर्ण भारत	267	324

स्रोतः भारत, 2006, वार्षिक संदर्भ ग्रन्थ, प्रकाशन विभाग, सूचना एवं प्रसारण मंत्रालय भारत सरकार पृष्ठ सं. 11, एवं Census of India, 2001, Provisional Population Totals Series I, Page I, pp. 75-76.

किलोमीटर पाया जाता है वहीं सुदूर पूर्व अरुणाचल प्रदेश जैसे राज्य में मात्र 13 ही है। विषम जनसंख्या घनत्व का लक्षण न केवल इसी दो क्षेत्र, प्रत्युत् प्रत्येक राज्य में उपस्थित है। निम्नलिखित आँकड़े में 1991 एवं 2001 के जनसंख्या घनत्व का स्पष्टीकरण किया जा रहा है, जो तुलनात्मक अध्ययन में सहायता करेगा–

विश्लेषण : उपर्युक्त राज्यों/केन्द्रशासित प्रदेशों का क्रमवार विश्लेषण प्रस्तुत है–

(क) राज्यों में जनसंख्या घनत्व (Population Density in States)

1. पश्चिम बंगाल (West Bengal): विगत कई जनगणनाओं से राज्य-क्रम में इसका प्रथम स्थान जनसंख्या घनत्व की दृष्टि से बना हुआ है। 1991 में जहाँ यहाँ पर 767 व्यक्ति प्रतिवर्ग किमी. निवास करते थे वहीं यह संख्या 137 व्यक्तियों को और संयुक्त करती हुई सन् 2001 में 904 पहुँच गई। यह संख्या राष्ट्रीय औसत (324) से लगभग 3 गुनी (2.8 गुनी) अधिक है। तीव्र औद्योगीकरण एवं नगरीकरण के साथ-साथ चावल की कृषि का अनुसरण अधिक जनसंख्या घनत्व के लिए उत्तरदायी है, जो कि यहाँ विद्यमान है। सम्भावना व्यक्त की जा रही है कि अग्रिम जनगणना (2011) में यह हजार के दायरे में आ जायेगा।

2. बिहार (Bihar): बिहार ने पश्चिम बंगाल से भी तीव्र वृद्धि अपने जनसंख्या घनत्व में की है। 1991 की तुलना में यह वृद्धि 215 व्यक्ति प्रतिवर्ग किमी. है। गरीबी, अशिक्षा एवं घोर अंध विश्वास के साथ-साथ खनिज क्षेत्रों के समीप निकटता इसकी जनसंख्या घनत्व की वृद्धि में अप्रत्याशित वृद्धि के जिम्मेदार कारक हैं। 1991 में यहाँ का घनत्व 685 व्यक्ति एवं अगली जनगणना (2001) में 880 हो गया। वर्तमान घनत्व राष्ट्रीय औसत का 2.7 गुना अधिक है।

3. केरल (Kerala): केरल जनसंख्या घनत्व की दृष्टि से भारत का तीसरा राज्य है, जहाँ 2001 में यह 819 व्यक्ति प्रतिवर्ग किलो मीटर है। यह 1991 में 70 व्यक्ति कम अर्थात् 749 था। वर्तमान में राष्ट्रीय औसत का ढाई गुना से भी अधिक घनत्व यहाँ पाया जाता है। तीव्र नगरीकरण, उत्तम जलवायु यहाँ जनसंख्या घनत्व को बढ़ा देती है। हालाँकि अब यहाँ घनत्व कम मात्रा में बढ़ने की सम्भावना पायी जाती है, क्योंकि शिक्षा तथा तकनीक के साथ-साथ सामाजिक प्रसन्नता में इजाफा हो रहा है।

4. उत्तर प्रदेश (Uttar Pradesh or U.P.): इस राज्य का जनसंख्या घनत्व में चतुर्थ स्थान है। यह भारत का सबसे अधिक जनसंख्या वाला (16.60 करोड़ व्यक्ति) राज्य भी है। क्षेत्रफल अधिक है अन्यथा इससे अधिक घनत्व वाला राज्य कोई न होता। 1991 में यहाँ 548 और वर्तमान जनगणना (2001) में 141 व्यक्ति बढ़कर 689 व्यक्ति प्रति वर्ग किलोमीटर क्षेत्र में निवसित हैं। राष्ट्रीय

औसत से यह दुगुने से थोड़ा अधिक है। चावल की कृषि, गरीबी, अशिक्षा एवं मुस्लिम जनसंख्या का निवास यहाँ के जनसंख्या घनत्व को बढ़ा रहे हैं।

5. पंजाब (Punjab): उत्तर प्रदेश के बाद यह भारत का पाँचवें नम्बर का जनसंख्या घनत्व वाला राज्य है। किन्तु इसके जनसंख्य्ग घनत्व में उपर्युक्त राज्यों के मध्य अन्तरालों की अपेक्षा अंतर अधिक है। 1991 में यहाँ जनसंख्या घनत्व 403 एवं 2001 में 482 (79 व्यक्तियों का इजाफा) हो गया, जो कि राष्ट्रीय औसत का लगभग डेढ़ गुना है। नगरीकरण एवं अपेक्षाकृत कम क्षेत्रफल इसके अधिक घनत्व के लिए अवसर प्रदान करता है। गेहूँ एवं चावल की भरण पोषण कृषि भी इनके जनसंख्या घनत्व को प्रेरित करती है। भारत की उर्वरतम् मृदा इसी राज्य के तले है।

6. तमिलनाडु (Tamilnadu): 1991 में 425 और 2001 में 478 व्यक्ति प्रति वर्ग किलोमीटर जनसंख्या घनत्व के साथ यह राज्य भारत का पश्चिम बंगाल, बिहार, केरल, उत्तर प्रदेश और पंजाब के बाद छठवाँ राज्य है। दोनों जनगणना वर्षों के मध्य यहाँ 490 व्यक्ति की प्रति वर्ग किलोमीटर वृद्धि देखी गई। यह घनत्व (478) पंजाब के वर्तमान घनत्व की अपेक्षा मात्र 4 व्यक्ति प्रतिवर्ग किमी. ही कम है। अधिक नगरीकरण एवं व्यापारिक केन्द्रों का पाया जाना इसके जनसंख्या घनत्व की वृद्धि का वर्तमान कारण है। उत्तम जलवायु तथा कृषि प्रधानता भी इसके लिए जिम्मेदार तत्व है।

7. हरियाणा (Haryana): पंजाब से विभक्त इस राज्य में वर्तमान जनसंख्या घनत्व तमिलनाडु से मात्र 1 कम अर्थात् 477 व्यक्ति है। गेहूँ एवं चावल की कृषि इसकी मात्रा बढ़ा देती है। 1991 की अपेक्षा विगत जनगणना 2001 में 105 व्यक्तियों की प्रतिवर्ग किमी. घनत्व-वृद्धि आँकी गई थी जो कि तीव्र जनसंख्या-घनत्व वृद्धि की परिचायक है। यह राष्ट्रीय औसत से 153 व्यक्ति अधिक है।

8. गोआ (Goa): हरियाणा के बाद गोआ का अष्टम् स्थान है। उत्तम एवं स्वास्थ्यवर्द्धक लुभावनी जलवायु तथा पर्यटक केन्द्र के रूप में उभरना इसके जनसंख्या घनत्व की वृद्धि का मूल कारण है। जहाँ यह 1991 में प्रति वर्ग किलोमीटर क्षेत्र में 316 रहा वहीं 2001 में 47 व्यक्तियों को जोड़ते हुए 363 व्यक्ति पहुँच गया। यह देश के औसत जनसंख्या घनत्व से मात्र 39 व्यक्ति अधिक है।

9. असम (Assam): पूर्वोत्तर राज्यों में मात्र असम एक ऐसा राज्य है, जो देश के शीर्ष 10 जनसंख्या घनत्व वाले राज्यों में सम्मिलित है। इसका प्रमुख कारण यहाँ चाय की कृषि के साथ-साथ व्यापारिक केन्द्रों एवं खनिजों की विपुल सम्पदा की विद्यमानता है। 286 व्यक्ति (1991) की अपेक्षा यह आगे की जनगणना

(2001) में 54 व्यक्तियों को संयुक्त करते हुए अब 340 व्यक्तियों को प्रति वर्ग किलो मीटर क्षेत्रफल में प्रश्रय देता है। राष्ट्र के औसत जनसंख्या घनत्व की अपेक्षा इसके घनत्व में 16 व्यक्ति अतिरिक्त जुड़े पाये गए।

10. झारखण्ड (Jharkhand): 15 नवम्बर, 2000 को बिहार राज्य से पृथक हुए इस राज्य में वर्तमान जनसंख्या घनत्व 339 व्यक्ति प्रतिवर्ग किलोमीटर है। 1991 में यहाँ का आकलित घनत्व 274 व्यक्ति था जिसने मात्र 10वर्षों में 64 व्यक्तियों को प्रतिवर्ग किलोमीटर क्षेत्र में जोड़ा। इसका वर्तमान घनत्व राष्ट्रीय औसत से 14 व्यक्ति अधिक है। देश की खजिन सम्पदा की विशाल राशि की दृष्टि से यह राज्य प्रथम स्थान पर है। बिहार से पृथक होने के बाद सभी प्रमुख खनिज क्षेत्र इसी राज्य के अधीनस्थ आ गए। जमशेदपुर जैसा विशाल औद्योगिक नगर इसी के अन्तर्गत है। खनिज के अतिरिक्त जनजातियों की अधिकता यहाँ के घनत्व में वृद्धि करती है।

अन्य राज्य (Other States)

इसके अंतर्गत हमने उन्हीं राज्यों को सम्मिलित किया है जिनका वर्तमान जनसंख्या घनत्व राष्ट्रीय जनसंख्या घनत्व के औसत से कम है। इनमें क्रमशः महाराष्ट्र (314), त्रिपुरा (304), आंध्र प्रदेश एवं कर्नाटक (अपवाद स्वरूप दोनों बराबर 275), गुजरात (258) एवं उड़ीसा (236) मुख्य है जिनका कि जनसंख्या घनत्व 200 से अधिक है। इनके अतिरिक्त मध्य प्रदेश (196), राजस्थान (165), उत्तरांचल (159), छत्तीसगढ़ (154) नागालैण्ड (120), हिमाचल प्रदेश (109) के साथ-साथ मणिपुर (107), मेघालय (103), जम्मू एवं कश्मीर (99), सिक्किम (76), मिजोरम (42) एवं अरुणाचल प्रदेश (13) द्वितीयक जनसंख्या घनत्व वाले राज्य हैं।

(ख) केन्द्रशासित प्रदेशों में जनसंख्या घनत्व (Population Density in U.T.S.)

केन्द्रशासित प्रदेशों में राज्यों की अपेक्षा जनसंख्या घनत्व के अधिक पाये जाने की प्रामाणिक पुष्टि होती है। इनमें भी 1991 एवं 2001 की जनगणनानुसार ही जनघनत्व का अध्ययन किया जा रहा है।

1. दिल्ली (राष्ट्रीय राजधानी प्रदेश) (Delhi : National Captial Region or N.C.R.): दिल्ली का जनसंख्या घनत्व देश के सभी राज्यों एवं प्रदेशों (केन्द्रशासित) की अपेक्षा सर्वाधिक है। यहाँ 2001 की जनगणनानुसार 9,294 व्यक्ति प्रतिवर्ग किलीमीटर में निवास कर रहे थे। ज्ञात हो कि यह संख्या 1991 (6,352) की संख्या से 2,942 व्यक्ति अधिक है। दूसरे शब्दों में पिछली जनगणना (1991) की अपेक्षा लगभग एक तिहाई लोग वर्तमान जनगणना (2001)

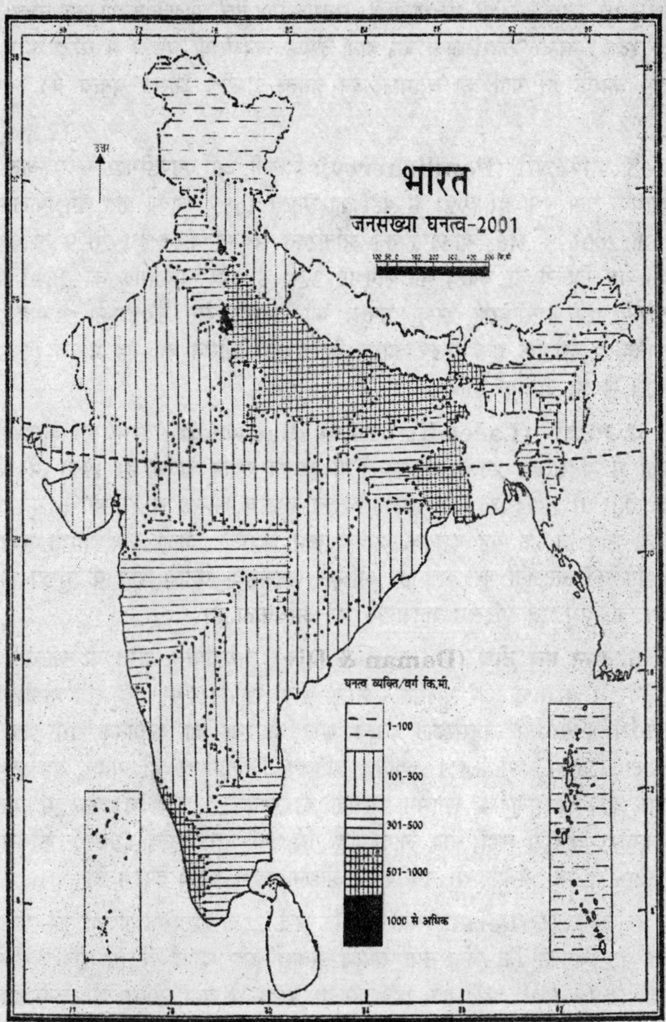

में और जुड़ गये। यहाँ का वर्तमान घनत्व राष्ट्रीय औसत का 28.6 गुना है। आगामी जनगणना (2001) में यह घनत्व 12 हजार तक पहुँच सकता है।

2. चण्डीगढ़ (Chandigarh): ली कार्बुजियर (वास्तुविद) द्वारा नियोजित इस प्रशासनिक प्रदेश (Administrative State) में दिल्ली के बाद सर्वाधिक (2001) जनसंख्या घनत्व 7,903 दर्ज किया गया। जो 1991 की अपेक्षा 2,271 व्यक्ति अधिक है। 1991 में यह 5,632 व्यक्ति प्रतिवर्ग किलोमीटर थां इस दौरान

घनत्व में 28.8% की वृद्धि दर्ज हुई। ज्ञात हो कि यह हरियाणा एवं पंजाब के साथ-साथ स्वयं की भी राजधानी है। नगरीकरण एवं औद्योगीकरण का उच्च स्तर तथा स्वच्छ-सुन्दर शहरी क्षेत्रों का होना इसके जनसंख्या घनत्व में वृद्धि करने का अहम कारक है। यहाँ का वर्तमान जन घनत्व राष्ट्रीय औसत घनत्व का लगभग 25 गुना है।

3. पाण्डिचेरी (Pondicherry): दिल्ली और चण्डीगढ़ के पश्चात् यह सर्वाधिक घना बसा है। 1991 में यहाँ का घनत्व 1683 व्यक्ति प्रति वर्ग किलोमीटर था जो 2001 में 346 व्यक्तियों को अतिरिक्त संयुक्त करते हुए 2029 व्यक्ति हो गया। यह दिल्ली के घनत्व का लगभग 22% है और चण्डीगढ़ का 26%। उत्तम जलवायु एवं नगरीकरण इसके घनत्व को बढ़ावा देता है इसका क्षेत्रफल भी अत्यल्प है, जो कि एक मुख्य कारण है। राष्ट्रीय औसत का यह घनत्व (2029) 6 गुना से भी अधिक है।

4. लक्षद्वीप (Laccadiv or Lakshadweep): राज्यों एवं केन्द्रशासित प्रदेशों में जनसंख्या घनत्व के मामले में इसका स्थान चतुर्थ है। 1991 में 1616 एवं 2001 में 1894 के साथ इसका घनत्व राष्ट्रीय औसत से लगभग 6 गुने अधिक है। ज्ञात हो कि यह देश का सबसे कम क्षेत्रफल वाला केन्द्रशासित प्रदेश है जो मूँगे की चट्टानों पर बसा है। अधिक जनसंख्या घनत्व होने के मुख्य कारण उत्तम जलवायु एवं मुस्लिम जनसंख्या की अधिकता है।

5. दमन एवं दीव (Daman & Div): प्रायद्वीपीय भारत के पश्चिमी तट के उत्तर में महाराष्ट्र और गुजरात (क्रमशः) से संलग्न दमन एवं दीव केन्द्रशासित प्रदेश में 1991 में जनसंख्या घनत्व 907 ही था जो अचानक 10 वर्षों के अंतराल (2001) में 1411 व्यक्ति प्रतिवर्ग किलोमीटर हो गया। वह राष्ट्रीय औसत के 4.4 गुना के लगभग अधिक है। मात्र 10 वर्षों के अंतर में प्रतिवर्ग किलोमीटर क्षेत्र में यहाँ 504 लोग जुड़ गये, जो पूर्व घनत्व (907) की संख्या के 50% से भी अधिक थे। नगरीकरण/औद्योगीकरण मुख्य कारण है।

6. अन्य (Others): इसके अंतर्गत बचे 2 केन्द्रशासित प्रदेशों को समाहित करते हैं, जिनका कि जनसंख्या घनत्व सैकड़े और दहाई में है। दादरा व नगर हवेली में 1991 में जहाँ मात्र 289 व्यक्ति बसते थे वहीं 2001 की जनगणना में 449 व्यक्ति प्रति-वर्ग किलोमीटर क्षेत्र में पाये गए। यह घनत्व राष्ट्रीय घनत्व से 125 व्यक्ति अधिक है। इसके ठीक विपरीत अण्डमान एवं निकोबार द्वीप समूह में सबसे कम (43) घनत्व 2001 में पाया गया। यह 1991 के 34 व्यक्ति प्रतिवर्ग किलोमीटर से 9 व्यक्ति बढ़कर 2001 मे 43 व्यक्ति प्रतिवर्ग किलोमीटर हो गया, जो कि राष्ट्रीय औसत जनसंख्या घनत्व का मात्र 7.5% है। कठिन जीवन-यापन यहाँ के घनत्व के कम होने की मूल वजह है।

भारत : सर्वाधिक एवं न्यूनतम् घनत्व वाले जनपद (राज्यवार) (India: Maximum & Miniumum Densed Districts (State Wise)

यों तो देश भर में जिलों (District) की संख्या 593 (पाँच सौ तिरानबे) है, जो कुल 28 राज्यों तथा केन्द्रशासित प्रदेशों में अवस्थित हैं। किन्तु कुछ जनपदों में जनसंख्या का घनत्व बहुत ही अधिक पाया जाता है और कुछ में अत्यल्प (नगण्यप्राय)। राज्यवार अध्ययन में (भारत की जनगणना, 2001 के अनुसार) शीर्ष जनसंख्या घनत्व धारक एवं न्यून जनसंख्या घनत्व धारक जनपदों का ही परिचय सरल साध्य होगा, क्योंकि सभी जनपदों के जनसंख्या घनत्व का प्रदर्शन एवं अध्ययन दोनों ही दुष्कर कार्य है। इस जनगणना वर्ष (2001) के अनुसार शीर्ष जनसंख्या घनत्व धारक 4 प्रमुख जिले इस प्रकार आँकड़े में उल्लिखित हैं–

भारत : शीर्ष जनसंख्या घनत्व वाले प्रमुख जनपद (राज्यवार)

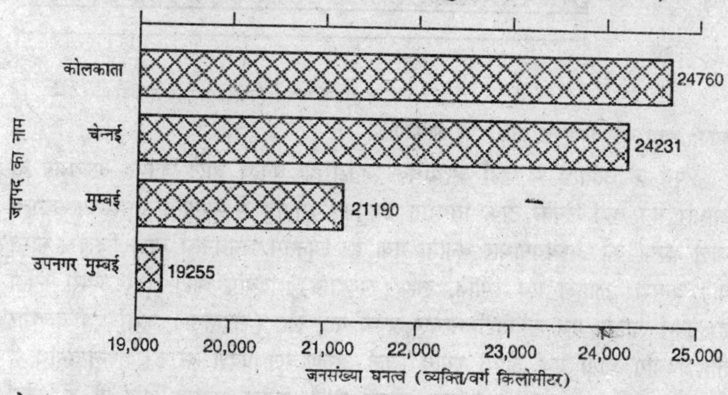

स्रोतः जनगणना, 2001 पर आधारित।

घनत्व में कोलकाता जनपद (पश्चिम बंगाल) का स्थान सर्वोपरि है। यह देश के औसत (324) घनत्व की अपेक्षा 76 गुने से भी अधिक है तथा अपने गृहराज्य (प. बंगाल) के औसत (904) से 27 गुना अधिक है। इसके उपरान्त देश का दूसरा सबसे अधिक सघन बसा जनपद है चेन्नई (भूतपूर्व मद्रास)। इसका जनसंख्या घनत्व 24,231 व्यक्ति प्रतिवर्ग किलोमीटर है जो कि देश के औसत घनत्व का 75 गुना और स्वयं के गृह राज्य तमिलनाडु (478) का 50 गुना है। यह कोलकाता की अपेक्षा मात्र 529 व्यक्ति प्रतिवर्ग किलोमीटर कम है। महाराष्ट्र राज्य का राजधानी जनपद मुम्बई तीसरे स्थान पर है, जिसका घनत्व है 21,190 व्यक्ति प्रतिवर्ग किमी.। यह देश और गृह राज्य के (314) के जनसंख्या घनत्व के औसत से क्रमशः 65 एवं 67 गुना अधिक है। इसी राज्य का उपनगर मुम्बई जिला देश का चतुर्थ क्रम का सर्वाधिक घना

बसा जनपद है जिसका घनत्व (2001) 19258 व्यक्ति/वर्ग किमी. है। यह देश एवं गृहराज्य के औसत घनत्व का क्रमशः 60 एवं 61 गुना अधिक है। यह मुम्बई की अपेक्षा 1,935 व्यक्ति प्रतिवर्ग/किलोमीटर कम है। इस प्रकार कोलकाता, चेन्नई, मुम्बई और उपनगर मुम्बई देश के सर्वाधिक घने बसे जिले हैं।

भारत : न्यून जनसंख्या घनत्व वाले प्रमुख जनपद (राज्यवार)

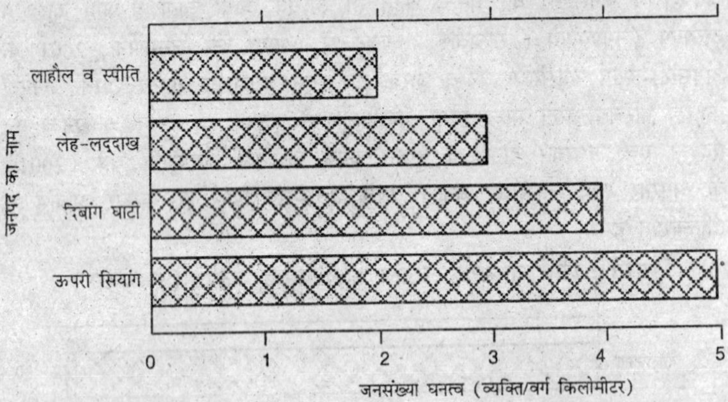

स्रोत: भारत की जनगणना, 2001 पर आधारित।

पूर्व के आँकड़े में जहाँ अत्यधिक जनसंख्या घनत्व वाले जनपद अध्ययन के आधार बने वहीं उनके ठीक विपरीत उपर्युक्त आँकड़े में न्यूनतम जनसंख्या घनत्व वाले राज्यों को अध्ययनाधार बनाया गया है। न्यूनतम जनघनत्व वाले जिले (भारत के) क्रमशः लाहुल एवं स्पीति, लेह (लद्दाख), दिबांग घाटी तथा ऊपरी स्यांग है। इनमें लाहुल एवं स्पीति हिमाचल प्रदेश का, लेह (लद्दाख) जम्मू एवं कश्मीर का, दिबांग घाटी एवं ऊपरी स्यांग जिले अरुणाचल प्रदेश के हैं। उल्लेखनीय है कि ये चयनित न्यूनतम जनसंख्या घनत्व वाले जनपद पहाड़ी क्षेत्रों से हैं, जहाँ उच्चावचीय विषमता अधिक तथा जीवन कष्टदायक ढंग से व्यतीत होता है। देश के राष्ट्रीय जनसंख्या घनत्व के औसत से ये बहद कम है। लाहुल एवं स्पीति जिले का जनसंख्या घनत्व (02) अपने गृह राज्य के घनत्व (109) का मात्र 1/55 है तो लेह (लद्दाख) का हाल अपने गृहराज्य जम्मू एवं कश्मीर (99) की अपेक्षा 1/33 है। शेष 2 जनपद क्रमशः दिबांग घाटी एवं ऊपरी स्यांग का घनत्व अपने गृह राज्य के औसत घनत्व का मात्र 1/3 से कुछ कम एवं 1/3 से कुछ अधिक है।

इस प्रकार स्पष्ट हो जाता है कि भारत के राज्यों में जिलेवार जनसंख्या घनत्व में पर्याप्त विषमता मौजूद है, जो कि घनत्व के असंतुलन को ज्ञापित करती है।

सर्वाधिक एवं न्यूनतम घनत्व वाले जनपद (केन्द्रशासित प्रदेशवार) (Maximum & Minimum Desned Destricts (U.Ts. wise)

सातों केन्द्रशासित प्रदेशों में कुल संयुक्त जिलों की संख्या मात्र 20 है। इनमें से कुछ जनपद अतिशय जनसंख्या घनत्व की चपेट में हैं तो दूसरी ओर कुछ ऐसे भी जनपद हैं जहाँ घनत्व सैकड़े से भी कम हैं यहाँ हम सर्वाधिक घनत्व एवं न्यूनतम घनत्व वाले जनपदों की स्थिति (वर्तमान-2001 की जनगणनानुसार) का ज्ञान प्राप्त करेंगे।

भारत : शीर्ष जनसंख्या घनत्व वाले प्रमुख जनपद (केन्द्रशासित प्रदेशवार)

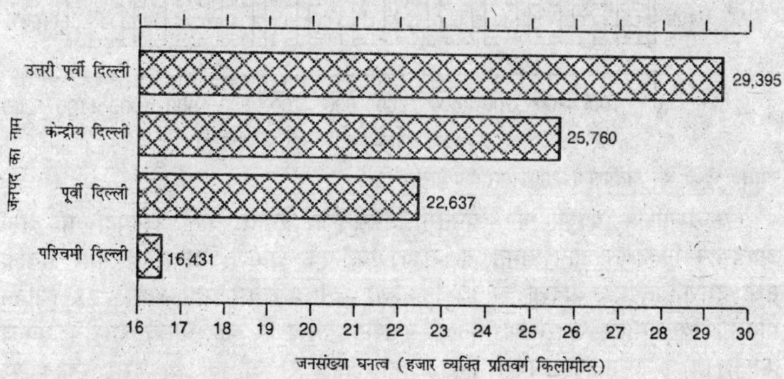

स्रोतः भारत की जनगणना, 2001 पर आधारित।

देश के केन्द्रशासित प्रदेशों में सर्वाधिक सघन बसे चार के चारों जिले दिल्ली के ही हैं। इनमें सर्वाधिक सघनतम् जनपद उत्तरीपूर्वी दिल्ली (29,395) है जो राज्यों एवं केन्द्रशासित प्रदेशों को मिलाकर भारत का सबसे अधिक घनत्व (जनसंख्या) वाला जिला है। यह देश के राष्ट्रीय औसत से 91 गुने अधिक जनसंख्या घनत्व रखने वाला जिला है। गृह प्रदेश (केन्द्रशासित) की अपेक्षा यह 3 गुना से भी अधिक है। इसके उपरान्त केन्द्रीय दिल्ली जिले का स्थान आता है, जिसका घनत्व 25,760 व्यक्ति प्रति वर्ग किलोमीटर है, यह आलोच्य जनपद (उत्तरी पूर्वी दिल्ली) के जनसंख्या घनत्व से 3,635 व्यक्ति कम है। इसके बाद पूर्वी दिल्ली जिसका घनत्व 22,637 व्यक्ति है, का स्थान आता हैं जिसका घनत्व केन्द्रीय दिल्ली जिले से 3,123 व्यक्ति कम है। चारों में निचले क्रम का जिला पश्चिमी दिल्ली है जो 16,431 व्यक्तियों को प्रति वर्ग किमी. क्षेत्र में पनाह दिये हुए है। यह पूर्वी दिल्ली की अपेक्षा 6,206 व्यक्ति प्रति वर्ग किलो मीटर कम घना बसा है। ऊपर के तीनों जनपदों (प्रथम को छोड़कर) का जनसंख्या घनत्व राष्ट्रीय औसत से क्रमशः 72, 70 एवं 51 गुने तथा गृह प्रदेश (दिल्ली) से 2.7, 2.4 एवं 1.8 गुने अधिक है।

भारत : न्यून जनसंख्या घनत्व वाले प्रमुख जनपद (केन्द्रशासित प्रदेशवार)

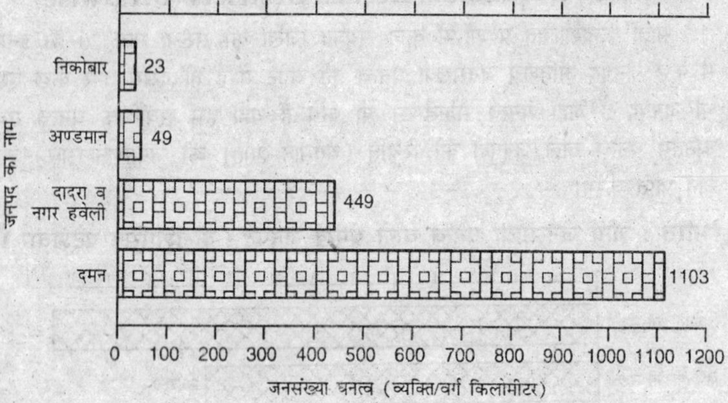

स्रोत: भारत की जनगणना-2001 पर आधारित।

केन्द्रशासित प्रदेशों के न्यूनतम् जनसंख्या घनत्व वाले जनपदों में दोनों अण्डमान-निकोबार द्वीप समूह के तथा एक-एक क्रमशः दादरा व नगर हवेली तथा दमण एवं दीउ प्रदेशों के हैं। निकोबार जनपद सबसे कम अर्थात् 23 व्यक्ति प्रतिवर्ग किलोमीटर जनसंख्या घनत्व प्रदर्शित करता हैं यह घनत्व राष्ट्रीय घनत्व का 1/14 है तथा गृह प्रदेश (43) का, आधे से अधिक है। दूसरे स्थान पर अण्डमान जिला आता है, जिसका घनत्व 49 व्यक्ति प्रतिवर्ग किलोमीटर है। राष्ट्रीय जनसंख्या घनत्व का यह 1/7 के लगभग एवं गृह प्रदेश के औसत से 6 व्यक्ति अधिक है। दादरा व नगर हवेली का स्थान तृतीय है, जिसका घनत्व है 449 व्यक्ति। यह राष्ट्रीय औसत से 125 व्यक्ति प्रति वर्ग किलोमीटर अधिक है। इसकी गृह प्रदेश से तुलना नहीं करते क्योंकि इस प्रदेश में मात्र प्रदेश ही एकमात्र जिले के रूप में है। दमन एवं दीउ की राजधानी एवं जिला दमण का इस मामले में चतुर्थ स्थान है और इसके अंतर्निहित 1103 व्यक्ति प्रति वर्ग किलोमीटर क्षेत्रफल में निवास करते हैं। यह घनत्व राष्ट्रीय औसत का 3.4 गुना अधिक एवं गृह प्रदेश के घनत्व (1,411) से 308 व्यक्ति प्रतिवर्ग किलोमीटर के औसत से कम है। दादरा व नगर हवेली की अपेक्षा भले ही यह ढाई गुने के लगभग है। इस प्रकार स्पष्ट हो जाता है कि जनसंख्या घनत्व को लेकर पर्याप्त विविधाएँ विद्यमान हैं।

अति उपयोगी प्रश्न श्रृंखला

1. देश में सर्वाधिक जनघनत्व किस राज्य में हैं?

   (अ) उत्तर प्रदेश (ब) बिहार

   (स) पश्चिम बंगाल (द) पंजाब

2. संघशासित क्षेत्रों में सबसे अधिक जनसंख्या घनत्व कहाँ का है?
   (अ) पाण्डिचेरी (ब) दिल्ली
   (स) चण्डीगढ़ (द) लक्षद्वीप
3. अरुणाचल प्रदेश जनसंख्या घनत्व के मामले में सबसे पिछड़ा राज्य है यहाँ का जनसंख्या घनत्व कितना है?
   (अ) 11 व्यक्ति प्रतिवर्ग किलोमीटर
   (ब) 13 व्यक्ति प्रतिवर्ग किलोमीटर
   (स) 25 व्यक्ति प्रतिवर्ग किलोमीटर
   (द) 49 व्यक्ति प्रति वर्ग किलोमीटर
4. पश्चिम बंगाल और दिल्ली (क्रमश:) का जनसंख्या घनत्व कितना है?
   (अ) क्रमश: 504 एवं 11000 (ब) 904 एवं 9294
   (स) 806 एवं 9492 (द) 409 एवं 4992
5. सन् 2001 की जनगणना में देश का औसत जनसंख्या घनत्व कितना है?
   (अ) 324 व्यक्ति/वर्ग किमी (ब) 267 व्यक्ति/वर्ग किमी
   (स) 345 व्यक्ति/वर्ग किमी (द) 501 व्यक्ति/वर्ग किमी
6. सन् 1901 में देश का जनसंख्या घनत्व कितना था?
   (अ) 50 (ब) 71 (स) 77 (द) 100
7. किस जनगणना दशक के दौरान देश के घनत्व में सबसे तीव्र इजाफा हुआ ?
   (अ) 1961-71 (ब) 1971-81
   (स) 1981-91 (द) 1991-2001
8. विश्व में किस देश का जनघनत्व सबसे अधिक है?
   (अ) सिंगापुर (ब) पाकिस्तान
   (स) भारत (द) बांग्लादेश
9. सिंगापुर का जनसंख्या घनत्व कितना है?
   (अ) 4000 (ब) 8000 (स) 4670 (द) 5119
10. एशिया महाद्वीप के औसत जनसंख्या घनत्व (112) की अपेक्षा भारत का औसत घनत्व लगभग कितने गुना अधिक है?
    (अ) 4.2 गुना (ब) 2.9 गुना
    (स) 8 गुना (द) 9.4 गुना
11. पाकिस्तान का घनत्व भारत से काफी कम है, इसमें कितने का अंतर है?
    (अ) 100 व्यक्ति (ब) 145 व्यक्ति
    (स) 200 व्यक्ति (द) 400 व्यक्ति

12. जनसंख्या वितरण में उत्तर प्रदेश अग्रणी है, किन्तु घनत्व में इसका कौन सा स्थान है?

(अ) प्रथम (ब) द्वितीय (स) तृतीय (द) चतुर्थ

13. उत्तर प्रदेश का जनसंख्या घनत्व कितना है?

(अ) 950 (ब) 740 (स) 689 (द) 500

14. जनसंख्या घनत्व की अधिकता वाले चार राज्यों के क्रम में कौन सा सत्य है?

(अ) उत्तर प्रदेश, बिहार, मध्य प्रदेश, पश्चिम बंगाल

(ब) महाराष्ट्र, पं. बंगाल, उड़ीसा, उत्तर प्रदेश

(स) पश्चिम बंगाल, उत्तर प्रदेश, केरल, बिहार

(द) पश्चिम बंगाल, बिहार, केरल, उत्तर प्रदेश

15. न्यूनतम जनसंख्या घनत्व वाले राज्यों का आरोही क्रम क्या है?

(अ) अरुणाचल प्रदेश, राजस्थान, मिजोरम, त्रिपुरा

(ब) मिजोरम, अरुणाचल प्रदेश, सिक्किम, जम्मू कश्मीर

(स) अरुणाचल प्रदेश, मिजोरम, सिक्किम, जम्मू-कश्मीर

(द) मिजोरम, जम्मू-कश्मीर, अरुणाचल प्रदेश, सिक्किम

16. 1991 की जनगणनानुसार उस समय भारत का औसत घनत्व कितना था?

(अ) 267 (ब) 324 (स) 216 (द) 400

17. केरल राज्य साक्षरता में प्रथम स्थान पर है किन्तु घनत्व के मामले में?

(अ) प्रथम (ब) द्वितीय (स) तृतीय (द) चतुर्थ

18. जनसंख्या घनत्व के मामले में कौन सा संघशासित प्रदेश सबसे पीछे है?

(अ) लक्षद्वीप (ब) दादरा व नगर हवेली

(स) दमन व दीव (द) अण्डमान-निकोबार द्वीप समूह

19. राज्यवार जनपदीय जनसंख्या घनत्व में कौन सा जिला (देश का) अग्रणी है?

(अ) चेन्नई (ब) मुम्बई (स) लखनऊ (द) कोलकाता

20. कोलकाता का जनसंख्या घनत्व कितना है?

(अ) 20,000 (ब) 11032

(स) 24760 (द) 29,770

21. देश के न्यून जनसंख्या घनत्व वाले जिलों में लाहुल व स्पीति (हिमाचल प्रदेश) अग्रण है इसका घनत्व कितना है?

(अ) 1 व्यक्ति प्रतिवर्ग किमी. (ब) 2 व्यक्ति/वर्ग किमी.

(स) 3 व्यक्ति/वर्ग किमी. (द) 4व्यक्ति/वर्ग किमी.

22. जम्मू कश्मीर राज्य का कौन सा जनपद सबसे कम जनसंख्या घनत्व (03) वाला है?

(अ) अनन्तनाग (ब) लेह-लद्दाख

(स) डोडा (द) बड़गाम

23. केन्द्रशासित प्रदेशों में दिल्ली का घनत्व सर्वाधिक है इसका कौन सा जिला सर्वाधिक घनत्व वाला है?

(अ) उत्तरी पूर्वी जिला (ब) केन्द्रीय दिल्ली

(स) पूर्वी दिल्ली (द) पश्चिमी दिल्ली

24. उत्तरी पूर्वी दिल्ली जनपद का जनघनत्व कितना है?

(अ) 40,000 (ब) 29395

(स) 35,000 (द) 24660

25. संघशासित प्रदेशों में किस जनपद का जनसंख्या घनत्व सबसे कम है?

(अ) दमन (ब) अण्डमान (स) निकोबार (द) दादरा व नगर हवेली

उत्तरदायी सूची

1. स	2. ब	3. ब	4. ब	5. अ
6. स	7. द	8. अ	9. स	10. ब
11. ब	12. द	13. स	14. द	15. स
16. अ	17. स	18. द	19. द	20. स
21. ब	22. ब	23. अ	24. ब	25. स

4

भारत : जनसंख्या प्रवास
(INDIA : POPULATION MIGRATION)

"एक स्थान से दूसरे स्थान पर जाने की क्रिया। यह संचलन देश के अंदर हो सकता है अथवा एक देश से दूसरे देश में हो सकता है तथा इसका मुख्य उद्देश्य या लक्ष्य रोजगार, खनिज, सम्पदा या सस्ती भूमि प्राप्त करना होता है यदा-कदा राजनीतिक, आर्थिक एवं धार्मिक कारणों से भी यह स्थानान्तरण होता है।"–भूगोल परिभाषा कोश, हिन्दी माध्यम कार्यान्वयन निदेशालय, दिल्ली विवि. (2002) पृष्ठ सं. 129.

अर्थ एवं संकल्पना (Meaning & Concepts):

साधारण शब्दों में प्रवास से तात्पर्य एक विशिष्ट वास या निवास से है, जो अतीत से रह रहे सामान्य वास से भिन्न होता है या नया होता है। आर.पी. चतुर्वेदी (भौगोलिक शब्दकोष, 2003 पृष्ठ सं. 240) के अनुसार "किसी एक भौगोलिक/राष्ट्रीय क्षेत्र से दूसरे भौगोलिक/राष्ट्रीय क्षेत्र में जाकर स्थायी रूप से या अपेक्षाकृत लम्बी अवधि तक ठहरने की प्रक्रिया को प्रवास या अधिगमन कहा जाता है। इसमें मानव अधिगमन में एक स्थान से दूसरे स्थान पर कार्य करने अथवा बसने के लिए जाना शामिल होता है।" एक पूर्ण मान्य परिभाषा प्रवास की, कभी नहीं बतायी जा सकी, क्योंकि प्रवास के स्वरूप में कारण जनित परिवर्तन विद्यमान होता है फिर भी संयुक्त राष्ट्र संघ (U.N.O.) की यह परिभाषा अपेक्षाकृत अधिक मान्य है "प्रवास एक प्रकार से भौगोलिक स्थान का परिवर्तन या स्थानिक प्रवासिता है, जो एक भौगोलिक इकाई और दूसरी भौगोलिक इकाई के मध्य दृष्टिगत होती है, जिसमें वास्य और गन्तव्य दोनों परिवर्तित हो गए होते हैं इस प्रकार का आवास-प्रवास स्थायित्व ग्रहण किये होता है, क्योंकि इसमें मानव का निवास स्थल स्थायी रूप से परिवर्तित हो जाता है।" भारत में प्रवास का मुख्य कारण (वर्तमान) आर्थिक है क्योंकि देश तीव्र गति से आर्थिक प्रगति करते हुए विकसित बनने की होड़ में शामिल हो चुका है। वर्तमान राष्ट्रपति डॉ.

अबुल पाकिर जैनुल आब्दीन अब्दुल कलाम (Dr. A.P.J Abdul Kalam) ने अपनी सुप्रसिद्ध पुस्तक 'Vision 2020' में सन् 2020 तक भारत को विकसित देश निर्मित करने की इच्छाशक्ति प्रकट की है। इससे साफ जाहिर है कि आगामी भारत आर्थिक चुनौतियों से परिपूर्ण होगा। अतः इसके लिए अभी से भारतीय तैयार हो रहे हैं तथा वर्तमान आर्थिक विकास दर 9% प्रतिवर्ष के लगभग चल रही है। यह कारण (आर्थिक) जहाँ एक ओर आन्तरिक प्रवास (देश के ही भीतर-भीतर) को बढ़ावा दे रहा है वहीं दूसरी ओर पुठ्ठा निष्कासन (Brawn Drain) के साथ अंतर्राष्ट्रीय प्रवास (उत्प्रवास) में भी वृद्धि कर रहा है।

हमारे राष्ट्र में प्रवास की प्रक्रिया कोई नई नहीं है बल्कि यह प्राचीनकाल से ही चली आई है। हमें ध्यान होना चाहिए कि हमारे धर्म प्रचारक एवं व्यापारी अपने निकटवर्ती देशों विशेषकर दक्षिणी पूर्वी एशिया एवं दक्षिणी पूर्वी अफ्रीकी देश जाया करते थे बाद के वर्षों में कृषि करने के इच्छुक महात्वाकांक्षी भारतीय मारीशस, फिजी, दक्षिणी अमेरिकी देशों आदि में प्रव्रजित हुए। एक अनुमान के अनुसार लगभग 7% भारतीय (आज की जनसंख्या की तुलना में) विश्व के भिन्न-भिन्न कोने में जा बसे हैं। मारीशस, फिजी तथा गुयाना (द. अमेरिका) जैसे राष्ट्रों में तो भारतीय प्रवासियों की सख्या इतनी है कि वे अपनी बहुमत की सरकारें तक बनाते हैं। ब्रिटेन और अमेरिका (संयुक्त राज्य) जैसे विकसित राष्ट्रों में भी प्रवासी भारतीयों की संख्या बहुत है, जोकि मुख्यतया पंजाब, गुजरात, केरल और तमिलनाडु राज्यों से अधिक मात्रा में गए हैं। अरब के खाड़ी देशों में काम करने के लिए भारतीय मुसलमानों की एक लम्बी फौज प्रवसित है। ये मुसलमान सर्वाधिक संख्या में उ. प्र. राज्य से हैं। लखनऊ के अमौसी हवाई अड्डे से सतत् वायुयान सेवाएँ इनके लिए खाड़ी देशों हेतु संचालित हैं, जो कि इस बात की प्रमाण हैं।

अंतर्देशीय या आन्तरिक प्रवास भी भारत में शुरू से ही आरंभ थे। हालाँकि वर्तमान में यातायात की बेहतर सुविधाओं के कारण यह अधिक बढ़ा है। वर्तमान में सर्वाधिक स्थानांतरण वृहन्नगरों (Megalopolises) एवं महानगरों (Metropolises) के लिए हुए हैं क्योंकि ये रोजगार के अवसरों में बहुलता लिए होते हैं। चूँकि अधिकांश भारतीय निम्न एवं मध्यम आय वर्ग में है, अतः वे मजबूरन इन नगरीय केन्द्रों की ओर उन्मुख होते हैं। इसके अतिरिक्त भारत में प्रवासों के अनेक प्रकार प्रचलित हैं।

प्रवास को प्रभावित करने वाले कारक (Effecting Factors of Migration)

किसी भी देश में प्रवास को प्रभावित करने वाले प्रमुख दो कारक प्रथम आकर्षक और द्वितीय प्रत्याकर्षक उत्तरदायी होते हैं, भारत में भी ऐसा ही है। आइये, इन्हें विस्तार से जानें।

1. आकर्षक कारक (Pull Factors): इसे 'खींचने वाले कारक' की भी संज्ञा दी जाती है। ये प्रवास के वे कारक होते हैं जिनसे प्रभावित होकर मानव अपने स्थान (मूल) से इन कारकों के विद्यमान-स्थल की ओर पलायित होता है। मुख्यत: गाँवों अथवा अर्थ व्यवस्था में पिछड़े क्षेत्रों से ऐसा प्रवास सम्भव होता है, जहाँ कि प्रतिव्यक्ति आय न्यूनतम (मनचाही नहीं) होती है तथा परम्परागत धन्धों का ही प्रचलन होता है। यह प्राय: नगरीय या व्यापारिक क्षेत्रों के लिए होता है। कभी-कभी विकसित कृषि वाले ग्रामीण क्षेत्र भी लोगों को अपनी ओर आकर्षित करते हैं, किंतु सर्वाधिक आकर्षण उन क्षेत्रों में होता है जहाँ निम्नलिखित अवसरों की सुविधाएँ पायी जाती है–

1. आर्थिक विकास के प्रचुर अवसर
2. रोजगार हेतु पर्याप्त अवसर
3. वैज्ञानिक एवं सांस्कृतिक अवसर
4. उच्च एवं तननीकी शिक्षा के अवसर
5. जीवन स्तर सुधारने के अवसर
6. सुरक्षा के अनुकूल अवसर
7. न्याय एवं सामाजिक सहानुभूति के अवसर
8. राजनीतिक स्थायित्व के अवसर
9. स्वास्थ्यानुकूल अवसर
10. महत्वाकांक्षा एवं प्रोत्साहन के वांछित अवसर

2. प्रत्याकर्षक कारक (Push Factors): इन्हें 'धकेलने वाले कारक' भी कहते हैं। एक ऐसा वातावरण जो लोगों को अपने निवास स्थल (मूल) पर निराश करे। यह निराशा परिस्थितिजन्य एवं दीर्घकालिक यथार्थ से जुड़ी दोनों हो सकती है, तो वहाँ के लोगों को बाह्य क्षेत्रों की ओर पलायन करना एक विवशता हो जाती है। पलायन के लिए विवशता पैदा करने वाले कारक ही प्रत्याकर्षक कारक या धकेलने वाले कारक कहलाते हैं। ये निम्नलिखित परिस्थितियों में जन्म लेते हैं–

1. निम्न जीवन स्तर
2. रोजगार की न्यून सम्भावनाएँ
3. निर्धनता एवं निराशा
4. स्वास्थ्य सेवाओं में कमी
5. सुरक्षा का अभाव, आपसी कलह
6. न्याय में निष्पक्षता की कमी

7. आधुनिक शिक्षा का अभाव
8. प्राकृतिक प्रकोपों का आवागमन
9. परम्परागत संस्कृतियों का प्रभाव
10. हतोत्साहन एवं सामाजिक असंतुलन

विभिन्न आकर्षक एवं प्रत्याकर्षक कारकों के अतिरिक्त भूगोल वेत्ताओं ने प्रवास को प्रभावित करने वाले सामान्य कारकों का भी जिक्र किया है, जो किसी न किसी रूप में उपर्युक्त कारकों से संयुक्त हैं। अध्ययन की सुविधा के लिए इन्हें निम्नलिखित 5 प्रकारों में व्याख्यायित कर सकते हैं–

1. नैसर्गिक कारक (Natural Factors)
2. आर्थिक कारक (Economical Factors)
3. सामाजिक एवं सांस्कृतिक कारक (Social & Cultural Factors)
4. राजनीतिक कारक (Political Factors)
5. जनसांख्यिकी कारक (Demographic Factors)

1. नैसर्गिक कारक (Natural Factors): जलवायु, भूआकृति, मृदा एवं जल की पर्याप्तता प्रवास को प्रभावित करने वाले प्रमुख कारक हैं। प्राकृतिक आपदाओं को भी इनके अंतर्गत शामिल करना ठीक होगा। जहाँ पर उत्तम जलवायु का प्रभाव होता है प्रवास पाया जाता है, उस क्षेत्र के लिए प्रवास की प्राकृतिक प्रक्रिया आरंभ हो जाती है, जैसाकि पूर्व के वर्षों में होता आया है। आज राजस्थान के मरूस्थल में कम और गोआ जैसे छोटे नगर केन्द्र की ओर प्रवास अधिक है। यह मूलतया जलवायु की परिस्थिति के कारण है। समतल मैदानी भागों में भी प्रवास तीव्रोन्मुख होता है। जैसे नागालैण्ड सहित पूर्वोत्तर के अधिकांश लोगों का प्रवास दिल्ली के लिए हुआ है। चूँकि ऐसे क्षेत्रों में मानव जीवन के अनुकूल सुविधाओं का वर्चस्व होता है इसलिए यह सम्भव होता है। उर्वर मैदानी प्रदेशों यथा पंजाब और हरियाणा के वे क्षेत्र जो सर्वाधिक उर्वर हैं, में गरीब जनसंख्या दैनिक मजदूरी करने के लिए उन्मुख होती है जहाँ पर जल (पेयजल एवं कृषि हेतु) की पर्याप्तता सुनिश्चित होती है वह स्थल जनसंख्या को अनुकूल जीवन परिस्थितियाँ प्रदान करता है और वहाँ के लिए प्रवास बढ़ता है। उत्तर प्रदेश में जनसंख्या का सर्वाधिक होना सिर्फ इसलिए सम्भव नहीं हुआ कि वहाँ पहले से ही अधिक जनसंख्या विद्यमान थी बल्कि इसलिए भी कि उसके विभिन्न महानगरों-कवाल (Kanpur, Agra, Varanasi, Allahabad, Lucknow) में बाह्य राज्यों की ओर से प्रवास भी हुए हैं। प्राकृतिक आपदाएँ यथा-भूकम्प, भूस्खलन, महामारियाँ, बाढ़, सूखा आदि भी प्रवास के लिए जिम्मेदार होते हैं। रविवार, 26 दिसम्बर 2004 की सुबह आयी सुनामी ने अण्डमान निकोबार द्वीप

समूह एवं तमिलनाडु के दक्षिणी भागों के लोगों को प्रवास के लिए मजबूर किया था।

2. आर्थिक कारक (Economical Factors): अधिकाधिक रोजगार की सुविधा प्रदान करने वाले केन्द्र प्रवास को बढ़ावा देते हैं। चूँकि गाँवों में बेरोजगारी है, ग्रामीणों को अब आभास होने लगा है कि खेती में कुछ रखा नहीं है अत: उनमें से अधिकांश (विशेषकर युवा) नगरों की ओर पलायन कर रहे हैं। अल्पायु में विवाह और शीघ्र सन्तानोत्पत्ति फिर पारिवारिक बोझ इसके लिए प्राय: जिम्मेदार हैं। औद्योगिक नगरों यथा-कोलकाता, मुम्बई, दिल्ली, चेन्नई, जमशेदपुर, लुधियाना, अहमदाबाद आदि में अलग-अलग से लोग रोजगार की तलाश में खिंचते चले आते हैं।

3. सामाजिक व सांस्कृतिक कारक (Social & Cultural Factors): प्रत्येक व्यक्ति जीवनमें सामाजिक एवं सांस्कृतिक समरसता चाहता है। लोग अपने समाज में अपनी पहचान बनाये रखना चाहते हैं तथा अपने पारिवारिक संस्कारों के परिपालन हेतु तत्पर रहते हैं। जब कभी उनकी इस भावना को कहीं से ठेस पहुँचती है तो उसकी चरम परिणति भयानक होती है। कभी-कभी देखा जाता है कि लोग पलायन तक कर जाते हैं। धार्मिक श्रद्धा एवं रूचि लोगों को धार्मिक स्थल की ओर आकर्षित करती है। हिन्दू, मुस्लिम, सिक्ख आदि धर्म समूह के लोग अपने-अपने वार्षिकोत्सव या धार्मिक उत्सवों पर एक स्थान से दूसरे स्थान को बड़ी संख्या में पलायन करते हैं। उच्च एवं तकनीकी शिक्षा की प्राप्ति के लिए अब छात्र एक स्थान से दूसरे स्थान के लिए आवागमन करने लगे हैं। दिल्ली में सिविल सर्विसेज एवं अन्य उच्च शिक्षाओं के लिए देश के भिन्न-भिन्न राज्यों से छात्रों का प्रवास हो रहा है। खेलों के आयोजक स्थलों पर भी प्रवास होता है। भारत में क्रिकेट की बढ़ती लोकप्रियता के चलते अब इन मैचों की आवृत्ति बढ़ी है, क्योंकि प्राय: विश्व के सर्वाधिक दर्शक उस स्थल (खेल) पर भारत के होते हैं। इन सभी कारणों से प्रवास को बल मिलता है।

4. राजनीतिक कारक (Political Factors): देश के कुछ क्षेत्रों के विकास में अधिक राजनैतिक प्रोत्साहन दिया जाता है तथा कुछ में कम। प्राय: विकास-नीतियाँ राजनीतिक लाभ वाले क्षेत्रों को अधिक प्राप्त होती हैं फलस्वरूप क्षेत्रीय असंतुलन (Regional Imbalance) को बढ़ावा मिलता है। परिणाम स्वरूप अल्प विकास वाले क्षेत्रों से अधिक विकास वाले क्षेत्रों का और प्रवास बढ़ता जाता है। अलग-अलग राज्यों/क्षेत्रों में पारिश्रमिक भी अलग है। एक समान दर से पारिश्रमिक निर्धारण टेढ़ी खीर के समान है क्योंकि हम क्षेत्रीय भिन्नताओं एवं उनसे जुड़े पहलुओं को नकार नहीं सकते। अतैव अल्प पारिश्रमिक वाले क्षेत्रों से पर्याप्त पारिश्रमिक वाले क्षेत्रों के लिए जनसंख्या प्रवास बढ़ता है। यही बात शिक्षा,

स्वास्थ्य, यातायात, विद्युत, जल, आवास एवं अन्य आधारी सुविधाओं पर भी लागू होती है। कुछ क्षेत्रों में ये सुविधाएँ पर्याप्त हैं तथा कुछ में नाममात्र की ही।

5. जनसांख्यिकीय कारक (Demographic Factors): कुछ क्षेत्र/राज्य ऐसे हैं जहाँ पर अत्यधिक जनजमाव पाया जाता है जैसे उत्तर प्रदेश, बिहार, महाराष्ट्र, उड़ीसा एवं मध्य प्रदेश जबकि यहाँ पर पूर्ण जनसंख्या को सुविधाएँ प्रदान करने की परिस्थितियाँ कम हैं। अत: इन क्षेत्रों/राज्यों के ग्रामीण (विशेषकर) एवं नगरीय जनसंख्या का प्रवास कर जाना स्वाभाविक हो जाता है। इसके विपरीत पंजाब, गुजरात, तमिलनाडु आदि राज्यों से अपेक्षाकृत बहुत कम प्रवास होता है और यदि यह होता भी है तो अंतर्राष्ट्रीय (यथा पश्चिमी देशों एवं उत्तरी अमेरिकी देश) प्रवास के रूप में होता है। अतिशय जनसंख्या वृद्धि दर वाले क्षेत्रों से भी प्रर्याप्त प्रवास होते हैं।

इस प्रकार स्पष्ट हो जाता है कि भारत में विभिन्न कारकों के माध्यम से जनसंख्या प्रवास (आन्तरिक एवं अंतर्राष्ट्रीय) की गति तीव्रता की ओर उन्मुख है। यह वैश्वीकरण की चपेट में आने के बाद और अधिक तूल पकड़ा है।

प्रवास के प्रकार (Kinds of Migration)

आर.सी. चान्दना (2003) के अनुसार प्रवास का वर्गीकरण 2 प्रकार से किया जा सकता है, जो निम्नलिखित प्रतिमानों में प्रस्तुत है–

1. कारण, दूरी व समय के आधार पर प्रवास

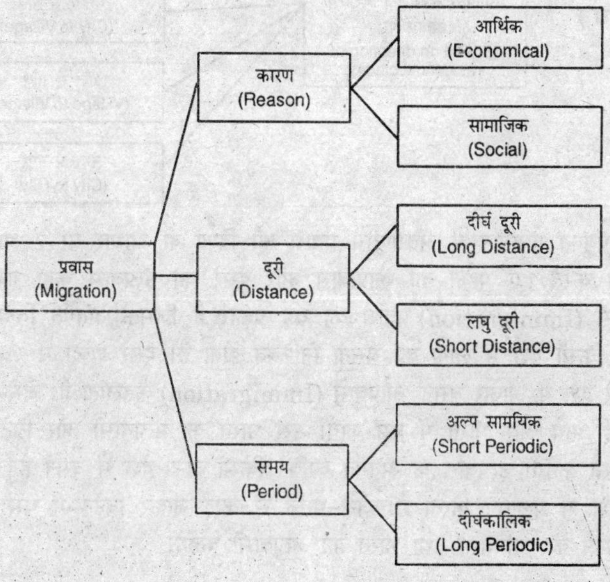

उपर्युक्त प्रतिमान में प्रवास का वर्गीकरण 3 कारकों-कारण, दूरी एवं समय के आधार पर किया गया है। इसका तत्पर्य यह है कि प्रवास को कारण, दूरी एवं समय के परिप्रेक्ष्य में देखा जाना चाहिए। इन तीनों कारकों के आधार पर पुन: प्रवास को 2-2 भागों में विभक्त किया गया है। प्रवास के कारण आर्थिक और सामाजिक दोनों हो सकते है। इसमें दूरी दीर्घ एवं लघु किसी भी प्रकार की हो सकती है तथा समय भी थोड़ा अथवा अधिक लग सकता है।

2. अंतर्राष्ट्रीय एवं आन्तरिक प्रवास

(अ)

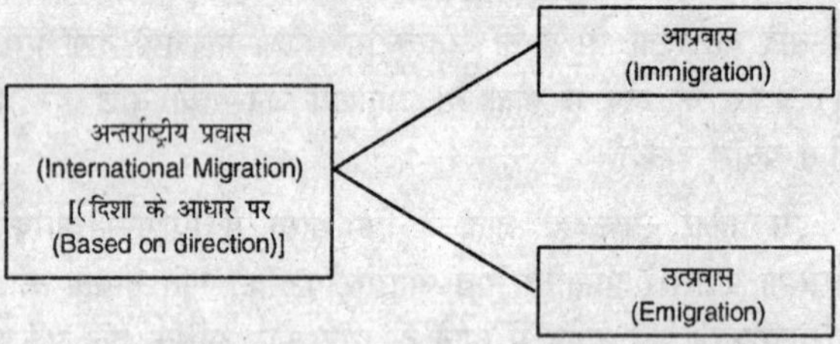

(ब)

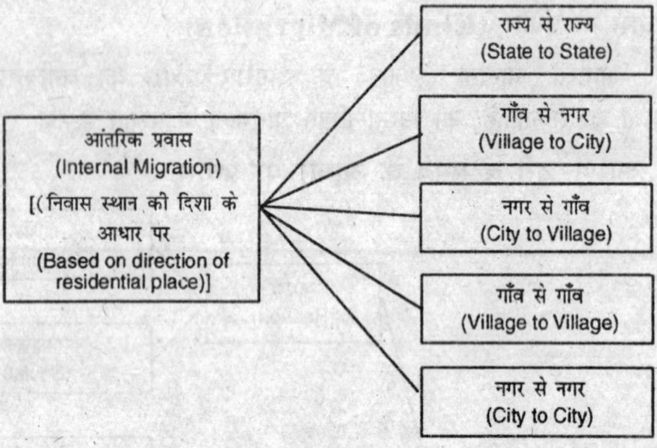

उपर्युक्त प्रतिमान में अंतर्राष्ट्रीय प्रवास को दिशा के आधार पर 2 भागों में विभक्त करते हुए पहले को आप्रावास और दूसरे को उत्प्रवास कहा गया है। आप्रवास (Immigration) प्रवास का वह प्रकार है जिसके अंतर्गत विदेशों से आकर किसी देश में लोगों का बसना निश्चित होता है। दूसरे शब्दों में एक देश से दूसरे देश में आकर बसना आप्रवास (Immigration) कहलाता है। जैसे-ब्रिटेन से कोई आये और भारत में बस जाये। उसे भारत का उत्प्रवासी और ब्रिटेन का आप्रवासी कहेंगे। उत्प्रवास के अंतर्गत व्यक्ति किसी अन्य देश में बसने हेतु अपने मूल देश से पलायन करता है। जैसे-भारत से कोई जाकर ब्रिटेन में बस जाये। उसे ब्रिटेन का उत्प्रवासी तथा भारत का आप्रवासी कहेंगे।

आन्तरिक प्रवास को निवास स्थान की दिशा के आधार पर 5 प्रकारों में विभक्त करेंगे (राज्य से राज्य को हमने इसमें संयुक्त कर दिया है)(1) राज्य से राज्य (2) गाँव से नगर (3) नगर से गाँव (4) गाँव से गाँव और (5) नगर से नगर।

इस प्रकार आन्तरिक प्रवास में दो राज्यों के मध्य होने वाले प्रवास को सबसे बड़ी प्रवास इकाई माना गया है। दूसरा प्रकार गाँव से नगर है, जिसका प्रचलन इस समय बहुत अधिक है। तीसरा नगर से गाँव, यह बहुत कम होता है, विशेषकर ग्रामीण क्षेत्रों में जब सांस्कृतिक/सामाजिक त्यौहार एवं पर्व पड़ते हैं तब तथा पूँजीजन्य कारणों से होता है। चतुर्थ गाँव से गाँव का प्रवास है यह भी प्रचलन में है। इस प्रवास में सर्वाधिक योगदान स्त्रियों का होता है, क्योंकि वे मायके से ससुराल और ससुराल से मायके की ओर प्राय: प्रवास किया करती हैं। दूसरे कृषकों एवं सामान्य व्यक्तियों का भी प्रवास होता रहता है। पंचम, नगर से नगर वाले प्रकार के अंतर्गत व्यापारिक दृष्टिकोण से प्रवास (अल्पकालिक) अधिक होता है। साथ ही साथ छोटे नगरों की अपेक्षा विशाल नगरों/महानगरों में पारिश्रमिक अधिक होने तथा रोजगार की अधिक सम्भावनाएँ होने के कारण यह सम्भव होता है।

जन्म स्थान के अनुसार प्रवास (Migration According to Birth-place)

जन्म स्थान से तात्पर्य व्यक्ति के प्रथम मूल निवास स्थान से है। इस प्रकार का प्रवास यहाँ सर्वाधिक है। 1991 एवं 2001 की जनगणना सार में इस तथ्य का खुलासा हुआ है कि यह लगातार तीव्र गति से बढ़ रहा है। सन् 2001 की जनगणना में जन्मस्थान पर से प्रवास करने वाले लोगों की कुल संख्या 30.7 करोड़ थी। यह प्रवास दीर्घकालिक एवं अल्पकालिक दोनों है। यह तत्कालीन कुल जनसंख्या का 29.8% है। 1991 में यह अपनी कुल जनसंख्या (83.84 करोड़) का 27.4% था। दोनों जनगणना वर्षों में इनमें 2.4% का अंतराल पाया गया। गौरतलब है कि 2001 की जनगणनानुसार इस वर्ष (2001) में पुरुषों की अपेक्षा महिलाओं का अपने जन्मस्थान से प्रवास 2.4 गुने अधिक पाया गया। इसका मूल कारण यह नहीं है कि स्त्रियाँ पुरुषों की अपेक्षा अधिक सैर सपाटा करने लगी बल्कि यह बढ़ोत्तरी उनका विवाह होने के पश्चात् अपने ससुराल जाने से हुई है। 2001 में यह प्रवास स्त्रियों एवं पुरुषों के प्रति क्रमश: 21.67 करोड़ और 9.04 करोड़ रहा। आँकड़ा प्रस्तुत है देखें।

इसके साथ ही साथ आँकड़े में अंतराजनपदीय, अंतर्जनपदीय, अंतर्राज्यीय एवं विभिन्न दिशाओं से होना वाले प्रवास का भी ब्यौरा दिया गया है। अन्तराजनपदीय जनसंख्या प्रवास जहाँ 1991 में 13.62 करोड़ व्यक्तियों द्वारा अपने जन्मस्थान से किया गया वहीं 2001 में यह बढ़कर 18.17 करोड़ व्यक्तियों द्वारा हुआ। इस वर्ग में 32.6% का अन्तर दोनों जनगणना वर्षो के मध्य मौजूद था। अंतराजनपदीय से

भारत : जन्मस्थान द्वारा प्रवास (करोड़) 1991 एवं 2001

प्रवास-रूप	जनगणना 2001 (जम्मू कश्मीर संयुक्त)	जनगणना 1991 (जम्मू कश्मीर रहित)	अन्तर (%) (1991-2001)
कुल जनसंख्या	102.86	83.85	21.5
कुल प्रवासी व्यक्ति	30.71	22.98	32.9
पुरुष	9.04	–	–
स्त्री	21.67	–	–
अन्तरा-जनपदीय	18.17	13.62	32.6
अन्तर्जनपदीय	7.68	5.91	29.5
अन्तर्राज्यीय	4.23	2.72	54.5
विभिन्न दिशाओं से होने वाला	0.61	0.69	-11.6

स्रोत: जनगणना 2001. (Geography & You, March-April, 2006 Page No. 6).

तात्पर्य जनपद सीमा के अंदर वाले क्षेत्रों से है। इसके उपरान्त अंतर्जनपदीय प्रवास में 1991 एवं 2001 में क्रमशः 5.91 एवं 7.68 करोड़ व्यक्ति शामिल थे और इसमें 29.5% का अंतर पाया गयां अन्तर्राज्यीय प्रवास के अंतर्गत 1991 में 2.72 करोड़ व्यक्ति शामिल थे जबकि 2001 में 4.23 करोड़ लोगों ने यह प्रवास किया। दोनों वर्षों में यह अंतराल 54.5% का रहा। विभिन्न दिशाओं से होने वाले प्रवास में व्यक्तियों की संख्या 1991 में 0.69 करोड़ व्यक्ति रही जबकि 2001 में घटकर यह मात्र 0.61 करोड़ या 61 लाख व्यक्ति ही रह गयी। हम कह सकते हैं कि अंतर्राज्यीय एवं अर्न्तजनपदीय प्रवासों की तुलना में अंतराजनपदीय प्रवास में अधिक गति पायी जाती है। इसका मूल कारण इसकी इकाई का छोटा होना है। जानना चाहिए कि कम दूरी के प्रवासों की आवृत्ति अधिक और अधिक दूरी के प्रवासों की आवृत्ति हमारे देश में कम पायी जाती है।

आयु के अनुसार प्रवास (Migration According to Age):

नवीनतम जनगणना 2001 में प्रवास के आयुवर्ग को 8 वर्गों में विभक्त करते हुए इन वर्गों के अंतर्गत प्रवास की संख्या का अलग-अलग अध्ययन किया गया है। इनका निर्धारण राज्य के अंदर और राज्य के बाहर दो दृष्किोणों से किया गया है। चलिए देखते हैं कि आँकड़ा क्या कहता है?

सन् 2001 में सर्वाधिक प्रवास 35–59 वर्ष आयु के लोगों द्वारा किया गया। राज्य के भीतर और राज्य के बाहर क्रमशः इनका प्रवास प्रतिशत 35.6 एवं 36.1 रहा। इसके बाद 25–34 आयु वर्ग के लोगों द्वारा यह सम्भव हुआ । इस वर्ग में

राज्य के अन्दर 23.2% एवं राज्य के बाहर 24.7% व्यक्तियों ने प्रवास किये।

भारत : आयु के आधार पर प्रवास प्रदर्शन-2001

आयु वर्ग	राज्य के भीतर (%)	राज्य के बाहर (%)
कुल आयु	100.0	100.0
0–4 वर्ष	3.5	3.2
5–9 वर्ष	4.3	4.2
10–14 वर्ष	5.0	4.8
15–24 वर्ष	17.4	18.5
25–34 वर्ष	23.2	24.7
35–59 वर्ष	35.6	36.1
60 वर्ष से अधिक	10.9	8.4
अगणित आयु	0.2	0.2

स्रोत: Table D-1, Appendix Census of India, 2001

तृतीय आयु वर्ग 15–24 वर्ष वाला रहा जिसके अंतर्गत लोगों ने अधिक प्रवास किये। यह दोनो परिस्थितियों में क्रमशः 17.4 एवं 18.5: रहा। कुल प्रवासियों में से 0.2% की गणना किसी भी आयुवर्ग में नहीं की जा सकी। 60 वर्ष से अधिक आयु वाले प्रवासियों की संख्या क्रमशः राज्य के भीतर एवं बाहर 10.9 एवं 8. 4% रही। 0–4, 5–9 व 10–14 तीन आयु वर्गों में कुल मिलाकर राज्यों के भीतर एवं बाहर क्रमशः 12.8 एवं 12.2 प्रतिशत प्रवासी चिन्हित किये गए जिनका अलग-अलग प्रतिशत क्रमानुसार 3.5 एवं 3.2 (0–4 वर्ष), 4.3 एवं 4.2 (5–9 वर्ष), 5.0 एवं 4.8 (10–14 वर्ष) रहा। चूँकि बच्चे कम प्रवास करते हैं इसलिए निचले आयु वर्गों में प्रवासी प्रतिशत कम है। सर्वाधिक प्रवास प्रौढ़ एवं युवा वर्ग करते हैं अतः इनकी प्रतिशतता अधिक है। किशोर एवं वृद्ध व्यक्ति भी अपेक्षाकृत कम प्रवास क्रिया पसंद करते हैं अतः इनका भी प्रतिशत कम ही है।

अंतर्राज्यीय प्रवास (Inter-State Migration)

भारत में सर्वाधिक अंतर्राज्यीय प्रवास दिल्ली केन्द्रशासित प्रदेश (राष्ट्रीय राजधानी प्रदेश) में होता है। यह यहाँ के 40.8% प्रवासियों द्वारा किया जाता है (2001)। यह भारत के कुल प्रवासियों का 11.6% है। इसके बाद हरियाणा का स्थान आता है जहाँ देश के कुल प्रवास का 6.1% किया जाता हैं और यह कुल हरियाणी जनसंख्या का 14.0% है। इसके बाद प्रदेश के कुल प्रवासियों के प्रतिशत के अनुसार पंजाब (8.

7%), महाराष्ट्र (8.2%) एवं पश्चिम बंगाल (7.0%) का स्थान आता है। देश के कुल प्रवासियों की संख्या के अनुसार महाराष्ट्र (16.4%), दिल्ली (11.6%), पश्चिम बंगाल (11.5%) क्रमशः प्रथम, द्वितीय एवं तृतीय स्थान पर हैं। उत्तर प्रदेश(6.1%) का इस लिहाज से चतुर्थ स्थान है। महाराष्ट्र, दिल्ली और पश्चिम बंगाल में सर्वाधिक प्रवास होने का कारण इनमें वृहन्नगरों का स्थापित होना है साथ ही साथ आर्थिक गतिवधियों की तीव्रता होना है अन्य राज्यों में भी प्रवास स्थिति का जायजा लेने के लिए निम्नांकित आँकड़े का अध्ययन करें–

भारत : अंतर्राज्यीय प्रवास (जन्मस्थान से) : 2001

क्रमांक	प्रमुख राज्य/केन्द्र शासित प्रदेश	कुल प्रवासियों का अंश	कुल जनसंख्या में प्रवासियों का प्रतिशत
	भारत	100.0	4.7
1.	महाराष्ट्र	16.4	8.2
2.	दिल्ली	11.6	40.8
3.	पश्चिम बंगाल	11.5	07.8
4.	उत्तर प्रदेश	06.1	01.8
5.	हरियाणा	06.1	14.0
6.	गुजरात	05.4	05.1
7.	मध्य प्रदेश	04.8	03.8
8.	कर्नाटक	04.4	04.1
9.	पंजाब	04.4	8.7
10.	राजस्थान	03.8	3.3
11.	झारखण्ड	03.7	6.7
12.	बिहार	03.7	2.2
13.	आंध्र प्रदेश	02.2	1.4
14.	छत्तीसगढ़	02.1	4.9
	शेष अन्य	13.8	3.4

स्रोत: Table D-1, Census of India, 2001.

यह भी स्पष्ट हो जाता है कि भारत की कुल जनसंख्या का मात्र 4.7% भाग ही प्रवासी है। इसकी तुलना में दिल्ली का प्रवासी प्रतिशत लगभग 9 गुना अधिक है जबकि हरियाणा पंजाब, महाराष्ट्र और झारखण्ड का क्रमशः स्थान आता है। कुल प्रवासियों के प्रतिशतांश में मात्र 5 राज्यों/केन्द्रशासित प्रदेश (ऊपर से) महाराष्ट्र, दिल्ली, पश्चिम बंगाल, उत्तर प्रदेश एवं हरियाणा का संयुक्त योगदान आधे से अधिक (51.7%) है। हरियाणा और उत्तर प्रदेश का अंश (6.1% प्रत्येक) बराबर है। इनके अतिरिक्त सभी प्रमुख राज्यों में गुजरात, मध्य प्रदेश, कर्नाटक, पंजाब,

राजस्थान, झारखण्ड, बिहार, आंध्र प्रदेश, छत्तीसगढ़ राज्यों का अंशदान है। शेष अन्य राज्यों का सम्पूर्ण प्रवासी समूह में 13.8% का योगदान है।

अंतर्राष्ट्रीय प्रवास (International Migration):

भारत में अंतर्राष्ट्रीय प्रवास जोरों पर है। संयुक्त राष्ट्र संघ के विश्व आर्थिक एवं सामाजिक सर्वेक्षण (अंतर्राष्ट्रीय प्रवास) 2004 के अनुसार सन् 1960 में विश्व के प्रवासियों का भारत में योगदान संयुक्त राज्य अमेरिका के बाद सर्वाधिक 12.4% था। यह संयुक्त राज्य से मात्र 0.4 ही कम था किन्तु सन् 2000 में आकर यह 6वाँ स्थान प्राप्त करते हुए 3.6% मात्र रह गया। ऐसा अन्य देशों के तीव्र आर्थिक विकास के कारण हुआ। रूसी संघ, जर्मनी, यूक्रेन एवं फ्रांस आदि देशों में भारत से अधिक प्रवास हुए। सन् 2000 में विश्व के 10 शीर्ष देशों में भारत में हुए प्रवास की तुलना निम्नलिखित आँकड़े की सहायता से करना श्रेयष्कर होगा–

अंतर्राष्ट्रीय प्रवासियों का नेतृत्व करने वाले प्रमुख 10 देशों में भारत की तुलना–2000

क्रमांक	देश का नाम	प्रवासियों का संग्रह (लाख)	विश्व के प्रवासियों के संग्रह का प्रतिशत
	विश्व	1,749	100
1.	संयुक्त राज्य अमेरिका	350	20.0
2.	रूसी संघ	137	7.6
3.	जर्मनी	73	4.2
4.	यूक्रेन	69	4.0
5.	फ्रांस	63	3.6
6.	भारत	63	3.6
7.	कनाडा	58	3.3
8.	सऊदी अरब	53	3.0
9.	आस्ट्रेलिया	47	2.7
10	पाकिस्तान	42	2.4

स्रोत: United Nations, Trends in the Total Migrant Stock : The 2003 Revision (Pop/DB/MIG/Rev. 2003). By World Economic & Social Survey, 2004 (International Migration).

उपर्युक्त 10 देश मिलकर कुल विश्व प्रवासियों के संग्रह का 54.4% का नेतृत्व करते हैं। इन देशों की सूची में भारत का छठवाँ स्थान है, जो कि 63 लाख प्रवासियों के साथ विश्व प्रवासियों के संग्रह का 3.6% भाग नेतृत्व करता है। सर्वाधिक प्रवासी नेतृत्व करने वाला देश संयुक्त राज्य अमेरिका है जो 20% को अधिग्रहीत करता है भारत की अपेक्षा यह साढ़े पाँच गुने अधिक है। अमेरिका में इतना अधिक प्रवास उसकी अहुआयामी आर्थिक/शैक्षिक/सामाजिक/तकनीकी/राजनीतिक गतिविधियों के कारण है। वैश्विक परिदृश्य में अब भारत की

भी अलग पहचान बन रही है। आशा है कि आगे के वर्षों में यह अधिक प्रवासियों का नेतृत्व कर सकेगा। रूसी संघ के राष्ट्रों में प्रवासियों की तुलना में भारत में प्रवासियों की संख्या उसकी आधी से थोड़ा कम है। जर्मनी, यूक्रेन में प्रवासियों की संख्या भारत की तुलना में आंशिक रूप से अधिक है जबकि फ्रांस और भारत में प्रवासियों के नेतृत्व को लेकर मात्रात्मक समानता (प्रत्येक 3.6%) है। इन 10 राष्ट्रों की क्रमबद्ध सूची में कनाडा, सऊदी अरब, आस्ट्रेलिया और पाकिस्तान भारत से पीछे हैं। कनाडा का स्थान भारत के बाद (3.3% के साथ) आता है। सऊदी अरब (3.0%), आस्ट्रेलिया (2.7%), एवं पाकिस्तान (2.4%) भारत व कनाडा के बाद इस सूची में क्रमशः आठवें, नवें एवं दसवें स्थान पर हैं। इन सभी राष्ट्र की कुल संचयी प्रतिशतता (54.4%) को यदि 100 प्रतिशत मान लिया जाय तो भारत का शेयर इसमें 6.06% होगा।

बाह्य प्रवास (Out Migration):

वर्तमान में भारत वैश्वीकरण (Globalisation) की नीतियों पर पूर्ण अमल कर रहा है, फस्वरूप विश्व के विभिन्न राष्ट्रों के मध्य इसके सामाजिक/सांस्कृतिक/व्यापारिक/आर्थिक/राजनीतिक एवं सामरिक सम्बन्ध बने हैं। इन कारणों से वैश्विक प्रवास की भी गतिशीलता बढ़ी है। संयुक्त राष्ट्र संघ के सर्वेक्षण के अनुसार सन् 2000-2010 के वर्षों में भारत विश्व का ऐसा चतुर्थ देश होगा, जहाँ से सर्वाधिक लोग विदेशों की ओर पलायन करेंगे। 2010-20 एवं 2040-50 के वर्षों में क्रमशः यह तीसरे स्थान पर पहुँचे जायेगा। विश्व के प्रमुख पाँच बाह्य प्रवास वाले देशों में भारत की सम्भावित स्थिति क्या होगी? इसका परीक्षण करता निम्नांकित आरेख आपके लिए प्रस्तुत है–

बाह्य प्रवास करने वाले प्रमुख देशों में भारत की स्थिति (सम्भावित)

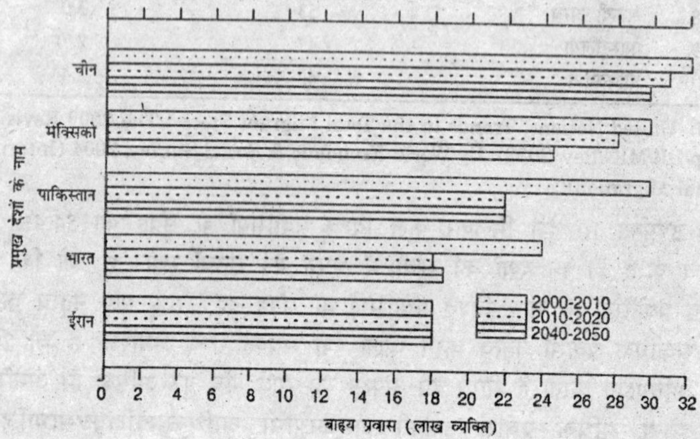

स्रोत: Based on World Economic & Social Survey (Internation Migration) 2004 p. 134.

सन् 2000-2010 के वर्षों में चीन, मेक्सिको और पाकिस्तान के उपरान्त भारत लगभग 23 लाख व्यक्तियों का बाह्य प्रवास करेगा। ईरान की स्थिति भारत के बाद आयेगी। भारत सन् 2010-2020 के वर्षों में तीसरी स्थिति बनाता हुआ 2040-50 के वर्षों में भी इसी स्थान पर दृढ़ रहेगा, ऐसी सम्भावनाएँ व्यक्त की जा रही हैं। आश्चर्य की बात है कि अग्रिम दशकों में संख्या की दृष्टि से घटोत्तरी एवं स्थान की उपलब्धि की दृष्टि से बढ़ोत्तरी होगी, ऐसा माना जा रहा है। वस्तुतः ऐसा देश के स्वयं आत्मनिर्भर होते जाने से संभव होगा, क्योंकि तब तक देश की आर्थिक स्थिति में काफी सुधार आ चुका होगा और बाह्य प्रवासियों की संख्या थमेगी। 2010-2020 एवं 2040-2050 के वर्षों में भारत के बाद नये देश के रूप में फिलीपींस एवं इण्डोनेशिया जुड़ जायंगे।

विश्व के प्रमुख देशों में भारत के प्रवासी (Indian Migrants in the Major Countries of the World)

यों तो, भारत के लोगों का विश्व के देशों, विशेषकर दक्षिणी पूर्वी एशिया, पश्चिमी एशिया मध्येशिया, दक्षिणी अमेरिका, दक्षिणी पूर्वी अफ्रीका, एवं आस्ट्रेलियाई देशों से पुराने व्यापारिक आर्थिक सम्बन्ध रहे हैं, किन्तु विगत कुछ वर्षों में खासतौर पर आजादी के बाद उत्तरी अमेरिकीय और यूरोपीय देशों के मध्य तथा पूर्व में गिनाए गये राष्ट्रों के मध्य अधिक गर्मजोशी से आर्थिक रिश्ते बने हैं। आज भारत विश्व के सभी प्रमुख देशों से आर्थिक आदान-प्रदान कर रहा है, फलस्वरूप प्रवास की प्रवृत्ति को बल मिला है। फरवरी, 2005 में प्रकाशित क्रानिकल सिविल सर्विसेज़, भूगोल पत्रिका के 122 वें पृष्ठ पर प्रवासी भारतीयों की संख्या का उद्घाटन किया गया है। इनमें से चयनित 10 देशों कीसूची में सर्वाधिक भारतीय म्यांमार (निकटवर्ती दक्षिण पूर्वी सीमावर्ती देश) में 29.02 लाख पये गए। दूसरा स्थान संयुक्त राज्य अमेरिका का रहा जहाँ पर 16.78 लाख भारतीय प्रवासी विराजमान हैं। आइये, अन्य देशों में भी इन प्रवासियों की संख्या की जानकारी ले। प्रस्तुत है अग्रिम आरेख–

म्यांमार और संयुक्त राज्य अमेरिका के बाद सबसे अधिक प्रवासी भारतीयों वाला देश मलेशिया है जहाँ 16 लाख 65 हजार प्रवासी मौजूद हैं। इस्लामिक राष्ट्रों में सऊदी अरब में सर्वाधिक भारतीय प्रवासी हैं, इनमें मुख्यतः भारतीय मुसलमान हैं। पश्चिम के देशों में ब्रिटेन में 12 लाख भारतीय रह रहे हैं। संयुक्त राज्य अमेरिका की अपेक्षा यह संख्या लगभग 1/4 कम है। अफ्रीका महाद्वीप में द. अफ्रीका में सर्वाधिक 10 लाख भारतीय प्रवासी हैं। संयुक्त अरब अमीरात (United Arab Emirates or U.A.E.) में 9.5 लाख भारतीय हैं जबकि कनाडा (उत्तरी अमेरिका) में इनकी संख्या 8.51 लाख है। मारीशस भी एक अफ्रीकी

प्रमुख देशों में प्रवासी भारतीयों की संख्या–2004

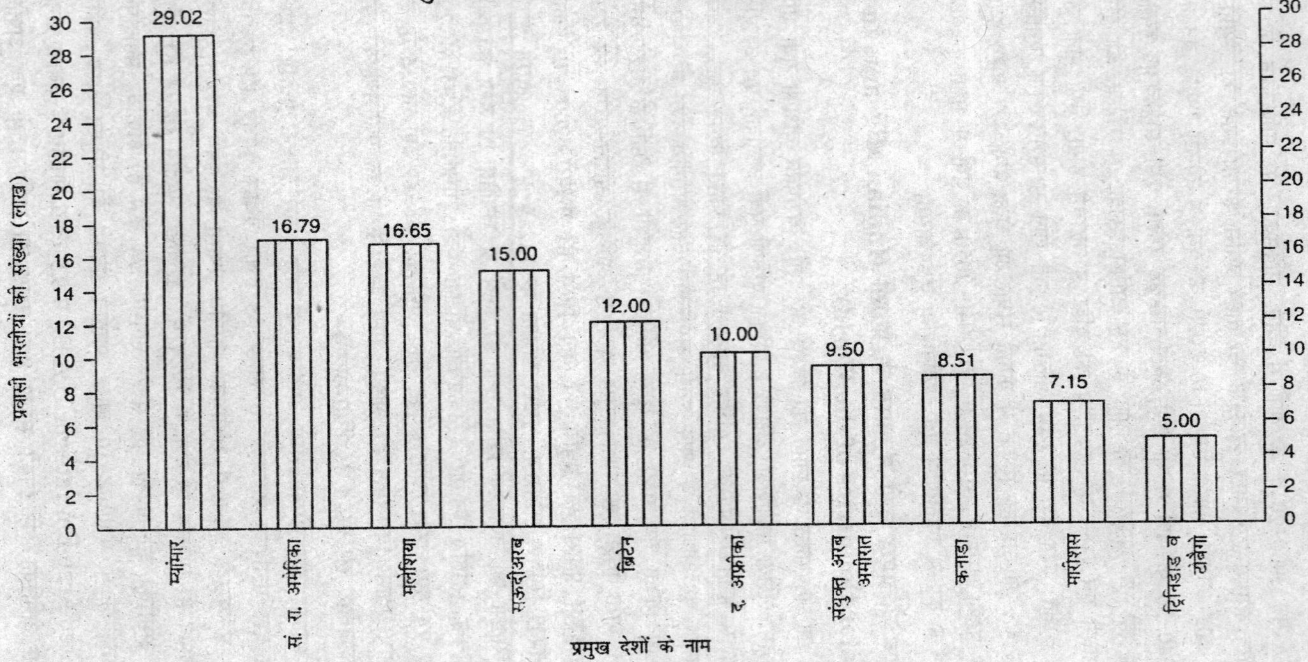

स्रोत: क्रानिकल सिविल सर्विसेज, फरवरी 2005, पृष्ठ संख्या 122 पर आधारित।

राष्ट्र है जो कि द्वीपीय देश है यहाँ 7.16 लाख लोग भारतीय मूल के हैं। मारीशस की कुल जनसंख्या मात्र 12.34 लाख है जिसमें 58% आबादी भारतीय मूल की है। यही कारण है कि यहाँ की सरकारें प्राय: भारतीय मूल के लोगों के चाहने पर ही प्राय: बनती हैं तथा यहाँ के प्रधानमंत्री प्राय: भारतीय प्रवासी ही हुआ करते हैं ट्रिनिडाड व टोबैगो एक उत्तरी अमेरिकी देश है जहाँ पर पाँच लाख से अधिक भारतीय प्रवास करते हैं।

इनके अतिरिक्त गुयाना, सूरीनाम, हालैण्ड, कुवैत, बहरीन, कतर, यमन, कीनिया, ओमान, सिंगापुर, फिजी, आस्ट्रेलिया एवं न्यूजीलैण्ड में भी भारतीय प्रवासियों की संख्या बड़े पैमाने पर मौजूद है।

भारत में विदेशी पर्यटक : एक अल्पकालिक प्रवासी (Foreign Visitors in India : A Short Periodic Migration)

अपनी बहुगुणी विविधता हेतु विश्व प्रसिद्ध भारत विदेशियों को हमेशा से ही आकृष्ट करता रहा है यहाँ की ऐतिहासिक सांस्कृतिक/भौगोलिक विविधता का दर्शन करने के लिए प्रतिवर्ष कई लाख विदेशी पर्यटक आते हैं। हाल के वर्षों में सर्वाधिक पर्यटक यूनाइटेड किंगडम (ब्रिटन, आयरलैण्ड एवं आइसलैण्ड का संयुक्त भाग) से आये और इसके अतिरिक्त संयुक्त राज्य अमेरिका, श्रीलंका, कनाडा, फ्रांस तथा विश्व के अन्य देशों से भी इनका आना-जाना लगा रहा। इनके आवागमन से सबसे बड़ा आर्थिक लाभ विदेशी पूँजी की प्राप्ति का होता है। इसके अतिरिक्त आपसी अंतर्राष्ट्रीय भावनात्मक लगाव तथा भारत के प्रति प्रेम की भावना विकसित होती है। 'दि यूरोप वर्ल्ड यीयर बुक-2006 में प्रकाशित पृष्ठ नं. 2144 पर भारत में विदेशियों के प्रवास (पर्यटन) की सूची दी गई है, जिसके आधार पर निम्नांकित आरेख प्रस्तुत है देखें–

सन् 2004 में आये सर्वाधिक पर्यटक प्रवासियों की संख्या संयुक्त राज्य अमेरिकीय लोगों की थी। यह संख्या कुल आये प्रवासियों की लगभग 4% थी। यूनाइटेड किंगडम के प्रवासियों में की संख्या इसकी अपेक्षा मात्र 8,946 व्यक्ति अधिक थी। अर्थात् संयुक्त राज्य अमेरिका एवं यूनाइटेड किंगडम का संयुक्त प्रतिशत कुल पर्यटकों का 27.54% रहा। इस वर्ष 1/4 से अधिक प्रवासी पर्यटक इन्हीं दोनों राष्ट्रों से आये। इसके बाद श्रीलंकाई, फ्रांसीसी एवं कनाडाई पर्यटकों का स्थान क्रमश: तृतीय चतुर्थ एवं पंचम रहा तथा इस वर्ष इनकी संख्या भी क्रमश: 1.30 लाख, 1.29 लाख एवं 1.18 लाख व्यक्ति रही। जर्मन और जापानी इसके बाद लगभग समान संख्या में आये। दक्षिणी पूर्वी एशिया का मलेशिया देश एक ऐसा देश साबित हुआ जहाँ से 0.71 लाख व्यक्ति आये। आस्ट्रेलिया एवं इटली का स्थान इसके बाद रहा।

मूल देशों से भारत आये विदेशी पर्यटक (2004)

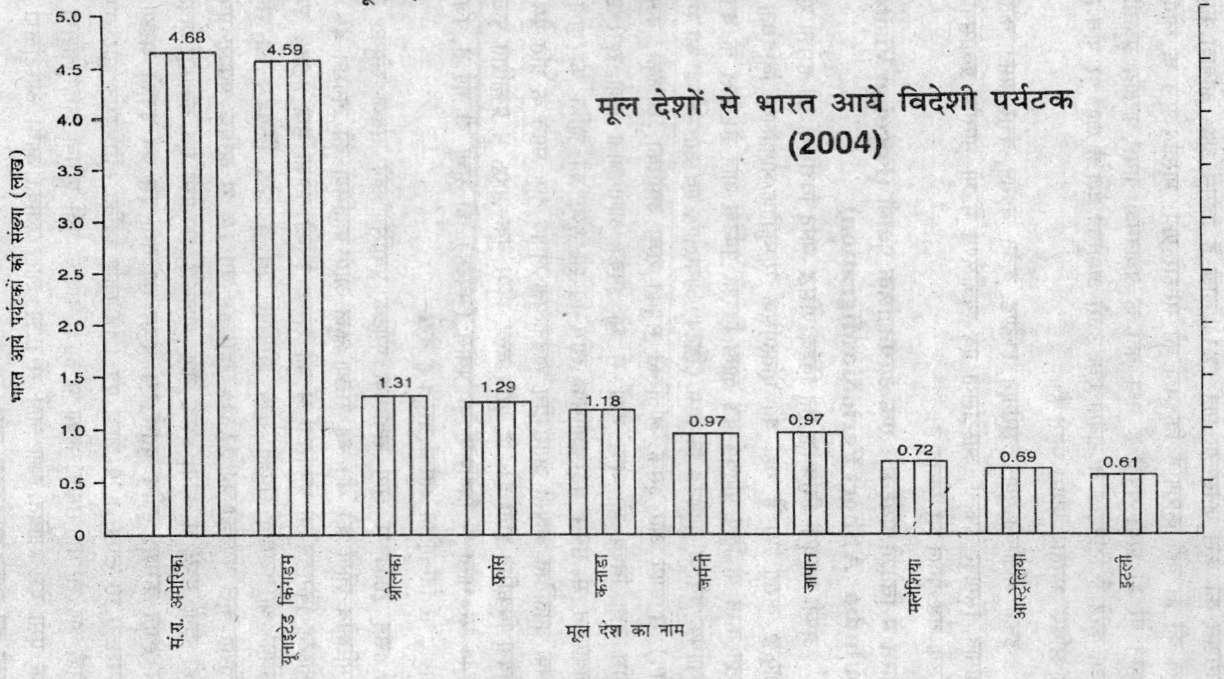

स्रोत: Based on The Europa World Year Book, 2006 Volume I, Part 1 Page No. 2144.

जाहिर है कि वर्तमान में विदेशी पर्यटकों का आवागमन भारत के लिए अधिक हो रहा है सन् 2005 एवं 2006 में जनवरी से लेकर अप्रैल माह तक की इनकी संख्या बढ़ी है। 2006 के चालू वर्ष के इन चार महीनों में विदेशी पर्यटकों की संख्या में 2005 की इसी अवधि की तुलना में 14.4% की वृद्धि दर्ज की गई है इस अवधि में कुल 16,05,774 विदेशी पर्यटकों का आगमन भारत में हुआ (स्त्रोत: हिन्दुस्तान दैनिक, नई दिल्ली संस्करण, मंगलवार, 9 मई, 2006)।

इस प्रकार स्पष्ट है कि विदेशी पर्यटकों/प्रवासियों की संख्या में लगातार इजाफा हो रहा है। भविष्य में इसके और अधिक बढ़ते जाने की सम्भावना पायी जाती है क्योंकि भारत वैश्वीकरण की मूल धारा से जुड़ चुका है और यह विश्व बन्धुत्व का मौलिक प्रतीक भी है।

देश के परिप्रेक्ष्य में अंतर्राष्ट्रीय प्रवास के सकारात्मक व नकारात्मक पहलू (Positive & Negative Aspects of International Migration in the Reference of Country)

देश तीव्र गति से प्रगति मार्ग पर अग्रसर है। भारत का वर्तमान वैश्विक स्वरूप अंतर्राष्ट्रीय प्रभाव छोड़ रहा है। नयी रोजगार नीतियों में संयुक्त राज्य अमेरिका एवं यूनाइटेड किंगडम जैसे शीर्ष विकसित राष्ट्र भारतीय प्रतिभाओं के लिए द्वारों को और अधिक खोल दिये हैं, अर्थात् वीजा नियमों में सरलता के साथ-साथ रोजगार प्रतिशतांश में वृद्धि कर दी गई है। देश के अधिकांश प्रतिष्ठित शैक्षणिक प्रतिष्ठानों/संस्थानों से कैम्पस बुकिंग जारी है। भारतीय इंजीनियरों, प्रोफेसरों, चिकित्सकों एवं अन्य सेवाकारों का एक बड़ा काफिला प्रतिवर्ष अंतर्राष्ट्रीय प्रवास करता हुआ रोजगारों से संयुक्त हो जाता है। चूँकि 'इण्डियन' अपनी ईमानदारी एवं कर्तव्यपरायणता के लिए वैश्विक स्तर पर जाने जाते हैं, इसलिए यह राह और अधिक आसान हो जाती है। फलस्वरूप देश को बड़ी मात्रा में विदेशी पूँजी की प्राप्ति होती है तथा देश उन्नति के मार्ग प्राप्त करता है। वर्तमान में इसका सर्वाधिक सुप्रभाव विनिवेश (Foreign Investment) पर पड़ा है। आप्रवासी भारतीय इस मामले में गहरी रूचि लेने लगे हैं और देश से इतनी अधिक नजदीकी बढ़ी है कि यथाशीघ्र सरकार इन्हें नागरिकता देने जा रही है। दूसरे, अंतर्राष्ट्रीय प्रवास से सांस्कृतिक एवं सामाजिक लगाव बढ़ता है तथा इससे राष्ट्र की वैश्विक छवि उभरती है।

नकारात्मक पहलू तो यह है कि प्रतिभा पलायन (Brain Drain) के चलते हम अपने बेहतरीन मानव संसाधनों को गँवा बैठते हैं। क्रीम निकल जाती है और दूध देश में रह जाता है। क्रीम का तात्पर्य यहाँ अति प्रतिभाशील मानव संसाधन से है। सरकार का अधिकांश धन जो इन पर अध्ययनार्थ/अनुसंधानार्थ लगा होता है

उसका प्रत्यक्ष लाभ हमें नहीं मिला पाता, अत: सरकारी धन का दुरूपयोग सा हो जाता है तथा दूसरे यह सच्चाई भी उभरती है कि देश में सामाजिक/आर्थिक विषमता का उद्भवन होता है। विदेशगमन किया हुआ व्यक्ति अपने घर अधिकांश मात्रा में मुद्रा-प्रेषण करता है फस्वरूप उसका अपना परिवार तो धनाढ्य होता जाता है किन्तु उसी समाज के लोगों में निम्न आर्थिक विकासजनित कुण्ठा पैदा होने लगती है। एक तथ्य यह भी कि देश की मूल संस्कृति पर कुठाराघाती प्रभाव बढ़ने लगैते है, क्योंकि भारतीय विदेशी लोग अक्सर वहीं की संस्कृति को पसंद करने लगते हैं तथा उसकी छाप समाज पर भी प्रत्यक्ष अथवा अप्रत्यक्ष रूप में छोड़ते हैं।

अति उपयोगी प्रश्न शृंखला

1. 'विजन 2020' पुस्तक के लेखक कौन हैं?
   (अ) अटल बिहारी वाजपेई (ब) डॉ. जाकिर हुसेन
   (स) डा. ए.पी.जे. अब्दुल कलाम (द) जसवंत सिंह
2. प्रवास का प्रत्याकर्षक कारक (Push Factor) इनमें से कौन नहीं है?
   (अ) निर्धनता (ब) बेरोजगारी (स) असुरक्षा (द) उत्तम शिक्षा व्यवस्था
3. सुनामी 2004 किस दिनांक को आयी थी, जिसके चलते लाखों लोग मारे गये थे और अधिकांश को प्रवास हेतु विवश होना पड़ा था?
   (अ) 15 अगस्त (ब) 26 दिसम्बर (स) 26 जनवरी (द) 26 अगस्त
4. प्रवास के वर्गीकरण में निम्न में से किसे आधार नहीं माना जाता है?
   (अ) कारण (ब) दूरी (स) धरातल (द) समय
5. भारत से यदि कोई व्यक्ति विदेश के लिए प्रवास कर जाता है, तो उसे भारत का क्या कहेंगे?
   (अ) उत्प्रवासी (ब) आप्रवासी (स) दोनों (द) कोई नहीं
6. भारत में जन्म स्थान से प्रवास करने के मामले में महिलाएँ आगे रहीं। इनकी संख्या पुरुषों की अपेक्षा 2001 में कितने गुने अधिक थी?
   (अ) 2 गुना (ब) 2.4 गुना (स) 5 गुना (द) 10 गुना
7. जन्म स्थान से प्रवास के मामले में प्रवास के किस वर्ग का सर्वाधिक योगदान है?
   (अ) अंतरा जनपदीय (ब) अंतर्जनपदीय
   (स) अंतर्राज्यीय (द) विभिन्न दिशाओं से होने वाला प्रवास
8. देश में किस आयु वर्ग में अधिक प्रवास किया जाता है?
   (अ) 10–14 (ब) 15–24 (स) 35–59 (द) 60 वर्ष से अधिक
9. 2001 की जनगणना में कुल प्रवासियों में सर्वाधिक अंश किस राज्य का रहा है?
   (अ) दिल्ली (ब) महाराष्ट्र (स) उत्तर प्रदेश (द) म. प्र.

10. सन् 2000 में संयुक्त राष्ट्र संघ के आँकड़ों के अनुसार विश्व प्रवासियों के संग्रह का कितना अंश भारत को मिला था?

(अ) 3.6% (ब) 9.8% (स) 12.5% (द) 15.4%

11. बाह्य प्रवास (Out Migration) के मामले में भारत का इस समय विश्व में कौन सा स्थान है?

(अ) प्रथम (ब) द्वितीय (स) तृतीय (द) चतुर्थ

12. प्रवासी भारतीयों की सर्वाधिक संख्या किस देश में है?

(अ) चीन (ब) म्यांमार

(स) संयुक्त राज्य अमेरिका (द) जर्मनी

13. किस अफ्रीकी देश में कुल निवासियों की संख्या में भारतीयों की संख्या अधिक है?

(अ) नाइजीरिया (ब) जिम्बाब्वे (स) मारीशस (द) चेक गणराज्य

14. ट्रिनिडाड व टोबेगो देश, जहाँ भारतीय प्रवासियों की संख्या पाँच लाख से अधिक है, किस महाद्वीप में स्थिति है?

(अ) आस्ट्रेलिया (ब) उत्तरी अमेरिका

(स) दक्षिणी अमेरिका (द) अफ्रीका

15. किस खाड़ी (पश्चिमी एशिया) देश में भारतीय प्रवासियों की संख्या सर्वाधिक है?

(अ) कुवैत (ब) सऊदी अरब (स) इराक (द) ईरान

16. ब्रिटेन और संयुक्त राज्य अमेरिका में भारतीयों के प्रवास के संदर्भ में निम्नलिखित में से कौन सा कथन सत्य है?

(अ) इनकी संख्या बढ़ रही है (ब) इनकी संख्या घट रही है

(स) इनकी संख्या स्थिर है (द) कहा नहीं जा सकता

17. 2004 में भारत में आने वाले पर्यटकों में सबसे अधिक संख्या किस देश के मूल निवासियों की रही।

(अ) संयुक्त राज्य अमेरिका (ब) ब्रिटेन

(स) श्रीलंका (द) फ्रांस

18. किस देश से भारत पर्यटन के लिए लोग कम आते हैं?

(अ) जापान (ब) पाकिस्तान (स) मलेशिया (द) फ्रांस

19. नागरिकता के सम्बन्ध में 'व्हाइट पालिसी' का कट्टर पक्षधर कौन सा राष्ट्र है?

(अ) संयुक्त राज्य अमेरिका (ब) आस्ट्रेलिया

(स) इटली (द) ब्रिटेन

20. भारत में प्रवास का मूल कारण है?

(अ) आर्थिक (ब) सांस्कृतिक (स) सामाजिक (द) राजनीतिक

21. जन्म स्थान से अधिक प्रवास करने में महिलाएँ आगे हैं क्यों? इसका क्या कारण है?

(अ) घुमन्तू प्रवृत्ति (ब) सामाजिक स्वतंत्रता

(स) विवाह (द) रोजगार

22. शहरों में प्राकृतिक वृद्धि अतिशय न होने के बावजूद भी जनसंख्या वृद्धि का मूल कारण क्या है?

(अ) उच्च जन्मदर (ब) उच्च चिकित्सा व्यवस्था

(स) प्रवास (द) शिक्षा

23. प्रवास से नगरों में उपजी सबसे भयंकर समस्या क्या है?

(अ) शिक्षा समस्या (ब) चिकित्सा समस्या

(स) मलिन बस्तियों का विस्तार (द) यातायात की समस्या

24. नगर से ग्रामीण प्रवास कम और ग्राम से नगरीय प्रवास अधिक का सबसे बड़ा कारण क्या है?

(अ) गाँवों में गरीबी (ब) गाँवों में यातायात की समस्या

(स) गाँवों में सामाजिक असंतुलन (द) गाँवों में विद्युत समस्या

25. विदेशी प्रवास से उपजी सबसे बड़ी समस्या क्या है?

(अ) प्रतिभा पलायन (ब) जनसंख्या की कमी

(स) सामाजिक अवनयन (द) असुरक्षा

उत्तरदायी सूची

1. स	2. द	3. ब	4. स	5. ब
6. ब	7. अ	8. स	9. ब	10. अ
11. द	12. ब	13. स	14. ब	15. ब
16. अ	17. अ	18. ब	19. ब	20. अ
21. स	22. स	23. स	24. अ	25. अ

5

भारत : जनसंख्या संघटन
(INDIA : POPULATION COMPOSITION)

प्रस्तावना (Introduction)

जनसंख्या भूगोल का अध्ययन जनसंख्या संघटन (Population Composition) के अध्ययन के बिना मात्र आंशिक है। वास्तव में जनसंख्या की नैसर्गिक, सामाजिक, सांस्कृतिक तथा आर्थिक विशेषताएँ जनसंख्या संघटन के नाम से जानी जाती है। इस अध्याय के अंतर्गत जनसंख्या के आयु संघटन (Age Composition), लिंग संघटन (Sex Composition) तथा आर्थिक संघटन (Economic Composition) का अध्ययन किया जायेगा।

जनसांख्यिकीय अध्ययन में आयु संघटन का विशेष महत्व होता है। विभिन्न भौगोलिक क्षेत्रों में आयु संघटन की भिन्न-भिन्न परिस्थितियाँ विद्यमान होती हैं। जन्मदर, मृत्युदर, जीवन सम्भाव्यता एवं प्राकृतिक वृद्धि दर जैसे जनसांख्यिकीय कारक भिन्न-भिन्न आयु वर्गों को जन्म देते हैं। भारत के परिप्रेक्ष्य में आयुवर्गों का विभाजन तीन रूपों में किया जाता है। प्रथम वर्ग में जन्म से लेकर 14 वर्ष तक की अवस्था को स्थान दिया जाता है तथा द्वितीय में 15 वर्ष से लेकर 59 वर्षों तक के व्यक्तियों को समाहित किया जाता है। तीसरे वर्ग में हम 60 वर्ष के ऊपर उम्र वाले व्यक्तियों की संख्या को संयुक्त करते हैं। सर्वाधिक जनसंख्या 15 से 59 वर्षों के मध्य वाले अर्थात् द्वितीय आयुवर्ग में अंकित होती है तथा सबसे कम जनसंख्या 60 वर्ष के ऊपर वाले समूह में एवं मध्यम अंकों में प्रथम आयु वर्ग के अंतर्गत जनसंख्या का परिकलन पाया जाता है।

दूसरे, लिंग संघटन के अंतर्गत स्त्रियों एवं पुरुषों के अनुपात अर्थात् यौन या लिंग अनुपात के साथ-साथ उनकी अलग-अलग जनसंख्या का अध्ययन किया जाता है। लिंग अनुपात का समान होना एक आदर्श जनसांख्यिकी परिवेश प्रस्तुत करता है। इसके असंतुलन की दशा में विभिन्न प्रकार की जनसांख्यिकीय/सामाजिक/सांस्कृतिक एवं आर्थिक गतिविधियों को प्रत्यक्ष एवं परोक्ष रूप से व्यापक नुकशान

उठाना पड़ता है। भारत में यौन-अनुपात के असंतुलन की बिडम्बना व्याप्त है। राज्य एवं जनपद स्तर पर इसे और भयानक रूप में देखा जा सकता है।

तीसरे, आर्थिक संघटन के अंतर्गत जनसंख्या के विभिन्न आर्थिक क्रियाकलापों का अध्ययन किया जाता है। विशेषकर उन समस्त क्रियाकलापों में विभिन्न दृष्टिकोण से जनसंख्या की सहभागिता का अध्ययन समाहित होता है। श्रमशक्ति के अतिरिक्त जनसंख्या के सुखमय एवं नारकीय जीवन को बढ़ावा देने वाले आर्थिक चक्रों के कुछ विशेष प्रभावी पहलुओं का भी राष्ट्र के संदर्भ में अध्ययन करना लाजिमी होता है।

(अ) आयु संघटन (Age Composition)

आयु वर्गगत जनसंख्या (Population by Age Group)

भारत में आयुवर्गों के अंतर्गत अब तक जो भी लक्षण पाये गए हैं उनसे सुस्पष्ट हो जाता है कि आगामी वर्षों में जनसंख्या बढ़ते जाने की पूरी उम्मीद है। चूँकि आयुमूलक वर्गों में प्रथम के 2 वर्ग 0–14 एवं 15–59 के मध्य सर्वाधिक जनसंख्या पायी गई अतः 0–14 वाले वर्ग की जनसंख्या आगे चलकर 15–59 में प्रविष्ट होगी और प्रजनक आयु प्राप्त करती हुई जनसंख्या वृद्धि के लिए उत्तरदायी होगी। उधर द्वितीय वर्ग की कुछ जनसंख्या तृतीय वर्ग में प्रवेश करेगी। किन्तु इस वर्ग की भी अधिकांश जनसंख्या प्रजनक आयु में होने के नाते तीव्र जन्मदर को पोषित करेगी। हालाँकि इस प्रभाव के कुछ लाभप्रद परिणाम भी होंगे। मसलन यह युवा आबादी जो कि सर्वाधिक संख्या में है और होगी धनार्जक होगी और देश में आश्रित जनसंख्या का भार अधिक नहीं होगा। ज्ञात हो कि वर्तमान वर्षों में चीन जैसा विशाल अर्थव्यवस्था वाला देश अपनी प्रौढ़ एवं वृद्ध आबादी की अतिशयता से परेशान है, जबकि भारत आश्रितता से अपेक्षाकृत कम परेशान है। किन्तु हमें इसे लेकर जश्न मनाने की जरूरत नहीं है, क्योंकि चीन की ही राह पर हम भी बढ़ रहे हैं। आज नहीं कल सही, किन्तु भारत भी अतिशय वृद्ध जनसंख्या वाला देश आगामी 2-3 दशकों में बनने जा रहा है।

1921 से लेकर 2001 तक की जनगणनाओं में आयुवर्ग के अनुसार जनसंख्या को 3 वर्गों में विभक्त करते हुए अब तक की प्रवृत्तियों पर दृष्टिपात कर सकते हैं। निम्नवत आरेख दर्शनीय है–

आँकड़े के विश्लेषण से ज्ञात होता है कि प्रत्येक आयुवर्ग में जनगणना वर्षों के परिप्रेक्ष्य में उतार-चढ़ाव लगा रहा है। प्रथम आयु वर्ग वाले समूह में विगत 80 वर्षों के मध्य सबसे अधिक जनसंख्या प्रतिशत 1971 में 42.02% पाया गया जबकि सबसे कम पाया गया 1991 (36.00%) में। ऐसा जनसंख्या वृद्धि दर में तीव्रगति से कमी आने तथा 1991 की जनसंख्या वर्ग का अगले वर्ग (द्वितीय

भारत : आयु वर्ग जनसंख्या : 1921-2001

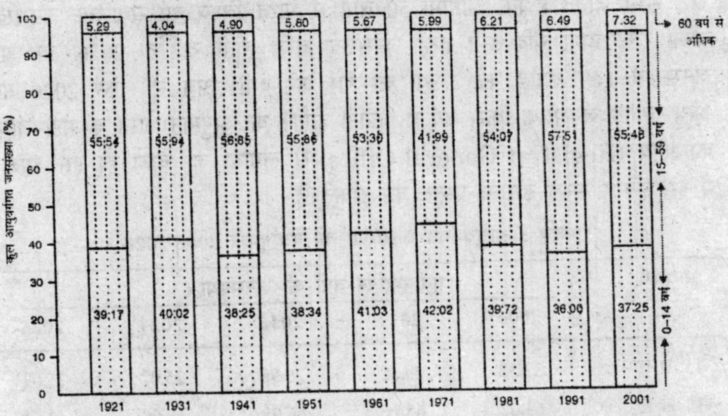

स्रोतः भारत की जनगणना-2001 पर आधारित।

वर्ग) में प्रवेश के कारण संभव हुआ। बाकी वर्षों में भी उतार-चढ़ाव होता रहा किन्तु स्थिति इनकी अपेक्षा सामान्य बनी रही।

द्वितीय वर्ग (15–59 वर्ष) में सर्वाधिक जनसंख्या प्रतिशत 1991 में दर्ज किया गया जो उपर्युक्त कथन को प्रमाणित करता है। इसके विपरीत सबसे कम प्रतिशतता 1991 में आँकी गई जो कि 0–14 वर्षों के मध्य इसी वर्ष में सर्वाधिक थी।

तृतीय वर्ग अर्थात 60 साल से ऊपर वाले लोगों के आयुवर्ग में सबसे अधिक जनसंख्या प्रतिशत सन् 2001 में अंकित किया गया। यह प्रतिशत 7.32 रहा। सबसे कम प्रतिशत इस आयुवर्ग में 1931 में मात्र 4.03 अंकित किया गया था, जो कि 2001 की अपेक्षा लगभग आधा ही था। आश्चर्यजनक है कि शुरू के दोनों वर्गों की अपेक्षा वृद्ध आबादी वाले वर्ग में तीव्र सकारात्मक (Positive) वृद्धि दर्ज हुई है, जो कि इंगित करता है कि आगामी वर्षों में यहाँ वृद्धों की संख्या में तेजी से इजाफा होगा। 2001 के आँकड़े से यह तथ्य उभरकर सामने आता है कि भारत में अपेक्षाकृत अन्य देशों के, अधिक पराश्रित अनुपात पाया जाता है। ज्ञात होना चाहिए कि 15 वर्ष से लेकर 60 वर्ष तक का आयु वर्ग क्रियाशील या कर्मकर कहा जाता है। इसके अतिरिक्त दोनों वर्ग (प्रथम एवं तृतीय) पराश्रित या निष्क्रिय कहे जाते हैं। विकसित राष्ट्रों यथा संयुक्त राज्य अमेरिका, जापान, ब्रिटेन आदि में क्रियाशील जनसंख्या का प्रतिशत लगभग 70 है, जो कि भारत की 56% क्रियाशील जनसंख्या को यह इंगित करता है कि यहाँ पर पराश्रितों का प्रतिशत (44%) अधिक है।

सभी जानते हैं कि आगामी 50 वर्षों में भारत विश्व का सर्वाधिक जनसंख्या वाला राष्ट्र होगा यदि इसी तरह जनसंख्या वृद्धि होती रही तो 2026 तक यहाँ जनसंख्या 140 करोड़ की संख्या को पार कर देगी। अब से लेकर 2026 तक आयु वर्गगत जनसंख्या किस वर्ग में कितनी होगी? का अनुमान भारत के महापंजीयन कार्यालय (Registrat General Office) से लगाया जा चुका है। इसे आँकड़े में इस प्रकार सरल ढंग से प्रस्तुत कर सकते हैं–

भारत : आयुवर्गगत जनसंख्या का पूर्वानुमान 2006-2026

आयुवर्ग	पूर्वानुमानित वर्षों की जनसंख्या (%)				
	2006	2011	2016	2021	2026
15 से कम	32.32	29.32	26.90	25.02	25.02
15 से 65	63.02	65.16	66.98	68.00	68.53
65 से अधिक	04.66	05.52	06.12	06.98	08.22
योग	100.00	100.00	100.00	100.00	100.00

स्रोत: भारत के महापंजीयक का कार्यालय (आर्थिक सर्वेक्षण 2005-06 पृष्ठ 215)।

प्रस्तुत आँकड़े में आयुवर्ग में आंशिक परिवर्तन किया गया है। ऐसा अध्ययन की सुविधानुसार है। आँकड़े कहते हैं कि आगामी वर्षों में कुल जनसंख्या में से 65 वर्ष से अधिक वाले वृद्धों की प्रतिशत बढ़ता जायेगा। चूँकि प्रौढ़ आबादी आगे चलकर वृद्धावस्था को प्राप्त करेगी, अतैव यह सम्भव होगा। इसके विपरीत बालक-बालिकाओं की संख्या में सतत् कमी अंकित की जाने की सम्भावना पायी जा रही है यह वृद्धिदर (वर्तमान में 7.93% प्रतिवर्ष) के लगातार कम होते जाने तथा इस समूह की संख्या के अग्रिम समूह में शामिल होते जाने से संभव होगा। ज्ञात हो कि 1991 की जनगणना में वार्षिक वृद्धि दर 2% से अधिक थी जो इसके पूर्व के जनगणना वर्षों क्रमश: 1971 एवं 1981 में 2.22% एवं 2.20% रही थी। कहने का तात्पर्य यह कि जनसंख्या की वृद्धिदर कम होती जा रही है, फलस्वरूप बालक बालिकाओं की संख्या में उपर्युक्त वर्षों की अपेक्षा कमी तो आयेगी ही।

इसके अलावा 15–64 वर्षावधि की आयु वाले लोगों की संख्या में भारी वृद्धि होती जायेगी। जहाँ 2006 में इस वर्ग के अधीन 63.02% आबादी का पूर्वानुमान है वहीं यह 2011, 2016, 2021 एवं 2026 के वर्षों में क्रमश: 65. 16, 66.98, 68.00, 68.53 प्रतिशत होते जाने की सम्भावना व्यक्त की गई है।

विभिन्न धार्मिक समूहों में बच्चों की जनसंख्या (Children's Population in Various Religious Communities)

सन् 2001 की जनगणना में 0–6 वर्ष तक के शिशुओं का सभी धर्म समूहों

में संयुक्त औसत प्रतिशत 75.9 पाया गया किंतु इसमें पर्याप्त (राज्यवार एवं धार्मिक समूहवार) भिन्नता देखने को मिली। एक कुशल जनसंख्या भूगोलवेत्ता को इस तथ्य की अनदेखी नहीं करनी चाहिए। देश में जहाँ हिन्दू शिशुओं का प्रतिशत 15.6 पाया गया वहीं मुस्लिमों का 18.7। इसके अतिरिक्त इसाई 13.5%, सिक्ख 12.8%, बौद्ध 14.4%, जैनी 10.6% एवं अन्य धार्मिक समूहों का प्रतिशत 18.0 रहा। इनमें सर्वाधिक प्रतिशत मुस्लिम शिशुओं का और सबसे कम जैनियों के शिशुओं का पाया गया। जाहिर है कि मुस्लिम समुदाय में जनसंख्या वृद्धि की दर 1991–2001 के दशकों में असमायोजित एवं समयोजित आँकड़ों में क्रमश: 36.0 एवं 29.3% पायी गयी, जो कि अन्य धार्मिक समूहों की वृद्धि दर की अपेक्षा सर्वाधिक है।

2001 में भारत के राज्यों एवं केन्द्रशासित प्रदेशों में इन धार्मिक समूहों में शिशु वर्ग (0–6 वर्ष) के अंतर्गत पायी जाने वाली जनसंख्या का प्रतिशत निम्नलिखित आँकड़े में प्रस्तुत है–

भारत : विभिन्न धार्मिक समूहों की कुल जनसंख्या में बच्चों (0—6 वर्ष) की जनसंख्या–2001

राज्य/केन्द्रशासित प्रदेश	कुल धार्मिक समूह	हिन्दू (%)	मुस्लिम (%)	इसाई (%)	सिक्ख (%)	बौद्ध (%)	जैन (%)	अन्य (%)
1	2	3	4	5	6	7	8	9
भारत	15.9	15.6	18.7	13.5	12.8	14.4	10.6	18.0
जम्मू एवं कश्मीर	14.6	13.3	15.4	11.6	10.6	11.7	10.9	15.5
हिमाचल प्रदेश	13.0	13.0	16.2	12.8	12.1	10.6	10.5	13.2
पंजाब	13.0	13.2	16.3	16.1	12.8	13.8	10.2	13.5
चण्डीगढ़	12.8	13.4	17.1	12.1	09.1	07.7	10.0	09.7
उत्तरांचल	16.0	15.4	21.2	17.7	14.8	09.1	09.8	14.7
हरियाणा	15.8	15.4	24.5	12.4	13.0	16.2	11.3	11.7
दिल्ली	14.6	14.3	18.5	11.4	10.8	13.5	11.3	10.1
राजस्थान	18.8	18.8	21.0	14.6	15.1	18.2	10.7	15.9
उत्तर प्रदेश	19.0	18.6	20.9	14.6	14.1	19.9	11.9	17.0
बिहार	20.2	19.9	22.0	14.8	14.2	19.4	11.0	20.3
सिक्किम	14.5	14.6	13.2	14.6	02.0	14.4	11.5	15.0
अरुणाचल प्रदेश	18.8	17.1	18.8	20.5	07.6	19.8	15.7	19.1
नागालैण्ड	14.6	12.7	19.2	14.6	08.3	11.9	11.7	12.8
मणिपुर	14.2	13.2	19.8	14.0	08.5	18.4	10.1	14.8

1	2	3	4	5	6	7	8	9
मिजोरम	16.2	09.2	10.1	16.1	09.8	20.9	16.8	15.8
त्रिपुरा	13.6	13.0	18.6	15.7	04.5	17.9	11.9	12.1
मेघालय	20.2	14.2	21.2	21.1	12.3	14.4	13.5	21.5
असम	16.9	14.5	21.8	17.6	09.9	14.3	10.5	15.5
पश्चिम बंगाल	14.9	12.7	18.7	13.4	10.1	10.6	09.6	15.4
झारखण्ड	18.4	17.9	21.2	16.2	11.1	18.8	11.1	19.0
उड़ीसा	14.6	14.4	16.5	17.8	10.8	13.3	10.8	17.8
छत्तीसगढ़	17.1	17.2	15.5	15.3	12.3	13.4	11.7	19.0
मध्य प्रदेश	17.9	18.0	17.9	13.3	12.9	14.5	11.3	18.1
गुजरात	14.9	14.9	15.8	12.8	12.7	17.3	09.2	12.7
दमन एवं दीव	13.0	13.2	12.3	09.8	11.8	13.5	10.8	08.7
दादरा व नगर हवेली	18.2	18.3	16.1	19.3	11.4	18.6	13.8	13.3
महाराष्ट्र	14.1	14.0	16.2	10.3	11.6	14.1	10.1	13.1
आंध्र प्रदेश	13.3	13.2	14.9	12.3	12.4	16.2	11.3	13.8
कर्नाटक	13.6	13.3	16.1	11.1	11.9	15.3	12.0	13.8
गोआ	10.8	10.9	15.2	09.6	10.0	12.0	11.5	11.9
लक्षद्वीप	15.0	03.5	15.5	03.1	–	–	–	–
केरल	11.9	10.8	15.0	11.2	10.0	12.7	09.7	15.9
तमिलनाडु	11.6	11.5	12.9	11.2	10.4	12.0	10.8	11.1
पाण्डिचेरी	12.0	12.0	13.1	11.0	08.3	05.05	11.6	12.0
अण्डमान व निकोबार द्वीप समूह	12.6	12.7	11.3	12.7	12.4	05.9	13.0	15.1

स्रोतः भारत की जनगणना, 2001 (धार्मिक आँकड़ों का प्रथम प्रतिवेदन, सारांश)।

ज्ञात हुआ कि उत्तरांचल, उत्तर प्रदेश, बिहार, राजस्थान, अरुणाचल प्रदेश, मिजोरम, मेघालय, असम, झारखण्ड, छत्तीसढ़, मध्य प्रदेश एवं दादरा एवं नगर हवेली ऐसे राज्य/केन्द्रशासित प्रदेश हैं, जहाँ राष्ट्रीय औसत से अधिक (सभी धार्मिक समूह-वार) शिशु (%) पाये गये बिहार और मेघालय में यह प्रतिशत (दोनों में 20.2 एवं 20.2%) सर्वाधिक पाया गया। इसके विपरीत केरल व तमिलनाडु में यह सबसे कम क्रमशः 11.9 एवं 11.6 ही पाया गया।

हिन्दू शिशुओं का सर्वाधिक प्रतिशत बिहार, राजस्थान, उत्तर प्रदेश, मध्य प्रदेश एवं झारखण्ड में तथा सबसे कम लक्षद्वीप, मिजोरम, केरल आदि राज्यों में प्राप्त किया गया। मुस्लिम शिशु प्रतिशत की बहुलता हरियाणा, बिहार, उत्तरांचल,

असम मेघालय, झारखण्ड एवं राजस्थानों में तथा अल्पता अण्डमान निकोबार द्वीप समूह, मिजोरम, सिक्किम आदि में दिखी। इसी प्रकार मेघालय, अरुणाचल प्रदेश, दादरा व नगर हवेली तथा असम राज्यों/केन्द्रशासित प्रदेशों में इसाईयों का प्रतिशत (शिशु) सर्वाधिक एवं लक्षद्वीप, दमन एवं दीव तथा गोआ में सबसे कम पाया गया। सिक्खों की शिशु प्रतिशतता सर्वाधिक राजस्थान, बिहार, उत्तर प्रदेश एवं बिहार में तथा सबसे कम सिक्किम, पाण्डिचेरी तथा पूर्वोत्तर भारत में रही।

बौद्ध धर्मावलम्बियों के शिशुओं का सबसे अधिक प्रतिशत उत्तर प्रदेश एवं बिहार में तथा सबसे कम पाण्डिचेरी एवं अण्डमान निकोबार द्वीप समूह जैसे केन्द्रशासित प्रदेश सहित छत्तीसगढ़ तथा उत्तरांचल राज्यों में रही। इनके अतिरिक्त जैनी शिशुओं की सर्वाधिक प्रतिशत रही मिजोरम व अरुणाचल प्रदेश में तथा सबसे कम गुजरात एवं केरल में। लक्षद्वीप में ये नहीं पाये गए।

अन्य धर्म समूहों की प्रतिशतता में बिहार अव्वल रहा बजाय इसके राजस्थान, छत्तीसगढ़, मध्य प्रदेश, अरुणाचल प्रदेश आदि राज्यों का स्थान आता है। सबसे कम इसका प्रतिशत दमन एवं दीव तथा चण्डीगढ़ जैसे केन्द्रशासित प्रदेशों के साथ-साथ तमिलनाडु एवं हरियाणा राज्यों में रहा।

इस प्रकार स्पष्ट हो जाता हैं कि शिशु-आयुवर्ग में प्रदेश/राज्यगत पर्याप्त विविधताएँ विद्यमान हैं तथा भिन्न-भिन्न धार्मिक समुदायों में भी यह विविधता स्पष्टतया झलकती है।

जीवन प्रत्याशा या सम्भाव्यता या औसत आयु (Life Expectancy of Possibility or Average Age)

साधारण अर्थों में जीवन प्रत्याशा या सम्भाव्यता से आशय है औसत आयु। आर.पी. चतुर्वेदी (भौगोलिक शब्दकोष, 2003) के शब्दों में "जीवन सारणी की गणना के आधार पर व्यक्ति की जिंदा रहने की अपेक्षित वर्षों की औसत संख्या का इसके अंतर्गत भविष्यकथन किया जाता है।" हमें ज्ञात होना चाहिए कि पुरुषों की अपेक्षा महिलाओं की जीवन प्रत्याशा अधिक पायी जाती है। इस तथ्य पर अनेक वैज्ञानिक/भौगोलिक अनुसंधान हो चुके हैं। एक अनुसंधान में यह बात भी कही गयी है कि जिस महिला के अधिक बच्चे होते हैं, उसकी आयु लम्बी होती है। यह आश्चर्य जनक अवश्य लगेगा, किन्तु यदि हम आस-पास में ऐसे उदाहरण ढूँढ़े तो शायद यह सत्य के अधिक में सत्य समकक्ष है। यह अनुभव के तौर पर भी सत्य प्रतीत होता है। किन्तु इसका आशय यह नहीं कि जीवन की लम्बी अवधि पाने हेतु अधिक संतानोत्पत्ति की जाय। जीवन संभावना को संवर्द्धित करने हेतु हमें चिकित्सा एवं स्वास्थ्य सम्बन्धी विभिन्न सुविधाओं के साथ-साथ जन्मदर एवं मृत्युदर पर भी नियंत्रण करने की परमावश्यकता है। जापान जैसे तीव्र जनसंख्या

वृद्धि (जो कभी थी) वाले राष्ट्र ने जन्मदर एवं मृत्युदर पर अपेक्षाकृत नियंत्रण पाकर जीवन सम्भाव्यता को 80 वर्ष तक कर लिया है, यह एक आश्चर्यजनक परिणाम है। स्वीडन (79 वर्ष), स्विट्जरलैण्ड (78 वर्ष), संयुक्त राज्य अमेरिकां (77 वर्ष), ब्रिटेन (76 वर्ष) सिंगापुर (75 वर्ष) आदि देशों में जीवन सम्भाव्यता बहुत अधिक है (विश्व विकास प्रतिवेदन)। वैसे, भारत ने भी प्रत्याशित आयु में जबरदस्त सुधार किया है। जहाँ 1901 की जनगणना में यह मात्र 23 वर्ष के आसपास थी वहीं 2001 की जनगणना में यह लगभग तीन गुना वृद्धि करते हुए हो गयी 62 वर्ष। वर्तमान (2006-07) में अनुमानतः यह 65 वर्ष के आसपास है। जीवन प्रत्याशा में वृद्धि भारत की अर्थव्यवस्था को चार चाँद लगा सकती है किन्तु इसके लिए हमें तकनीकी रूप से संसाधनों के संसाधन अर्थात् मानव संसाधन का बेहतर ढंग से सदुपयोग करना होगा। देश की वर्तमान प्रत्याशित आयु (औसत आयु) भले ही विकसित राष्ट्रों की अपेक्षा कम है, किन्तु जब इसकी तुलना हम दक्षिणी एशिया के अन्य राष्ट्रों से करते हैं (जो कि हमारे समीपस्थ हैं) तो हम राहत की साँस लेते हैं। आइये देखते हैं कि पड़ोसी राष्ट्रों के मध्य भारत की इस दृष्टिकोण से क्या स्थिति है? आरेख प्रस्तुत है–

प्रमुख दक्षिणेशियाई देशों की जीवन प्रत्याशा व भारत की स्थिति 2000-2005

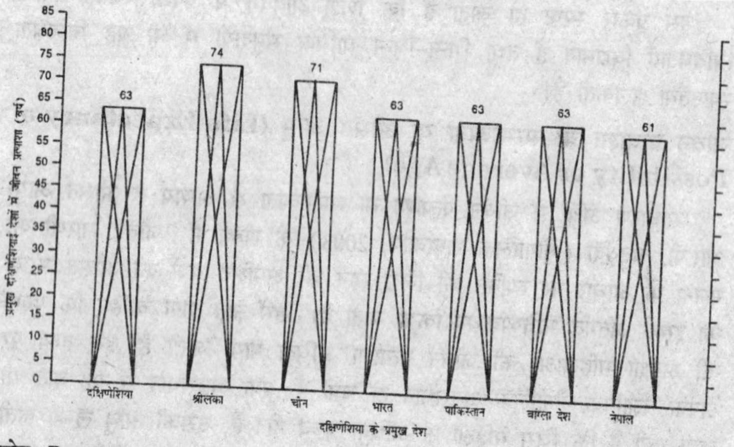

स्रोत: Based on United Nation Development Programme, H.D.R. 2005.

यू.एन.डी.पी. के मानव विकास प्रतिवेदन 2005 के अनुसार सम्पूर्ण दक्षिणेशिया की प्रत्याशा (जीवन) उतनी है जितनी कि भारत की। नेपाल की जीवन प्रत्याशा मात्र 61 वर्ष है जो कि भारत से 2 वर्ष कम है। इसके अतिरिक्त भारत की जीवन प्रत्याशा की बराबरी करने वाले राष्ट्र हैं पाकिस्तान एत्रं बांग्लादेश। चीन

और श्रीलंका क्रमशः 71 एवं 74 वर्ष की जीवन प्रत्याशा के साथ भारत से क्रमशः 8 एवं 11 वर्ष से अधिक आयु रखते हैं। वैसे वर्तमान वर्षों में इन देशों की प्रत्याशा में वृद्धि हुई है। भारत की वर्तमान जीवन प्रत्याशा 65 वर्ष आँकी जा रही है।

इसके राज्यों में जीवन प्रत्याशा को लेकर विषमता है। जहाँ पर मृत्युदर अधिक है और जन्मदर-मृत्युदर में संतुलन नहीं है प्रायः वहीं प्रत्याशा अल्प पायी जाती है। इसके अतिरिक्त जहाँ बेहतर स्वास्थ्य सुविधाएँ एवं जनसांख्यिकी में अपेक्षाकृत संतुलन है वहाँ यह बढ़ी हुई दिखती है। जैसे-केरल में यह 71 वर्ष (2001) है। आइये जानकारी लेते हैं कुछ प्रमुख भारतीय राज्यों में जीवन प्रत्याशा की। आरेख दर्शनीय है–

देश के प्रमुख राज्यों में जीवन प्रत्याशा (1998-2000)

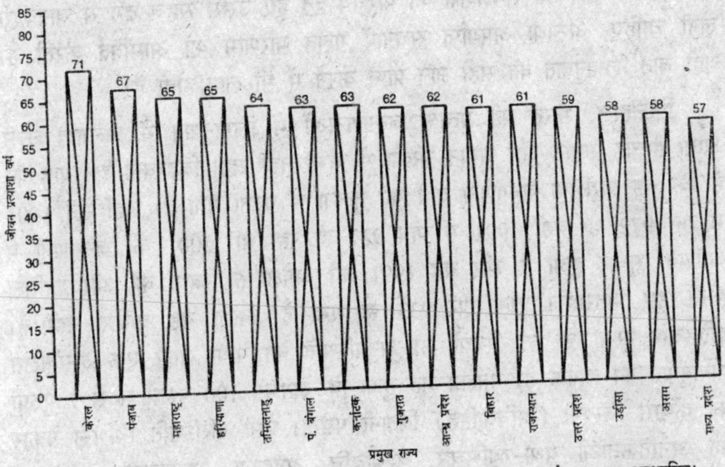

स्रोतः प्रतियोगिता दर्पण, भारतीय अर्थव्यवस्था अतिरिक्तांक–2006 पृष्ठ सं. 64 पर आधारित।

आँकड़े से जानकारी प्राप्त होती है कि सन् 1998-2000 के वर्षों में केरल की जीवन प्रत्याशा 71 वर्ष थी जो कि सर्वोपरि है तथा इसके बाद द्वितीय एवं तृतीय स्थान पर क्रमशः रहे पंजाब और महाराष्ट्र (67 वर्ष एवं 65 वर्ष) तथा अन्य राज्यों का स्थान इसके बाद आता है। केरल में सर्वाधिक प्रत्याशा होने का कारण उच्च जीवनस्तर है।

(ब) लिंग संघटन (Sex Composition)

लिंग अनुपात (Sex Ratio)

किसी भी क्षेत्र/प्रदेश/देश के जनसांख्यिकीय संतुलन समझने के लिए लिंग

या यौन अनुपात की जानकारी का होना नितान्त आवश्यक है। लिंग अनुपात का मतलब है पुरुषों की अपेक्षा स्त्रियों का अनुपात। यह प्रति सौ अथवा प्रतिसहस्त्र पुरुषों के पीछे स्त्रियों की संख्या की जानकारी है। भारत में यह प्रतिहजार (प्रतिसहस्त्र) पुरुषों की तुलना में ज्ञात किया जाता हैं। जनगणना करते समय हमें सतर्क रहना पड़ता है कि हम सही-सही सूचनाएँ संग्रहीत कर सके। लेखक ए. पाण्डेय ने सर्वेक्षणों के दौरान यह विसंगति पायी है कि सही जानकारी प्रदान करने में (विशेषकर ग्रामीण पृष्ठभूमि वाले क्षेत्रों में) लोग हिचकिचाते हैं या उन तथ्यों को ही बताना चाहते हैं, जो सामान्य हो। जैसे परिवार में लड़कों की संख्या अधिक है तो उसे आसानी से बताना पसंद करते हैं जबकि यदि लड़कियों की संख्या अधिक है तो शर्मवश उसे पूर्णरूप से बताना कम पसंद करते हैं। इस तरह के मौकों पर सर्वेक्षण कर्ता को समझदारी का परिचय देते हुए उससे सहज ढंग से जानकारी लेनी चाहिए, अन्यथा अपर्याप्त सूचनाएँ गलत परिणाम को आमंत्रित करती है। यही बात लिंगानुपात का सही ज्ञान प्राप्त करने में भी लागू होती है।

फिलहाल, भारत की प्रत्येक जनगणनाओं में लिंगानुपात में अलगाव नजर आया है यह समान और समान संख्या में कभी नहीं रहा। बिडम्बना इस बात की है कि यह प्रारंभिक जनगणना वर्षों की तुलना में घटता गया है। जहाँ सन् 1901 में यह 972 था वहीं 1991 में मात्र 927 ही रहा था। 2001 की जनगणना में आंशिक सुधार हुआ है और यह 1991 की अपेक्षा 6 स्त्रियों को और शामिल करते हुए प्रतिसहस्त्र पुरुषों पर 933 हो गया है, किन्तु यह वांछित नहीं है। प्रतिहजार पुरुषों पर 67 स्त्रियों की अनुपस्थिति का पाया जाना एक असंतुलित यौनानुपात का द्योतक है। मतलब यह हुआ कि लगभग 100 पुरुषों में से 7 पुरुषों को कुँवारी जिन्दगी (अविवाहित) बितानी पड़ेगी। ऐसी परिस्थिति विभिन्न प्रकार की अनैतिकताओं यथा-व्यभिचार, वेश्यावृत्ति, अपहरण, आत्महत्या, बलात्कार, सांस्कृतिक कुठाराघात आदि को जन्म दे सकतो है।

हमें पड़ताल करनी चाहिए कि यौनानुपात में लगातार असंतुलन क्यों होता गया? इसके कई कारण हैं मसलन पुरुषों की अपेक्षा स्त्रियों को कम महत्त्व देना (लिंग भेद), लड़कियों/महिलाओं/स्त्रियों के समग्र विकास पर अल्प व्यय करना तथा गैर कानूनी होने के बावजूद भी भ्रूण परीक्षण कराना व मन-मुताबिक गर्भपात को अंजाम देना।

सन् 1901 से लेकर 2001 तक की जनगणनाओं में भारत में स्त्रियों व पुरुषों के अनुपात का स्पष्टीकरण अग्रवत आरेख से हो जाता है-

आरेख से स्पष्ट है कि 1951, 1981 एवं 2001 के वर्ष को छोड़कर शेष सभी जनगणना वर्षों में लिंगानुपात में अवरोह उत्पन्न हुआ है। 1941 की अपेक्ष

भारत : लिंग अनुपात 1901-2001

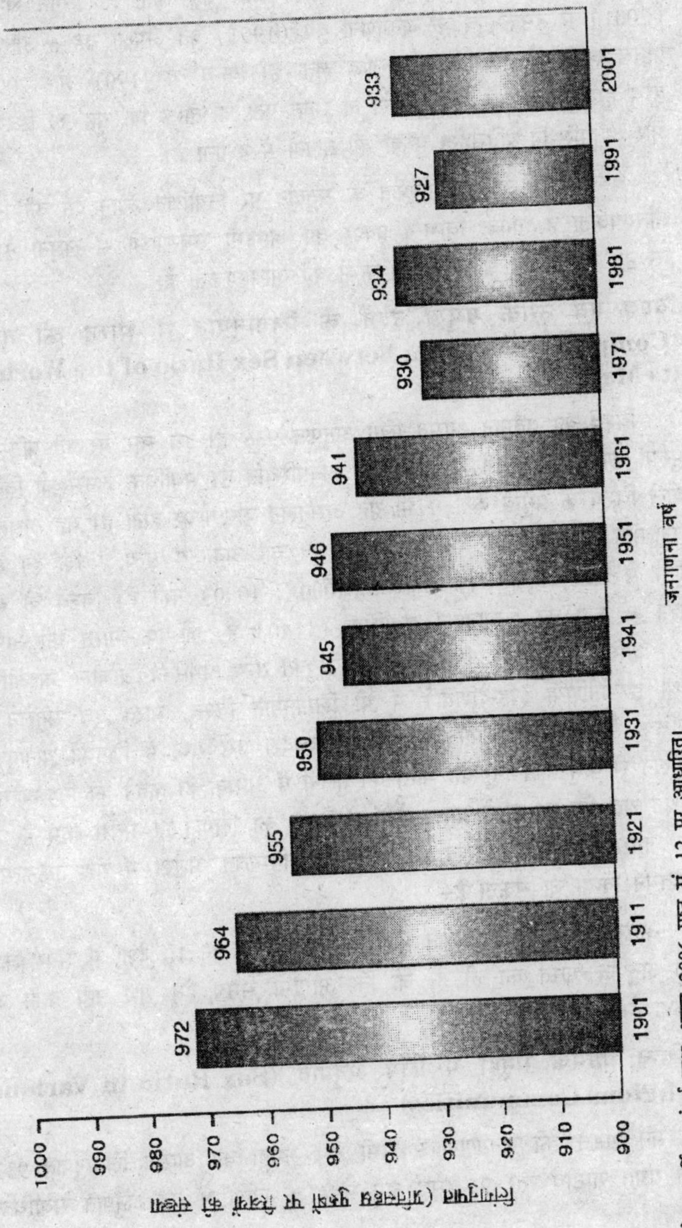

स्रोत: वार्षिक संदर्भ ग्रन्थ, भारत-2006 पृष्ठ सं. 12 पर आधारित।

1951 में यह मात्र 1 स्त्री को अतिरिक्त शामिल करता है, जबकि 71 की जनगणना में 1961 की तुलना में यह 11 और बढ़ जाता है। विगत जनगणना (2001) में उसके पूर्व के जनगणना वर्ष (1991) की अपेक्षा यह 6 औरतों को प्रतिसहस्त्र पुरुषों के पीछे और जोड़ लेता है। किन्तु यदि 1901 और 2001 के मध्य हुए अंतराल पर निगाह डाले तो साफ पता चलता है कि यह 39 स्त्रियों की और अनुपस्थिति प्रतिसहस्त्र पुरुषों की तुलना में दर्शाता है।

वस्तुतः हमें अपने यौनानुपात के संतुलन पर नियोजित ध्यान देने की नितान्त आवश्यकता है, ताकि विभिन्न प्रकार की आगामी समस्याओं से लड़ना न पड़े, इस हेतु सरकार के साथ सहयोग करने की आवश्यकता है।

विश्व एवं उसके प्रमुख देशों के लिंगानुपात से भारत की तुलना (Comparison of India between Sex Ratio of the World & its Major Countries)

विश्व का वर्तमान औसत लिंग अनुपात 986 है। इस स्तर पर भी प्रतिसहस्त्र पुरुषों की तुलना में 14 महिलाओं की अनुपस्थिति है। सर्वाधिक जनसंख्या वितरण वाले विश्व के प्रमुख देशों में भी यह असंतुलन दृष्टिगोचर होता है। यह असंतुलन धनात्मक या ऋणात्मक दोनों हो सकता है। यह अकाट्य सत्य है कि इन सभी देशों में लिंग अनुपात पूर्ण संतुलित (1000 : 1000) नहीं है। विश्व के सभी देशों में रूस का लिंगानुपात सर्वाधिक (1140) है, जो कि भारत की अपेक्षा 207 अधिक है। इनके अतिरिक्त जापान, संयुक्त राज्य अमेरिका, ब्राजील, नाइजीरिया तथा इण्डोनेशिया (हिन्देशिया) में भी लिंगानुपात विश्व, भारत एवं संतुलन से अधिक है। मात्र चीन, पाकिस्तान एवं बांग्लादेश ऐसे राष्ट्र हैं जिनका यौनानुपात संतुलन से कम है, किन्तु यह भारत की तुलना में अधिक है। कहने का निष्कर्षात्मक कथन यह कि इन सभी प्रमुख देशों में भारत का लिंगानुपात सबसे कम है, जो कि जनसांख्यिकीय असंतुलन का द्योतक है। निम्नवत आरेख में यह तुलनात्मक अध्ययन किया जा सकता है–

आरेख अध्ययनोपरान्त ज्ञात होता है कि चयनित इन 10 देशों में सबसे कम यौन–अनुपात भारत का ही है, जो कि आगामी समय हेतु शुभ नहीं कहा जा सकता है।

विभिन्न धार्मिक समूहों में लिंग अनुपात (Sex Ratio in Various Religious Communities)

सन् 2001 की जनगणना में सभी धर्म समूहों का औसत लिंगानुपात 933 पाया गया। राष्ट्रीय स्तर पर इसाई धर्म–समूह के लोगों में यह अनुपात सर्वाधिक

भारत सहित विश्व के प्रमुख देशों में लिंग अनुपात : 2006

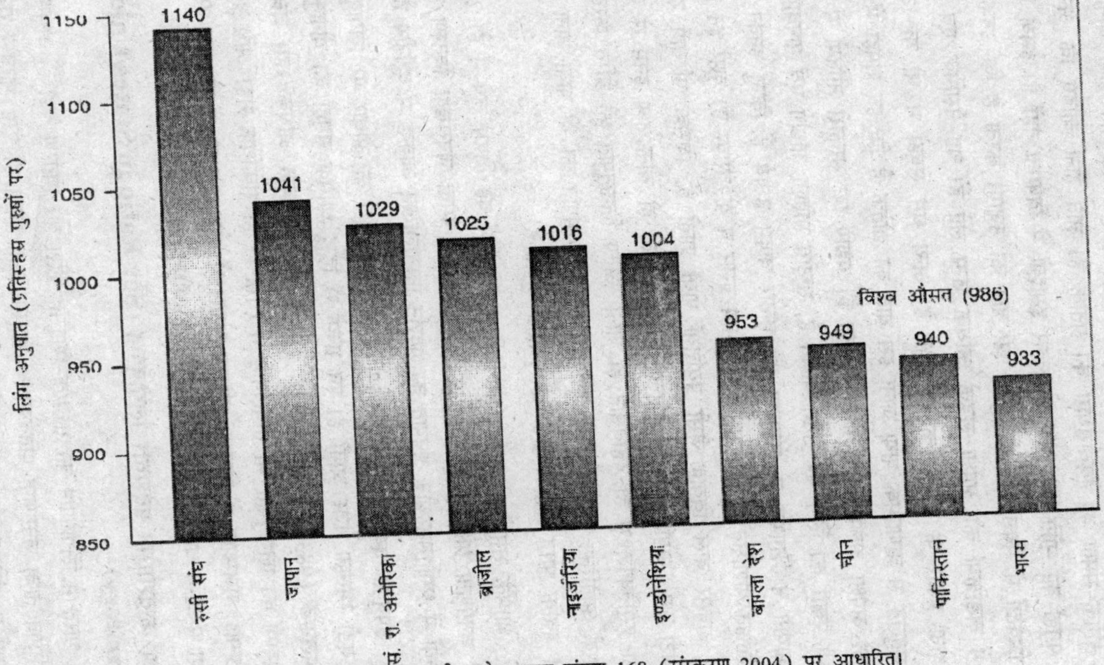

स्रोतः डी.आर. खुल्लर, सरस्वती भूगोल, पृष्ठ संख्या 168 (संस्करण 2004) पर आधारित।

(1009) एवं सिक्खों में सबसे कम (893) पाया गया। इसके अलावा हिन्दुओं में यह 931, मुस्लिमों में 936, बौद्धों में 953, जैनियों में 940 एवं अन्य धर्म समूहों में 992 पाया गया। इसाइयों में सर्वाधिक लिंगानुपात पाया जाना उनके लैंगिक-समता की विचाराधारा का प्रतीक है। ज्ञात होना चाहिए कि अन्य धर्म समूहों की भाँति लिंग-भेद को लेकर इसाइयों में विषमता नहीं है। इसके विपरीत सिक्खों में सबसे कम यौनानुपात इस बात को उजागर करता है कि उनके समूह में लड़कियों की अपेक्षा लड़के अधिक जन्म लेते हैं। यह नैसर्गिक एवं कृत्रिम दोनों प्रकार के प्रभावों का प्रतिफल है। अन्य धर्म समूहों में भी यह अनुपात संतुलन से ऋणात्मक पाया जाना इस बात का द्योतक है कि इन समूहों में पुरुषों की अपेक्षा अल्प महत्व/अधिकार प्राप्त हैं। यद्यपि कि सरकारी नीतियों में किसी भी प्रकार का लिंग भेद सख्त वर्जित है, राष्ट्रीय महिला आयोग एवं मानवाधिकार आयोग ने लिंगभेद के उन्मूलन हेतु कठोर कदम उठाये हैं किन्तु इनका अल्प शिक्षित/अशिक्षित धार्मिक समूहों में प्रभाव प्रसार न के बराबर है। दूसरे इन समूहों में अक्सर बाल विवाह जैसी प्रवृत्तियाँ पायी जाती हैं, जिसके परिणाम स्वरूप छोटी उम्र (अपरिपक्व) में महिलाओं का गर्भवती हो जाना तथा इनमें से कइयों का प्रसूतिकाल में ही देहावसान हो जाना, अल्प लिंगानुपात को प्रेरित करते हैं। इसके अतिरिक्त इन समूहों में भ्रूण परीक्षण एवं गर्भपात का भी पाया जाना जारी है। जबकि भारत सरकार द्वारा यह पूर्णतया वर्जित है।

धार्मिक समूहों के आधार पर विभिन्न राज्यों में यह विषम रूप में है। 2001 के जनगणना प्रतिवेदन के अनुसार भारत के 10 प्रमुख जनसंख्या वितरण वाले राज्यों में धर्मानुसार यौन अनुपात का प्रदर्शन निम्नलिखित आँकड़े में दर्शनीय है–

उपर्युक्त चयनित भारतीय राज्यों में धार्मिक समूहों के आधार पर लिंगानुपात में बड़ी भिन्नता नजर आती है। इन राज्यों में हिन्दू धार्मिक समूहों का यौनानुपात तमिलनाडु (983) एवं आंध्र प्रदेश (961) में अपेक्षाकृत अधिक रहा। जबकि मुस्लिमों का लिंगानुपात भी तमिलनाडु में (1020) ही सर्वाधिक राह। आंध्र प्रदेश में इसाई, राजस्थान में सिक्ख, पश्चिम बंगाल में बौद्ध, गुजरात में जैन एवं मध्य प्रदेश में अन्य धार्मिक समूहों में लिंगानुपात अधिक रहा।

राज्य/केन्द्रशासित प्रदेशवार लिंगानुपात (Sex Ratio in States/Union Territory)

भारत में लिंगानुपात का राज्य/केन्द्रशासित प्रदेश वार वितरण बड़ा ही असमान है। विगत ताजा जनगणना प्रतिवेदन के अनुसार मात्र केरल ही ऐसा भारतीय राज्य है जहाँ पर लिंगानुपात धनात्मक है। यहाँ प्रतिहजार पुरुषों के पीछे 1058 स्त्रियों की संख्या-उपस्थिति दर्ज की गई है। यहाँ तीनों बड़े धार्मिक समूहों अर्थात् हिन्दू,

भारत : धर्म-समूह के आधार पर प्रमुख राज्यों में यौनानुपात : 2001

क्रमांक	प्रमुख जनसंख्या धारक राज्यों के नाम	धार्मिक समूहों के नाम व लिंगानुपात (प्रति हजार)							
		सभी धार्मिक समूह	हिन्दू	मुस्लिम	इसाई	सिक्ख	बौद्ध	जैन	अन्य
1.	उत्तर प्रदेश	898	894	918	961	877	895	911	871
2.	महाराष्ट्र	922	923	889	993	829	961	942	988
3.	बिहार	919	915	943	974	879	841	904	935
4.	पश्चिम बंगाल	934	932	933	1002	807	981	929	985
5.	आंध्र प्रदेश	978	979	961	1037	796	960	936	946
6.	तमिलनाडु	987	983	1020	1031	731	868	933	882
7.	मध्य प्रदेश	919	918	929	996	882	949	925	1029
8.	राजस्थान	921	920	929	986	892	802	960	815
9.	कर्नाटक	965	966	957	1030	739	907	926	966
10.	गुजरात	920	918	937	988	824	889	969	986
	भारत	933	931	936	1009	893	953	940	992

स्रोत: Census of India, 2001, The First Report on Religion Data (Abstract) Page No. XI.

मुस्लिम एवं इसाई में क्रमशः 1058, 1082 एवं 1031 का लिंगानुपात रहा। यहाँ उच्च लिंगानुपात अल्प होने का मूल कारण शिक्षित एवं आधुनिक विचारों से युक्त जनसंख्या का होना है। लिंग-भेद एवं अनावश्यक कार्यवाहियों का निषेध भी इसके लिए जिम्मेदार है। इसके अतिरिक्त सभी राज्यों में लिंगानुपात ऋणात्मक है। संघशासित प्रदेशों में मात्र पाण्डिचेरी का लिंगानुपात धनात्मक (1001) है शेष सभी में यह प्रवृत्ति नहीं पायी जाती। 950 के अनुपात से ऊपर वाले राज्यों में छत्तीसगढ़ (990), तमिलनाडु, (986), मणिपुर (978), आंध्र प्रदेश (978), मेघालय (975) उड़ीसा (972), हिमाचल प्रदेश (970), उत्तरांचल (964), कर्नाटक (964), गोआ (960) आदि 10 राज्य एवं केरल को लेकर 11 राज्य शामिल हैं।

900–950 तक लिंगानुपात वाले राज्यों में 14 राज्य शामिल हैं। त्रिपुरा (950), लक्षद्वीप (केन्द्रशासित प्रदेश–947), झारखण्ड (941), मिजोरम (938), पश्चिम बंगाल (934), असम (932), महाराष्ट्र (922), राजस्थान (922), गुजरात (921), बिहार (921), मध्य प्रदेश (920), नागालैण्ड (909), अरुणाचल प्रदेश (901) तथा जम्मू एवं कश्मीर (900) आदि राज्य इस वर्ग के अंतर्गत आ जाते हैं।

900 से नीचे वाले लिंगानुपाती राज्य/केन्द्रशासित प्रदेशों में उत्तर प्रदेश (898), सिक्किम (875), पंजाब (874) हरियाणा (861), अण्डमान व निकोबार द्वीप समूह (846), दिल्ली (821), दादरा व नगर हवेली (811), चण्डीगढ़, (773) और दमन एवं दीव (709) आदि 9 राज्य/केन्द्रशासित प्रदेश शामिल है।

इस प्रकार ज्ञात होता है कि केन्द्रशासित प्रदेशों में पाण्डिचेरी को छोड़कर शेष अन्यों में लिंगानुपात बेहद कम है। लक्षद्वीप में यह 900 के ऊपर (947) है बाकी सभी में 850 से भी कम। चण्डीगढ़ एवं दमन व दीव में तो स्थिति अतिदयनीय है, जहाँ पर क्रमशः 773 एवं 709 (सबसे कम) ही स्त्रियाँ प्रति हजार पुरुषों की अपेक्षा विद्यमान है।

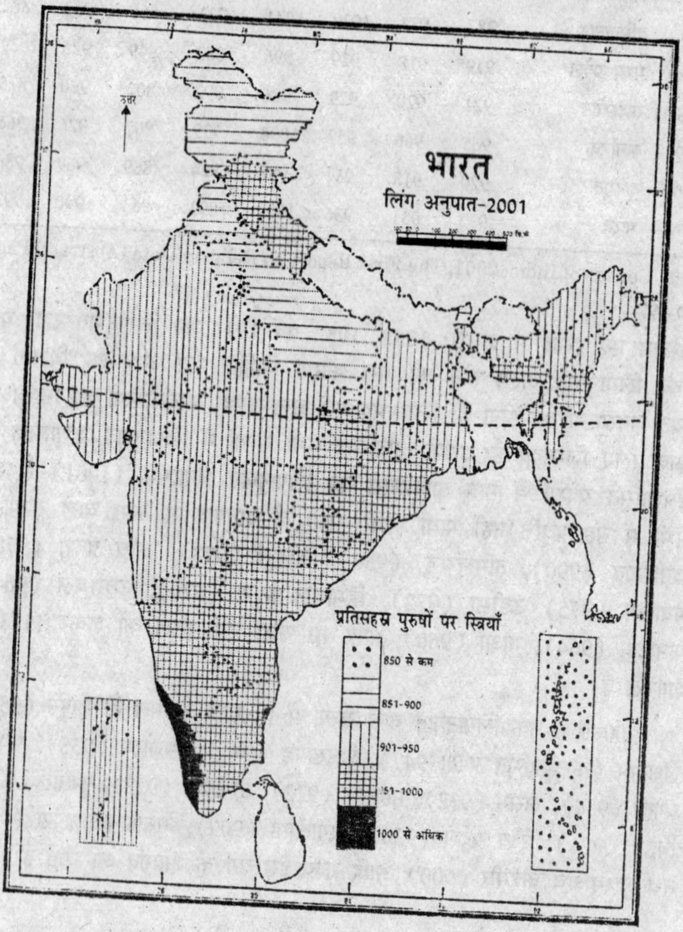

राज्यों में हरियाणा (861) एवं पंजाब (874) क्रमशः सबसे से कम यौनानुपाती राज्य हैं। देश का सर्वाधिक जनसंख्या धारक राज्य उत्तर प्रदेश का भी यौनानुपात की स्थिति चिन्तनीय है, जहाँ पर प्रति हजार पुरुषों की तुलना में 102 स्त्रियों का अभाव पाया गया। यह सभी परिणाम 2001 की जनगणना के ही अनुसार है।

महानगरों में लिंग अनुपात (Sex Ratio in Million Cities)

विगत वर्षों में देश में नगरीकरण एवं नगरीय जनसंख्या दोनों में आशातीत वृद्धि हुई है, किन्तु इसके विपरीत लिंग अनुपात में व्यापक विषमता परिलक्षित हुई है। ज्ञात हो कि ग्रामीण जनसंख्या की अपेक्षा शहरी जनसंख्या में अधिक असंतुलन पाया जाता हैं। चूँकि भारत गरीबों से बसा एक धनी देश है, अतः यहाँ पूँजीगत क्षेत्रीय विषमताएँ मौजूद है। ग्रामीण क्षेत्रों की अपेक्षा नगरों में पूँजी प्राप्ति की अधिक संभावनाओं को देखते हुए ग्रामीण भारतीय पुरुष नगरों की ओर पलायन करते हैं तथा प्रायः अपनी पत्नी एवं परिवार को घर पर ही छोड़ आते हैं, परिणामस्वरूप जनगणना में उनकी उपस्थिति नगरों में दर्ज होती है और लिंगानुपात को बढ़ावा मिलता है। अपवादस्वरूप कतिपय राज्य/केन्द्रशासित प्रदेश ऐसे भी हैं, जहाँ पर ग्रामीणों में नागरिकों की अपेक्षा कम लिंगानुपात पाया गया है, उदाहरणार्थ-मेघालय, मणिपुर, त्रिपुरा, मिजोरम जैसे पूर्वोत्तरी राज्यों एवं दिल्ली, पाण्डिचेरी व चण्डीगढ़ जैसे केन्द्रशासित प्रदेश। 2001 की जनगणनानुसार ग्रामीण क्षेत्रों में लिंगानुपात 946 पाया गया तो नगरीय क्षेत्रों में यह मात्र 901 ही था।

भारत के शीर्ष 10 महानगरों में केवल बैंग्लोर, चेन्नई तथा हैदराबाद का ही अनुपात राष्ट्रीय शहरी यौन अनुपात (National Urban Sex Ratio) के औसत (901) से अधिक है शेष सभी 7 महानगरों में यह इससे कम है। इनका प्रदर्शन निम्नलिखित आरेख में दर्शनीय है–

उपर्युक्त सभी 10 प्रमुख भारतीय महानगरों में सूरत (774) का लिंग अनुपात सबसे कम और चेन्नई (950) का सर्वाधिक रहा। सूरत में लिंगानुपात कम होने का प्रमुख कारण उसके वस्त्रोद्योग और हीरा उद्योग में लगे श्रमिकों के अधिकाधिक होने के कारण है। चूँकि ये श्रमिक प्रायः सुदूर क्षेत्र यथा–उ. प्र. एवं बिहार के रहने वाले होते हैं और इनमें से अधिकांश श्रमिक अपनी पत्नियों को घर पर ही छोड़ आते हैं, अतः पुरुष जनसंख्या यहाँ बढ़ जाती है। प्रायः यह कारण सभी अल्पानुपात वाले महानगरों के लिए उत्तरदायी है।

इसके अतिरिक्त वृहद् मुम्बई (सर्वाधिक जनसंख्या वाला महानगर) में 811 स्त्रियाँ ही प्रतिसहस्र पुरुषों की अपेक्षा हैं। दिल्ली और कोलकाता में इससे थोड़ा-थोड़ा अधिक (क्रमशः 825 एवं 828) अनुपात है। बंग्लौर में यह 915 है जबकि चेन्नई में 950। हैदराबाद में भी लिंगानुपात चेन्नई के लगभग (944) है। इसके

भारत : प्रमुख महानगरों में यौन-अनुपात

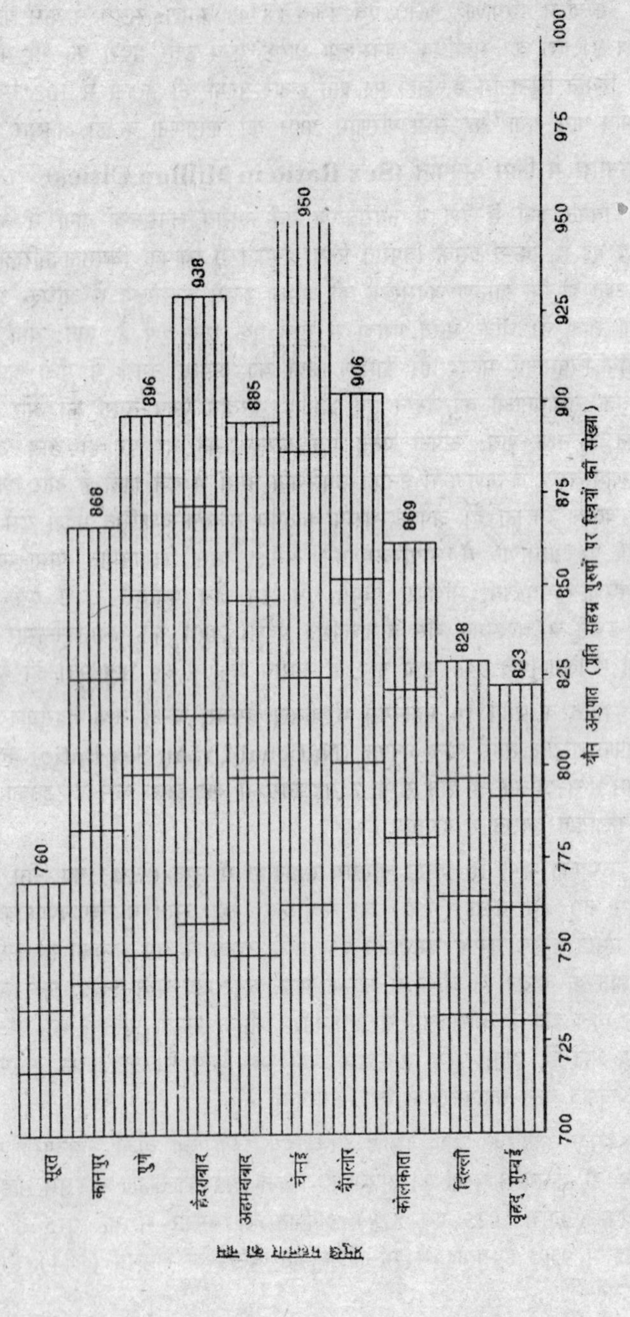

स्रोत: भारत की जनगणना 2001, Man & Development : March 2006 p 31. पर आधारित।

अलावा अहमदाबाद (886), पुणे (916), कानपुर (869) में भी लिंगानुपात कम है।

निष्कर्षतः हम कह सकते हैं कि देश में यौन अनुपात को लेकर विभिन्न राजनीतिक इकाइयों पर बड़ी असमानता पायी जाती है तथा इसकी घटती हुई प्रवृत्ति को देखते हुए चिन्तन करने तथा संतुलित करने के जद्दोजहद की परमावश्यकता है। इस पर न केवल सरकारी अमल प्रत्युत् अखिल भारत वासियों के सहयोग की अपरिहार्यता होनी चाहिए, क्योंकि यह एक क्षेत्रीय या प्रादेशिक ही नहीं वरन् राष्ट्रीय समस्या भी है। हालाँकि इस पक्ष में प्रदेश एवं केन्द्र की सरकारें प्रयास कर रही हैं, किन्तु प्रयास ही नहीं क्रान्ति की आवश्यकता है और क्रान्ति तो जनता ही ला सकती है।

(स) आर्थिक संघटन (Economical Composition)

किसी भी देश के जनसांख्यिकीय अध्ययन में वहाँ के आर्थिक संघटन का ज्ञान प्राप्त करना अध्ययन को समग्रता प्रदान करने में सहायता प्रदान करता है। चूँकि अर्थ (धन) का उपयोग जीवन के सुखमय संचरण के लिए आवश्यक है, अतैव प्रत्येक मानव इससे प्रभावित होता है। देश में आर्थिक विकास की गति एवं स्वरूप कैसा है? यह उसके आर्थिक संघटन के जरिये काफी हद तक ज्ञात हो जाता है। इन्द्रदेव सिंह के अनुसार "किसी देश के सामाजिक, आर्थिक तथा सांस्कृतिक उत्थान में उपलब्ध मानव संसाधन अथवा आर्थिक रूप से क्रियाशील एवं उसका गुणात्मक स्वरूप देश के विकास की दिशा, मात्रा एवं विकास का मार्ग निर्धारित करती है।" (कुरुक्षेत्र, जनवरी, 2006 पृष्ठ संख्या 7) मानव संसाधन का विवेकपूर्ण तकनीकी उपयोग किसी भी देश की अर्थव्यवस्था को चार चाँद लगा सकता है। जापान कभी हम जैसे विकासशील देश के ही रूप में रहा करता था, जहाँ न तो पर्याप्त प्राकृतिक संसाधन थे और न ही प्राकृतिक आपदाओं से सुरक्षा ही। किन्तु इन नकारात्मकताओं से कुप्रभावित हुए बिना उसने अपनी आर्थिक शक्ति को विवेकपूर्ण तकनीक वाले मानव संसाधन के जरिये इतनी मजबूत कर ली कि आज वह विश्व की शीर्ष अर्थव्यवस्था वाले देशों में से एक है। हालाँकि आज भारत भी विश्व की चतुर्थ सबसे बड़ी अर्थव्यवस्था वाला देश है (अमेरिकी मीडिया रिपोर्ट, दिसम्बर, 2004), क्योंकि विश्व के कुल घरेलू उत्पाद में यह 5.7% का योगदान देता है, किन्तु निरपेक्ष रूप में यह विश्व की 10वीं अर्थ व्यवस्था वाला देश है (विश्व बैंक की ताजा रिपोर्ट)। इससे भी अधिक दुःख इसकी प्रति व्यक्ति राष्ट्रीय आय को लेकर है, जो सन् 2004 में 620 डालर मात्र प्रति व्यक्ति आंकी गई है। हालाँकि विगत वर्षों में इसमें तीव्र वृद्धि अंकित की गई है।

इस अध्ययन-प्रकरण में हम विभिन्न आर्थिक पहलुओं पर दृष्टिपात करेंगे, जो किसी न किसी रूप में मानव की अर्थ व्यवस्था से जुड़े हुए हैं।

कर्मकरों की व्यावसायिक संरचना (Occupational Structure of the Workers)

सन् 1991 में देश की कुल श्रम शक्ति की प्रतिशतता में कृषकों का योगदान सर्वाधिक (38.4%) था। चूँकि भारत कृषि प्रधान देश है और ऐसा होना चाहिए कि यहाँ सर्वाधिक श्रमशक्ति प्रतिशत कृषकों के ही तले हो, किन्तु अब यह प्रतिशत हाल के वर्षों में कम हुआ है। सन् 2001 की जनगणना हुई तो पाया गया कि देश में कृषकों का प्रतिशत मात्र 31.7 रह गया और अन्य कामगारों (यथा उद्योग, सेवाएँ, मरम्मत, निर्माण, वाणिज्य तथा व्यापार, परिवहन, भंडारण, संचार तथा अन्य सेवाओं में लगे हुए व्यक्ति) का प्रतिशत इससे भी अधिक 37.58 पहुँच गया। यह विशेषकर कृषि की ओर से लगातार युवाओं का होता व्यामोह के कारण है। युवा धीरे-धीरे परम्परागत कृषि को तिलांजलि देता जा रहा है और ऐसा इसलिए है कि परम्परागत कृषियाँ महँगी अधिक और आयप्रदायी कम हैं। दूसरे, अधिकांश युवा तो ऐसे हैं जिनके पास पर्याप्त कृषि-क्षेत्र नहीं है, और कम खेतों के होने के कारण कृषि में अरूचि लेने लगे हैं, क्योंकि दृष्टिकोण अधिक लाभ पर टिका हुआ है। ऐसे निर्धन एवं सुविधा-अभाव वाले कर्मकरों को उद्योग/निर्माण/सेवाओं में रूचि उत्पन्न होने लगी है, क्योंकि ये अपेक्षाकृत सरलता से प्राप्य एवं साध्य हैं। इतना कुछ होने के बावजूद भी सन् 2001 की जनगणना में कृषकों व कृषि-मजदूरों का संयुक्त प्रतिशत 58.4 (31.7 एवं 26.7) रहा है। इस वर्ष विभिन्न व्यवसाय वाले कर्मकरों की व्यावसायिक संरचना निम्नांकित आँकड़े से स्पष्ट है–

भारत : कर्मकरों की व्यावसायिक संरचना–2001

व्यवसाय वर्ग	संलग्न व्यक्तियों का प्रतिशत	पुरुष-प्रतिशत	महिला-प्रतिशत
कृषक	31.71	31.34	32.50
कृषीय कर्मकर	26.69	20.82	39.43
घरेलू उद्योग	04.0	03.02	06.37
अन्य कर्मकर	37.50	44.72	21.70
कुल योग	100.00	100.00	100.00

स्रोतः भारत लोग और अर्थ व्यवस्था (एन.सी.ई.आर.टी.), 2005 पृष्ठ सं. 22।

2001 की व्यावसायिक संरचना में जैसाकि बताया गया है कि कृषि में संलग्न व्यक्तियों की प्रतिशतता घटी है, बिल्कुल सही है। कृषक वर्ग में 31.71% के योगदान में पुरुष प्रतिशत (31.34%) की तुलना में महिलाओं का प्रतिशत

(32.50%) अधिक रहा, जो कि यह सूचित करता है कि ग्रामीण क्षेत्रों से पुरुषों का या तो तीव्र नगरीय पलायन हो रहा है अथवा ग्रामीण पुरुष कृषि कार्यों की अपेक्षा अन्य रोजगारपरक व्यवसायों में संयुक्त होते जा रहे हैं। ज्ञात होना चाहिए कि कृषक वर्ग में वे ही पुरुष/स्त्री आते हैं जो स्वयं के निजी खेतों में काम कर रहे होते हैं। हरियाणा राज्य इस दृष्टि से महिला प्रधान राज्य है जहाँ अक्सर महिलाएँ अपने खेतों में काम करने में नाज करती हैं। यह अब परम्परा में बदल गया है और अधिकांश पुरुषों के विलासी होते जाने का कारण भी बन रहा है। उत्तर प्रदेश में अधिकांश संभ्रान्त वर्गीय महिलाएँ खेत में काम नहीं करती हैं क्योंकि यह उनकी सामाजिक प्रणाली में नाज के रूप में नहीं बल्कि अपमान जनक दृष्टि से देखा जाता है। फिर भी देश के अधिकतर राज्यों में महिलाओं का अपनी कृषि में रूचि लेना उपर्युक्त प्रतिशत को प्रमाणित करता है।

कृषीय कर्मकर वे होते हैं, जो अन्यों के खेतों में पारिश्रमिक प्राप्ति हेतु कार्यरत होते हैं। पहले बंधुओं मजदूर प्रणाली का बोलबाला था किन्तु सरकारी नीतियों/नियमों/कानूनों में इसे वर्जित कर दिया गया है। अब अंशकालिक या दीर्घकालिक कृषीय कर्मकर ही कार्यरत होते हैं। कृषीय कर्मकर के अंतर्गत 26.69% व्यक्तियों का योगदान है और इसमें 20.82% पुरुष तथा 39.43% महिलाएँ संयुक्त हैं। जाहिर है कि इस व्यवसाय वर्ग में महिलाओं का योगदान पुरुषों की अपेक्षा लगभग दुगुना है। वास्तव में कृषि एक सस्ते श्रमिकों का व्यवसाय है और इसके लिए सर्वाधिक सटीक महिलाएँ बैठती हैं। चूँकि अधिकांश क्षेत्रों/प्रदेशों में पुरुषों की अपेक्षा महिलाओं की मजदूरी अभी भी कम है, अतः इस कार्य हेतु इनकी बड़ी आवश्यकता एवं उपस्थिति इनकी प्रतिशतता को समर्थन प्रदान करती है। फलस्वरूप प्रतिशतता में वृद्धि हो जाती है।

घरेलू उद्योगों में मात्र 4.07% व्यक्तियों की भूमिका देखी गयी जिसमें पुरुषों (3.02%) की अपेक्षा महिलाओं (6.37%) की भूमिका दुगुनी संख्या से भी अधिक रही। इन घरेलू उद्योगों में प्रायः कुटीर उद्योगों का वर्चस्व अधिक रहा। चूँकि यह रोजगार प्रायः परम्परागत या सरकारी प्रोत्साहन लिये होता है, अतः इसमें महिलाओं के अनुकूल वातावरण की प्राप्ति से इनका योगदान बढ़ जाता है।

अन्य कामगारों में प्राथमिक द्वितीयक, तृतीयक एवं चतुर्थक सभी क्रिया-कलापों को रखा जाता है जिसके अंतर्गत विनिर्माण, वाणिज्य, व्यापार, भण्डारण, परिवहन, संचार एवं विभिन्न सेवाओं को समाहित किया जाता है कि इसमें गैर-कृषि वर्ग ही शामिल होते हैं। आधार जनगणना में इसके अंतर्गत सर्वाधिक प्रतिशतता को देखा गया जिसमें कुल व्यवसायगत व्यक्तियों का 37.58% संलग्न रहा। पुरुषों का योगदान रहा 44.72% एवं महिलाओं का योगदान लगभग पुरुषों का आधा अर्थात्

21.70%। पुरुषों के अधिक योगदान का मूल कारण उनका कृषि से होता व्यामोह और इन कार्यों को करने में प्रतिष्ठा का अनुभव तथा महिलाओं के कम योगदान का मूल कारण अधिकांश महिलाओं की परम्परागत भारतीय नारी की शैली एवं विभिन्न जनसांख्यिकीय कारक हो।

आर्थिक क्रियाकलाप तथा श्रमिकों की श्रेणी (Economical Activities & Catagory of Workers)

भारत के ग्रामीण तथा नगरीय क्षेत्रों में आर्थिक गतिविधियों या क्रियाकलापों की जानकारी हमें अवश्य होनी चाहिए क्योंकि इसका वर्तमान जनसांख्यिकीय विशेषताओं एवं समस्याओं पर व्यापक प्रभाव देखा गया है। ग्रामीण एवं नगरीय क्रियाकलापों (आर्थिक) में सबसे बड़ा अंतर कृष्य एवं अकृष्य विशेषता है। गाँवों/ग्रामीण क्षेत्रों में कृषि प्रधान कार्यों एवं उनसे जुड़े उद्योगों का वर्चस्व पाया जाता है जबकि नगरों में कृष्येत्तर कार्यों यथा-द्वितीयक, तृतीयक एवं चतुर्थक आदि का प्रचुर प्रचलन दृष्टिगोचर होता है। हालाँकि सरकार की वर्तमान विकासपरक नीतियाँ प्राय: ग्रामोन्मुख हैं और इन क्षेत्रों में गैर कृषि कार्यों का भी प्रचलन अब बढ़ रहा है। सरकारी प्रयास अब नगरीय एवं ग्रामीण अंतरों को पाटने का है तथा अब ग्रागर (ग्रामीण+नगर) भारत के निर्माण की पूर्ण आवश्यकता अनुभूत होने लगी है। स्वयं डा. मनमोहन सिंह (वर्तमान प्रधान मंत्री) के शब्दों में "हमें भारत और इण्डिया के अंतर को पाटना होगा।" वर्तमान में भारत निर्माण की संकल्पना पर बल दिया जा रहा है। ऐसे में आगामी जनगणना वर्षों में विभिन्न श्रेणियों के अंतर्गत श्रमिकों की स्थिति का ग्रामीण स्तरपर पर्याप्त अंतर नजर आयेगा। सन् 2001 में विभिन्न क्रियाकलापों के अंतर्गत ग्रामीण तथा नगरीय श्रमिकों की स्थिति निम्नलिखित आँकड़े से स्पष्ट हो जाती है।

भारत : आर्थिक क्रियाकलाप तथा श्रमिकों की श्रेणी 2001

मद	ग्रामीण (करोड़)	नगरीय (करोड़)	योग (करोड़)
कुल जनसंख्या	74.25	28.61	102.86
कुल श्रमिक	31.00	09.23	40.22
सीमान्त श्रमिक	08.08	0.85	08.92
प्रमुख श्रमिक	22.92	08.38	31.30
1. काश्तकार	12.48	0.26	12.73
2. खेतिहर मजदूर	10.24	0.43	10.68
3. घरेलू उद्योग के श्रमिक	01.27	0.48	01.70
4. अन्य श्रमिक	07.07	8.09	15.12

स्रोत: साभार, प्रतियोगिता दर्पण/ भारतीय अर्थव्यवस्था, 2006 पृष्ठ सं. 65.

2001 की जनगणना में मात्र 40.22% करोड़ जनसंख्या ही कुल श्रमिकों में शामिल रही जबकि 62.64 करोड़ लोग गैर श्रमशील थे। अर्थात् पराश्रित अनुपात अधिक रहा। इनमें ग्रामीण तथा नगरीय योगदान क्रमशः 31.00 एवं 9.23 करोड़ का रहा। कुल श्रमिकों में सीमान्त श्रमिकों का योगदान 8.92 करोड़ व्यक्तियों का रहा, जिसमें 8.08 करोड़ ग्रामीण तथा 0.85 करोड़ और इसमें 22.92 करोड़ श्रमिक गाँवों से तथा 8.38 करोड़ नगरों से थे। कुल श्रमिकों में कश्तकार वर्ग के अंतर्गत 31.65% लोगों का सम्मिलन रहा यह संख्या में 12.73 करोड़ रहा जिसके अंतर्गत ग्रामीण क्षेत्रों से 12.47 करोड़ तथा नगरीय क्षेत्रें से 0.26 करोड़ मात्र लोगों का संयुक्त होना पाया गया। खेतिहर मजदूरों की संख्या 10.24 करोड़ (25.45%) पायी गयी जिसमें से 10.24 करोड़ लोग गाँवों से तथा मात्र 0.43 करोड़ लोग शहरी थे।

घरेलू उद्योगों में भी ग्रामीणों का वर्चस्व रहा 12.21 करोड़ की संख्या के साथ ये शामिल रहे जबकि मात्र 0.48 करोड़ शहरी लोग इसके तहत रहे। इनका सम्मिलित योगदान 1.70 करोड़ का रहा। इसके अतिरिक्त अन्य श्रमिक वर्ग में 15.12 करोड़ लोग पाये गए जो कुल श्रमशीलों में 37.6% थे। इनका ग्रामीण एवं नगरीय क्षेत्रों से क्रमशः योगदान 47% (7.07 करोड़ व्यक्ति) एवं 53% (8.09 करोड़ व्यक्ति) रहा इस वर्ग में स्वाभाविक रूप से नगरीय लोगों का योगदान ग्रामीणों की अपेक्षा अधिक रहा है।

धार्मिक समूहों के आधार पर कार्य सहभागिता दर (Work Participation Rate by Religious Communities)

देश की कुल कार्य सहभागिता दर का औसत 39.1% रहा है (2001)। जिसमें विभिन्न धार्मिक समूहों में यह अलग-अलग देखा गया है किसी भी दो धार्मिक समूहों में यह एक जैसा नहीं है। हैरतअंगेज यह है कि सबसे अधिक सहभागिता दर 'अन्य धार्मिक समूह' (48.4%) में देखी गयी, जिसमें विशेषकर जनजातियों का बाहुल्य है। देश के प्रमुख 6 धर्मों में यह सर्वाधिक बौद्ध और हिन्दू (क्रमशः 40.6 एवं 40.4%) में पायी गयी जबकि सबसे कम मुस्लिम और जैन (क्रमशः 31.3 एवं 32.9%) धर्म समूहों में। शेष 2 समूहों सिक्ख एवं इसाइयों में यह क्रमानुसार 37.7 एवं 39.7% पायी गयी है। सभी राज्यों में मिजोरम राज्य में सहभागिता दर सबसे अधिक (52.6%) पायी गई जहाँ हिन्दू 67.0%, मुस्लिम 76.1% इसाई 51.7%, सिक्ख 72.4%, बौद्ध 51.9%, जैन 60.9% एवं अन्य धार्मिक समूहों में यह 57.8% दर्ज की गई।

इसके विपरीत सबसे कम सहभागिता दर लक्षद्वीप (केन्द्रशासित प्रदेश) में परिलक्षित हुई। यह मात्र 25.3% है जिसमें हिन्दू 73%, मुस्लिम 23%, इसाई

81.5% तथा सिक्ख एवं बौद्ध पूरे 100% सहभागी कार्यशील थे। प्रदेश का कुल औसत कम होने का मूल कारण जैनियों एवं अन्य धार्मिक समूह के लोगों की जनसंख्या का न पाया जाना रहा। राज्यों में सबसे कम कार्य सहभागिता केरल (32.3%) में रही है।

सभी राज्यों एवं केन्द्रशासित प्रदेशों में इस स्थिति का जायजा लेने हेतु भारत की जनगणना 2001 का यह आँकड़ा अवश्य देखें--

भारत : राज्य/केन्द्रशासित प्रदेशवार धार्मिक समूहों में कार्य सहभागिता दर–2001

राज्य/केन्द्रशासित प्रदेश का नाम	अखिल धार्मिक समूह	हिन्दू	मुस्लिम	इसाई	सिक्ख	बौद्ध	जैन	अन्य
1	2	3	4	5	6	7	8	9
भारत	39.1	40.4	31.3	39.7	37.7	40.6	32.9	48.4
जम्मू व कश्मीर	37.0	41.1	35.1	50.6	36.4	46.5	34.6	30.9
हिमाचल प्रदेश	49.2	49.5	45.9	47.6	38.7	48.7	33.8	30.8
पंजाब	37.5	36.3	40.3	35.7	38.2	33.5	32.7	38.9
चण्डीगढ़	37.8	38.7	39.6	41.7	33.1	24.8	34.4	39.7
उत्तरांचल	36.9	38.3	27.5	37.0	33.6	33.0	30.1	42.6
हरियाणा	39.6	39.9	37.8	39.0	37.4	37.8	31.1	40.3
दिल्ली	32.8	33.0	30.9	44.9	31.4	32.1	31.2	42.8
राजस्थान	42.1	42.9	39.7	42.9	42.3	42.8	30.1	47.1
उत्तर प्रदेश	32.5	33.2	29.1	33.9	32.7	33.9	28.8	36.4
बिहार	33.7	34.3	30.9	39.2	31.3	32.6	29.9	46.9
सिक्किम	48.6	49.9	43.4	47.4	85.8	47.8	38.3	44.5
अरुणाचल प्रदेश	44.0	44.6	45.0	43.5	71.0	47.0	42.6	41.7
नागालैण्ड	42.6	46.1	43.6	42.2	56.9	44.0	33.7	58.1
मणिपुर	43.6	44.3	36.8	44.2	58.2	47.2	37.6	44.3
मिजोरम	52.6	67.0	76.1	51.7	72.4	51.9	60.9	57.8
त्रिपुरा	36.2	36.5	29.2	38.7	86.6	43.0	41.7	55.1
मेघालय	41.8	407	31.4	41.9	39.5	37.2	48.1	46.8
असम	35.8	38.6	29.1	41.7	42.2	41.1	31.9	44.0
पश्चिम बंगाल	36.8	37.9	32.9	38.9	33.7	35.5	32.9	53.1
झारखण्ड	37.5	36.4	31.6	45.6	30.8	36.5	30.5	47.5
उड़ीसा	38.8	38.8	26.9	44.6	31.7	46.3	30.5	50.0

1	2	3	4	5	6	7	8	9
छत्तीसगढ़	46.5	46.8	32.3	46.1	31.0	41.1	30.7	53.0
मध्य प्रदेश	42.7	43.5	32.8	40.5	34.9	42.8	31.4	56.3
गुजरात	41.9	43.0	32.7	45.9	33.5	34.7	31.9	46.4
दमन व दीव	46.0	46.8	37.5	43.2	49.0	70.6	30.9	42.7
दादरा व नगर हवेली	51.8	52.2	42.5	47.4	65.0	54.03	35.8	44.4
महाराष्ट्र	42.5	44.2	32.4	38.9	35.8	40.5	34.5	45.3
आंध्र प्रदेश	45.8	47.1	33.8	42.8	37.2	46.1	30.4	39.2
कर्नाटक	44.5	45.9	36.4	39.4	38.4	41.7	39.3	43.9
गोआ	38.8	41.8	34.3	32.4	45.2	50.7	37.1	49.3
लक्षद्वीप	25.3	73.0	23.0	81.5	100.0	100.0	–	–
केरल	32.3	35.7	23.2	33.9	43.3	34.6	36.0	35.4
तमिलनाडु	44.7	45.9	31.8	3980	43.6	34.5	32.3	37.7
पाण्डिचेरी	35.2	35.9	24.4	34.9	40.7	34.2	32.0	37.3
अण्डमान व निकोबार द्वीप समूह	38.3	38.1	34.5	40.3	34.8	23.3	30.4	39.1

स्रोत: Census of India, The First Report on Religion Data (Abstract) Page No. X/VI.

भारत में निर्भरता अनुपात और इसकी प्रमुख एशियाई देशों में तुलना (Dependency Ratio in India & its Comparison between Major Asian Countries)

निर्भरता अनुपात का आशय है आश्रित जनसंख्या और कार्यशील जनसंख्या में अनुपात। इसे अक्सर प्रतिशत में प्रकट करते हैं। इसे आयु के आधार पर ज्ञात किया जाता है। युवा वर्ग और वृद्ध वर्ग में इसे मापते हैं।

'वर्ल्ड पापुलेशन प्रोस्पेक्ट्स द 2000 रिवीजन' के अनुसार 1975 में भारत का कुल निर्भरता अनुपात 85.2% था जिसमें 73.7% योगदान युवाओं का तथा 11.5% वृद्धों का रहा। सन् 2000 में यह अनुपात (कुल) कम होता हुआ 69.8 पहुँचा और इसमें 58.9% युवाओं और 12.9% वृद्धों की भूमिका देखी गई। आगामी 25 वर्ष बाद के लिए जो अनुमान किये गए उसमें यह अनुपात और घटता गया है, किन्तु 2050 के लिए किये गए अनुमान में इसने अकस्मात इजाफा करने की भावी सम्भावना दिखाई है। ऐसा इसलिए क्योंकि तब तक भारत की युवा आबादी (जो इस समय लगभग 40% है) वृद्धावस्था में परिणत हो जायेगी तथा इस अनुपात में आश्चर्यजनक वृद्धि करेगी। कुछ प्रमुख एशियाई देशों की निर्भरता औसत से इसकी तुलना करता हुआ आँकड़ा अग्रलिखित है–

प्रमुख एशियाई देशों के निर्भरता अनुपात में भारत की तुलना 2000-2050

क्रमांक	प्रमुख एशियाई देशों के नाम	(अनुमानित) 2000			2025			2050		
		कुल	युवा	वृद्ध	कुल	युवा	वृद्ध	कुल	युवा	वृद्ध
1.	चीन	53.7	38.2	15.5	61.0	29.5	31.5	85.9	30.3	57.7
2.	भारत	69.8	56.9	12.9	55.5	36.1	19.4	67.5	32.9	34.5
3.	हिन्देशिया (इण्डोनेशिया)	62.3	49.9	12.4	55.7	35.8	19.9	73.2	34.5	38.7
4.	पाकिस्तान	90.7	79.7	11.0	71.5	59.1	12.5	55.2	35.9	19.3
5.	बांग्लादेश	77.4	68.7	08.8	57.6	44.4	13.2	61.3	35.5	25.9
6.	जापान	61.1	23.7	37.4	89.5	23.0	66.6	121.4	27.7	93.7
7.	नेपाल	88.5	77.3	11.1	67.9	55.9	12.0	56.3	36.8	19.4
8.	श्रीलंका	55.3	40.8	14.4	61.4	32.3	29.1	81.6	31.4	50.1
9.	म्यांमार	66.4	55.1	11.3	54.1	35.5	18.6	70.2	33.5	36.7
10.	अफगानिस्तान	93.1	84.0	09.1	83.4	73.8	09.5	61.8	49.3	12.5

स्रोत: World Population Prospects, The 2000 Revision Vol. I

आर्थिक जनगणना–2005 (Economical Census-2005)

देश के सांख्यिकी एवं योजना क्रियान्वयन मंत्रालय ने हाल ही में आर्थिक जनगणना कराकर ग्रामीण एवं नगरीय क्षेत्रों में रोजगार सृजन को उजागर किया है। यह आर्थिक संघटन को समझने एवं समझाने का एक बेहतरीन नवाचार युक्त माध्यम है। इसमें खाद्य प्रसंस्करण उद्योग के तीव्र विकास के साथ-साथ कृषि आधारित एवं अन्य उद्यमों पर विशेष ध्यान दिया गया है। इसके अनुसार विगत सात वर्षों में ग्रामीण उद्यमों की विकास दर नगरीय उद्यमों की तुलना में अधिक रही। जहाँ इस अवधि में ग्रामीण उद्यमों की विकास दर 5.53% वहीं शहरी क्षेत्रों में यह मात्र 3.73% ही रह सकी।

इसके अतिरिक्त रोजगार सृजन के मामले में भी शहरी क्षेत्रों की अपेक्षा ग्रामीण क्षेत्र आगे रहे, जहाँ पर विकास दर 3.33 प्रतिशत रही। इसी अवधि में शहरी क्षेत्रों में यह मात्रा इसकी आधी के लगभग (1.68%) मात्र रही। देश की सुप्रसिद्ध विकास पत्रिका 'योजना' के जुलाई 2006 अंक में पृष्ठ 35 पर 'जमने लगी है जड़ें कृषि आधारित उद्यमों की' शीर्षक से छपे इस अवतरण में सांख्यिकी एवं योजना क्रियान्वयन मंत्री जी. के. वासन ने कहा है 'इन उद्यमों ने 4.8% की दर से प्रगति की है जबकि विगत आर्थिक जनगणना की अवधि में यह दर मात्र 2.36% ही थी।

सामान्य तौर पर प्रचलित धारणाओं के विपरीत निष्कर्ष इस जनगणना में प्राप्त हुए हैं। जैसे ग्रामीण क्षेत्रों में कृषि आधारित उद्यमों का प्रतिशत 23.2 है जबकि गैर कृषिगत उपक्रमों का प्रतिशत इसके तीन गुने से भी अधिक अर्थात् 76.8 है। वाकई यह पिछली जनगणना 2001 के व्यावसायिक संरचना को चुनौती देता प्रतीत हो रहा है।

सांख्यिकी एवं योजना क्रियान्वयन मंत्रालय के सचिव (वर्तमान) आर.सी. पांडा का कहना है कि "कुल रोजगार सृजन में ग्रामीण व शहरी क्षेत्रों की सहभागिता क्रमशः 51% एवं 49% है।" स्पष्ट हो जाता है कि ग्रामीण क्षेत्रों में शहरी क्षेत्रों से अधिक रोजगार सृजित हो रहे हैं।

बताया गया है कि आंध्र प्रदेश, तमिलनाडु, महाराष्ट्र, उत्तर प्रदेश एवं पश्चिम बंगाल राज्य संयुक्त रूप से देश के कुल रोजगार का लगभग आधा (49%) सृजित करते हैं। कुल रोजगार प्राप्त व्यक्तियों में लगभग 19% महिलाओं (वयस्क) का योगदान है जबकि इन महिलाओं का शहरी एवं ग्रामीण क्षेत्रों से योगदान क्रमशः 14 एवं 24% है। अर्थात् ग्रामीण क्षेत्रों की महिलाएँ (रोजगारयुक्त) शहरी क्षेत्रों की महिलाओं की अपेक्षा 58.3% अधिक हैं। संघशासित प्रदेशों में दिल्ली देश के कुल रोजगार का 4.12% प्रदान करता है तथा इसके उपरान्त चण्डीगढ़ एवं पाण्डिचेरी क्रमशः 0.25% एवं 0.20% रोजगार देते हैं। इसके साथ ही साथ आर्थिक जनगणना में जम्मू एवं कश्मीर, केरल, सिक्किम तथा हरियाणा एवं त्रिपुरा को उन बेहतरीन राज्यों में शुमार किया गया है जहाँ रोजगार की विकास दर सर्वाधिक है। जम्मू-कश्मीर में यह 6.82%, सिक्किम में 5.52%, केरल में 5. 39%, हरियाणा में 5.12% एवं त्रिपुरा में 5.07% है।

इस प्रकार स्पष्ट होता है कि व्यावसायिक संरचना में आमूल-चूल परिवर्तन अवश्यम्भावी है। आर्थिक संघटन के नये आयाम उभर रहे हैं तथा व्यापक स्तर पर जनसांख्यिकीय संरचना में आर्थिक (व्यवसायगत) परिवर्तन होने के संकेत मिले हैं।

आर्थिक क्रियाओं द्वारा सकल घरेलू उत्पाद का निर्माण (Making of Gross Domestic Product by Economic Activities)

राष्ट्र की जनसंख्या अब तीव्र गति से विकासोन्मुख हुई है। इसका पता इस तथ्य से ही चल जाता है कि 2005-06 वर्ष में सकल घरेलू उत्पाद की दर 8. 4% आंकी गई है। आगामी सूचनाएँ अनुमानित हैं कि 10% वृद्धि दर के लक्ष्य को हम शीघ्र प्राप्त कर लेंगे। चूँकि देश में औद्योगिक उत्पादन बढ़ा है और विनिवेश/निवेश के वावजूद भी मुद्रास्फीति नियंत्रण में है, यह एक शुभ संकेत है। 2004-2005 के वर्षों में देश की आर्थिक क्रियाओं के आधार पर कुल घरेलू उत्पाद का ज्ञान अग्रांकित आँकड़े से प्राप्त किया जा सकता है–

विभिन्न आर्थिक क्रियाओं द्वारा सकल घरेलू उत्पाद (ताजा कारक मूल्यदर)

विभिन्न आर्थिक क्रियाएँ	कारक मूल्य (००० मिलियन)
कृषि	5010.61
वानिकी एवं वनवस्तु संग्रह	253.74
मत्स्यन	297.01
खनन एवं उत्खनन	751.79
विनिर्माण	4536.66
वैद्युतिकी, गैस एवं जलापूर्ति	607.19
निर्माण	1863.91
व्यापार, होटल एवं रेस्तराँ	4593.49
परिवहन, संग्रहण एवं संचारण	2404.13
बैंकिंग एवं बीमा	1636.73
रियल एस्टेट एवं व्यावसायिक सेवाएँ	2422.94
लोक प्रशासन एवं सुरक्षा	1736.63
अन्य सेवाएँ	2323.70
कुल	**28438-91**

स्रोत: International Monitory Fund, International Financial Statistics By-The Europa World Year Book, 2006, Volume 1 p. 2142. 2004-05.

अंतर्राष्ट्रीय मुद्राकोष (International Monitory Fund) द्वारा 2004-05 में प्रतिवेदित आँकड़े के अनुसार भारत में कुल घरेलू उत्पाद 28438910 मिलियन रुपये है। इसमें सर्वाधिक अंशदान कृषि का (5010610 मिलियन रुपये) है। इसके बाद व्यापार, होटल एवं रेस्तराँ (4593490 मिलियन रुपये) तथा विनिर्माण क्षेत्र (4536660 मिलियन रुपये) का है। कुल मिलाकर सकल घरेलू उत्पाद की मात्रा एवं दर दोनों में लगातार वृद्धि जारी है, जो कि इंगित करता है कि भारत आने वाले समय में जापान को टक्कर देते हुए संयुक्त राज्य अमेरिका एवं चीन के साथ प्रतिद्वन्द्विता करेगा। कृषि क्षेत्र में नवाचार लाकर भारत इस गति को और तीव्र बढ़ा सकता है।, जिसके लिए प्रयास जारी हैं। कृषि की औसत वार्षिक वृद्धि दर का अवलोकन निम्नांकित आँकड़े करें–

कृषि क्षेत्र में विकास की दर को लेकर उथल-पुथल हमेशा ही मची रही है। चूँकि भारत की कृषि मानसून का जुआ कही जाती है और यह लगभग सत्य के करीब भी है, क्योंकि जिस वर्ष मानसून का उत्थान सही समय और सही मात्रा में नहीं होता उस वर्ष की कृषि विकास दर पर नकारात्मक प्रभाव परिलक्षित होते हैं। सन् 2002 के वर्ष में कृषि प्रधान क्षेत्रों में सूखा की स्थिति ने 2002-2003 के

भारत : कृषि की औसत वार्षिक वृद्धि दर (स्थिर मूल्यों पर)

अवधि	सकल घरेलू उत्पाद में कृषि की श्रमिक (%)	कृषि तथा सम्बद्ध क्षेत्र
आठवीं पंचवर्षीय योजना (1992-1997)	6.7	4.7
नौवीं पंचवर्षीय योजना (1997-2002)	5.5	2.1
2002-2003	3.8	−6.9
2003-2004 (अनंतिम)	8.5	10.0
2004-2005 (त्वरित अनुमान)	7.5	0.7
2004-2005 (अग्रिम अनुमान)	8.1 8.1	2.3 2.3

स्रोतः केन्द्रीय सांख्यिकी संगठन द्वारा आर्थिक सर्वेक्षण 2005-2006 पृष्ठ 155.

सकल घरेलू उत्पाद में कृषि तथा सम्बद्ध क्षेत्र की विकास दर में ऋणात्मकता (−6.9) देखी गई। जबकि इस क्षेत्र में वृद्धि दर आठवीं व नौवीं पंचवर्षीय योजनाओं में क्रमशः 4.7 एवं 2.1 थी। हालाँकि ठीक एक वर्ष बाद 2003-04 में यह दर 10 पहुँच गई, जो कि सकल घरेलू उत्पाद की तत्कालीन वृद्धि दर (8.5) से भी अधिक थी। 2004-2005 के वर्षों के लिए जो त्वरित अनुमान किये गए वे मात्र 0.7 थे और इसी अवधि में अग्रिम अनुमान 2.3 का था। किन्तु वर्तमान वर्ष (2006-07) में कृषि क्षेत्र में विकास दर को बढ़ाने के लिए सरकार ने नीतिगत कदम उठाया है। सितम्बर 2006 की 'योजना' पत्रिका के सम्पादकीय में कृषि-विविधीकरण को अपनाने पर बल देते हुए कहा गया है– "विविधीकरण से यह अर्थ भी है कि शस्य-कृषि से हटकर पशुपालन/दुग्धोत्पादन तथा मत्स्य पालन को भी अपनाया जाये। प्रोफेसर योगेन्द्र कुमार अलघ का मानना है कि प्रमुख शस्यों के लिए हमें नीतिगत रूपरेखा बनानी होगी। प्रत्येक फसल की समस्याओं का पता लगाकर उनका समाधान ढूँढ़ना होगा। ऐसा करने के लिए भारत के पास पर्याप्त अनुभव है, कौशल है और इच्छाशक्ति है परन्तु विकास के खेल में, विशेषकर बाजार अर्थव्यवस्था में, रणनीतियों में भी आगे ही रहना होगा।" कृषि विकास दर की वृद्धि को वाञ्छित मात्रा में प्राप्त करने हेतु उपर्युक्त सुझाव रामबाण सिद्ध हो सकते हैं। जिसके परिणामस्वरूप कृषकों एवं देश की जनसंख्या का विकास (आर्थिक) और आगे जायेगा।

रोजगार की दिशा में सरकारी भूमिका (Robe of Government in Direction of Employment)

भारत में रोजगार को लेकर समस्याएँ हैं, जिनके समाधानार्थ सरकार दिनानुदिन नई नीतियों के तहत जन-कल्याणार्थ रोजगार सम्बन्धी प्रयास कर रही है। हाल ही में लागू रोजगार गारंटी अधिनियम-2005 इस दिशा में बेहतर कदम है। यह अभी चयनित राज्यों के कुछ जिलों में क्रियान्वित है और आगामी वर्षों में पूरे भारत में लागू करने की योजना है। यह प्रत्येक परिवार के एक सदस्य को उसके ग्राम-क्षेत्र के ही अंतर्गत 100 दिनों (वर्ष भर में) का रोजगार मुहैया कराने हेतु कटिबद्ध है। यदि इस योजना का ईमानदारी पूर्वक क्रियान्वयन किया गया तो निश्चय ही लाभदायक प्रमाणित होगा। इस योजना के अतिरिक्त निम्नलिखित योजनाएँ/कार्यक्रम क्रियान्वित किया जा रहे हैं–

1. सम्पूर्ण ग्रामीण रोजगार योजना
2. प्रधानमंत्री ग्राम सड़क योजना
3. काम के बदले अनाज कार्यक्रम
4. स्वर्ण जयंती ग्राम स्वरोजगार योजना
5. जिला ग्रामीण विकास एजेंसी
6. जलसंभर विकास कार्यक्रम

भारत, 2006 (वार्षिक संदर्भ ग्रन्थ) में उल्लिखित इन उर्युक्त योजनाओं/कार्यक्रमों के माध्यम से सरकार ग्रामीण विकास एवं रोजगार सृजन के प्रयास कर रही है। विश्वास किया जाता है कि यदि भारत के गाँवों का विकास कर लिया गया तो निश्चय ही देश विकसित राष्ट्र के रूप में स्वनिर्माण कर लेगा। सरकार का यह कथन कि हम ग्रामीण एवं नगरीय के भेद को मिटाने के प्रति कटिबद्ध हैं तथा भारत निर्माण करना चाहते हैं, आज की परिस्थितियों की माँग के अनुकूल है। इससे मानव जीवन स्तर में सुधार आयेगा एवं देश दिन-प्रतिदिन विकास की सीढ़ियों पर चढ़ते हुए प्रगति-मंजिल की ओर उन्मुख होता रहेगा।

अति उपयोगी प्रश्न शृंखला

1. भारत में सर्वाधिक जनसंख्या किस आयु वर्ग में है?
   (अ) 0–14 वर्ष (ब) 15–59 वर्ष
   (स) 60 वर्ष से अधिक (द) सभी में
2. देश की कितनी जनसंख्या प्रथम आयु वर्ग (0–14 वर्ष) में निहित है?
   (अ) 50% (ब) 37% (स) 45% (द) 55%

3. 2001 की जनगणनानुसार 15–59 वर्ष के आयु वर्ग में देश की जनसंख्या का कितना प्रतिशत है?

(अ) 40% (ब) 45% (स) 50% (द) 55%

4. 0–6 वर्ष के आयु वर्ग (शिशु) में सर्वाधिक प्रतिशत किस धार्मिक समूह में है?

(अ) हिन्दू (ब) मुस्लिम (स) यहूदी (द) इसाई

5. 0–6 वर्ष के आयु वर्ग में हिन्दुओं की कुल जनसंख्या का कितना प्रतिशत समाहित है?

(अ) 15.9% (ब) 20.4% (स) 24.6% (द) 10%

6. हिन्दू शिशुओं (0–6 वर्ष) का सर्वाधिक प्रतिशत किस राज्य के हिन्दू वर्ग में है?

(अ) बिहार (ब) उ. प्र. (स) मध्य प्रदेश (द) हरियाणा

7. भारत में सम्भावित आयु/जीवन प्रत्याशा कितनी है?

(अ) 5 वर्ष (ब) 10 वर्ष (स) 17 वर्ष (द) 63 वर्ष

9. जीवन प्रत्याशा के मामले में देश का केरल राज्य अग्रणी है, जिसकी जीवन प्रत्याशा कितनी है?

(अ) 71 वर्ष (ब) 80 वर्ष (स) 54 वर्ष (द) 68 वर्ष

10. देश में लिंगानुपात का मानक क्या है?

(अ) प्रति सौ पुरुषों पर स्त्रियों की संख्या

(ब) पुरुषों पर स्त्रियों की संख्या

(स) प्रति सौ स्त्रियों पर पुरुषों की संख्या

(द) प्रति हजार स्त्रियों पर पुरुषों की संख्या

11. देश में इस समय लिंगानुपात कितना है?

(अ) 927 (ब) 929 (स) 931 (द) 933

12. प्रतिसहस्त्र पुरुषों पर कितनी स्त्रियाँ अनुपस्थित पायी गई?

(अ) 55 (ब) 60 (स) 67 (द) 77

13. 1901 से लेकर 2001 तक की जनगणनाओं में किस जनगणना में सबसे कम लिंगानुपात था?

(अ) 1971 (ब) 1981 (स) 1991 (द) 2001

14. 1991 की अपेक्षा 2001 में लिंगानुपात में कितनी संख्या की वृद्धि हुई है?

(अ) 2 (ब) 4 (स) 6 (द) 8

15. विश्व के औसत लिंगानुपात (986) से भारत का औसत लिंगानुपात कितना कम है?

(अ) 50 (ब) 53 (स) 58 (द) 60

16. रूस विश्व का सबसे अधिक लिंगानुपात वाला देश है। यहाँ यह कितना है?

(अ) 1050 (ब) 1140 (स) 1190 (द) 1200

17. देश में सबसे अधिक व सबसे कम घनत्व वाले राज्य का युग्म चुनिए–

(अ) क्रमशः केरल व बिहार (ब) केरल व हरियाणा

(स) केरल व उ. प्र. (द) केरल व म. प्र.

18. देश के सभी धार्मिक समूहों में सर्वाधिक लिंगानुपात किसका रहा?
(अ) हिन्दू (ब) मुस्लिम (स) सिक्ख (द) इसाई

19. केरल राज्य का लिंगानुपात कितना है?
(अ) 1050 (ब) 1058 (स) 1080 (द) 1110

20. संघशासित प्रदेशों में सर्वाधिक व सबसे कम लिंगानुपात, क्रमशः किस युग्म का रहा?
(अ) पाण्डिचेरी, लक्षद्वीप (ब) लक्षद्वीप, पाण्डिचेरी
(स) पाण्डिचेरी, दमन व दीव (द) दमन व दीव, पाण्डिचेरी

21. संघशासित प्रदेश दिल्ली का लिंगानुपात कितना है?
(अ) 950 (ब) 850 (स) 890 (द) 821

22. व्यावसायिक संरचना (2001) में सर्वाधिक योगदान किसका है?
(अ) कृषक (ब) कृषीय-कर्मकर
(स) घरेलू उद्योग (द) अन्य कर्मकर

23. देश की कुल सहभागिता की दर का औसत कितना है?
(अ) 30.1 (ब) 39.1 (स) 45.1 (द) 49.1

24. देश के सकल घरेलू उत्पाद में किस क्षेत्र का योगदान सर्वाधिक है?
(अ) कृषि (ब) वानिकी (स) मत्स्यन (द) विनिर्माण

25. रोजगार गारंटी अधिनियम किस वर्ष अस्तित्व में आया?
(अ) 2002 (ब) 2004 (स) 2005 (द) 2006

उत्तरदायी सूची

1. ब	2. ब	3. द	4. ब	5. अ
6. अ	7. द	8. स	9. अ	10. ब
11. द	12. स	13. स	14. स	15. ब
16. ब	17. ब	18. द	19. ब	20. स
21. द	22. ब	23. ब	24. अ	25. स

6

भारत : साक्षरता एवं शिक्षा
(INDIA : LITERACY AND EDUCATION)

साक्षरता का अर्थ

सामान्य अर्थों में मानव के साक्षर (अक्षर ज्ञान युक्त) होने की स्थिति साक्षरता है। डा. सिंह एवं मौर्य (भौगोलिक पारिभाषिक शब्दकोष, 2003) के अनुसार "साक्षर होने की दशा जो सामान्यत: साक्षर जनसंख्या और कुल जनसंख्या के प्रतिशत अनुपात में प्रकट की जाती है। जो व्यक्ति किसी एक भाषा में पढ़ना और लिखना जानता है तथा हस्ताक्षर कर लेता है, साक्षर माना जाता है।"

भारत की जनगणना के अनुसार 7 वर्ष एवं इससे अधिक की आयु वाले ऐसे व्यक्ति को साक्षर माना जाता है जो किसी भी भाषा में समझदारी के साथ-साथ लिखने व पढ़ने में सक्षम हो। ज्ञात हो कि जनगणना में साक्षर वर्ग में 0–6 वर्ष तक के बच्चों को शामिल नहीं किया जाता जबकि 1991 के पूर्ण की जनगणनाओं में यह आयुनिर्धारण मात्र 0–5 वर्ष ही था। 2001 की जनगणना में 7 वर्ष या इससे अधिक आयुवर्ग को साक्षर वर्ग में स्थान दिया गया।

शिक्षा का अर्थ

प्राय: लोग साक्षरता और शिक्षा को समानार्थी मान लेते हैं, किन्तु इनमें बड़ा अंतर है। साक्षरता शिक्षा की प्रथम सोपान है। शिक्षा शब्द की उत्पत्ति संस्कृत की 'शिक्ष्' धातु से हुई है। जिसका अर्थ ज्ञान प्राप्ति से है। शिक्षा का आंग्लभाषी रूपान्तर Education है, जो कि लातीनी भाषा के 'E' और 'Catum' शब्द से उद्धृत है। लातीनी भाषा में 'E' का तात्पर्य 'अन्तस्' और 'Catum' का तात्पर्य 'आगे बढ़ना' है। अर्थात् शिक्षा वह है जो अन्तस् या आन्तरिक ज्ञान को सम्वर्द्धित करे। आज के परिवेश (लौकिक) में विद्यालयों या अन्य संचार माध्यमों से प्राप्त की जाने वाली योजनाबद्ध ज्ञान-प्रणाली 'शिक्षा' की संज्ञा से अभिहीत की जाती है। सुकरात के शब्दों में–"शिक्षा का तात्पर्य संसार के सर्वमान्य विचारों को जो कि प्रत्येक मानव मस्तिष्क में नैसर्गिक रूप से निहित होते हैं, को प्रकाश में लाना है।"

प्रमुख रूप से शिक्षा को 2 वर्गों (*i*) औपचारिक (*ii*) अनौपचारिक में विभक्त करते हैं–

(*i*) **औपचारिक शिक्षा :** यह शिक्षा का वह प्रकार है, जिसके अंतर्गत निश्चित अवधि में एवं निश्चित स्थान पर शिक्षण कराया जाता है। यह शिक्षा विद्यालयीय होती है तथा प्राथमिक, पूर्व माध्यमिक, उत्तर माध्यमिक, स्नातक, स्नातकोत्तर एवं उत्तर स्नातकोत्तर स्तरों पर प्रदान की जाती है। इसके अंतर्गत पुस्तकालय एवं ग्रन्थालय भी सम्मिलित होते हैं।

(*ii*) **अनौपचारिक शिक्षा :** इसके लिए न तो विद्यालय का होना जरूरी है और न ही विभिन्न शिक्षा स्तर का। यह शिक्षा परिवार, समाज, आकशवाणी, दूरदर्शन आदि के माध्यम से बिना योजनाबद्ध प्रयास किये ही प्राप्त हो जाती है।

साक्षरता की उन्नति (Progress of Literacy)

भारत अनादि काल से ही धर्म और शिक्षा के मामले में विश्व स्तर पर जाना जाता रहा है। किन्तु सबसे बड़ा खेद इस बात का है कि शिक्षा यहाँ कुछ विशिष्ट लोगों तक ही सीमित थी। वैदिक काल में शिक्षा एवं शिक्षण कार्य मात्र 3 उच्च वर्णों (ब्राह्मण-क्षत्रिय एवं वैश्य) तक ही देय थी। शूद्रों के लिए यह निषिद्ध थी। महाभारत काल के कई ऐसे उद्धरण मिल जाऐंगे जो इस बात को और अधिक प्रमाणित करते हैं।

वर्तमान युग में पाश्चात्य शिक्षा पद्धति के प्रादुर्भाव से आधुनिक शिक्षा को बल मिला है। बड़ी संख्या में लोग साक्षर/शिक्षित हुए हैं। हालाँकि हम आज साक्षरता के जिस मुकाम पर हैं वह भी स्वयं में पूर्ण संतोषजनक नहीं है। किन्तु इतना अवश्य है कि 1901 की जनगणना में साक्षर व्यक्तियों की अपेक्षा अब हम कई गुने अधिक साक्षरों को निर्मित किये हैं। वर्तमान में देश की साक्षरता दर 65% से भी अधिक (65.38%) है। यह साक्षरता प्रतिशत 1901 (5.35%) की तुलना में एक दर्जन गुने से भी अधिक (12.22 गुना) है। इस साक्षरता प्रतिशत (65.38) में पुरुषों की भागीदारी 75.85% की तथा महिलाओं की 54.16% की है। 1901 में यह क्रमश: 9.83 एवं 0.60% ही रही थी। यह वर्ष पुरुषों की अपेक्षा महिलाओं की साक्षरता की बेहद कम होना बताता है, जब मात्र 6.1% महिलाएँ ही पुरुषों के 100% की अपेक्षा (9.83% को 100% मानने पर) साक्षर थीं। 1901 की अपेक्षा 1951 में जब कुल साक्षरता 3 गुने से अधिक बढ़ गई तब भी पुरुषों की साक्षरता (27.16%) की अपेक्षा 1/3 महिलाएँ ही साक्षर थीं। महिला साक्षरता सही मायने में 1961 की जनगणना में तूल पकड़ना आरंभ करती

है किन्तु यह अभी भी पुरुषों की अपेक्षा 21.69% पीछे चल रही है। इस बावत सरकार महिला साक्षरता पर आधारित कई नीतियों एवं प्रलोभनों का उद्घाटन कर रही है और आशा है कि आगामी जनगणनाओं में इनकी साक्षरता अपेक्षित होगी। अब तक इस क्षेत्र में जो भी प्रगति होती आयी है उसका जनगणना वर्षों के निष्कर्षानुसार स्पष्टीकरण अग्रांकित आरेख में प्राप्य है–

आरेख में लगातार साक्षरता दर की वृद्धि हुई है, किन्तु अनन्तिम जनगणना 2001 तक की उपलब्धि से हम पूर्ण संतुष्ट नहीं है। यह निर्विवाद सत्य है कि इस वर्ष लगभग 2/3 जनसंख्या साक्षर नजर आयी परन्तु हमें यह भी देखना होगा कि अभी भी 1/3 से अधिक भारतीय निरक्षर हैं। जहाँ पुरुष वर्ग में 3/4 लोग साक्षर हैं वहीं दूसरी ओर लगभग आधी महिलाएँ ही इससे युक्त हैं। नकारात्मक शब्दों में जहाँ 1/4 पुरुष निरक्षर हैं वहीं लगभग 1/2 महिलाएँ निरक्षर हैं। हमें सरकारी सहयोगों को प्रेरणा एवं प्रोत्साहन देने के साथ-साथ सच्ची सहानुभूति देनी होगी। नीतियों में कही गयी बात कि 'एक साक्षर को चाहिए कि वह अपने निकटवर्ती 6 निरक्षरों को साक्षर बनाये', को यदि ईमानदारी पूर्वक अमल में लाया जाये तो वह दिन दूर नहीं जब हम साक्षरता शब्द ही भारत के परिप्रेक्ष्य में सुनने को पायेंगे और निरक्षरता शब्द जैसे लुप्तप्राय सा हो जायेगा।

चूँकि 1991 से लेकर 2001 की जनगणना की कुल साक्षरता के बीच प्रतिशतान्तर 13.17 का है, अतः इतना तो अवश्य कहा जा सकता है कि आगामी वर्षों में परिणाम बेहतर होंगे। साक्षरता को लेकर कई स्तरों पर काम हो रहा है आवश्यकता है उसके सुचारू संचालन की।

वयस्क साक्षरता दर (Adult Literacy Rate)

15 वर्ष के ऊपर की आयु वाले साक्षरों की संख्या को वयस्क साक्षरता दर के अंतर्गत रखते हैं। विश्व विकास प्रतिवेदन (World Development Report)–2003 के अनुसार 2001 में भारत की वयस्क साक्षरता दर 58.0% थी, जिसमें युवा साक्षरता दर (Youth Literacy Rate) 73.3% देखी गयी। युवा साक्षरता दर 15 वर्ष से लेकर 24 वर्ष तक की आयु के मध्य निकाली जाती है। इसी वर्ष एशिया के कुछ चयनित राष्ट्रों में वयस्क साक्षरता दर की तुलना भारत के संदर्भ में करना उचित होगा। आरेख देखें–

स्पष्ट है कि भारत वयस्क साक्षरता दर की दृष्टि से मध्यम स्तर का देश है। उज्बेकिस्तान, मंगोलिया और वियतनाम में जहाँ 90% से अधिक वयस्क साक्षरता है वहीं भारत की साक्षरता मात्र 58.0% है। यह इण्डोनेशिया (87.3), चीन (85.8), म्यांमार (85.0) से इस लक्ष्य में काफी पीछे है। किन्तु पाकिस्तान (44.0), नेपाल (42.9) एवं बांग्लादेश (40.6) की अपेक्षा यह अधिक है। ज्ञात

भारत : साक्षरता दर में वृद्धि 1901-2001

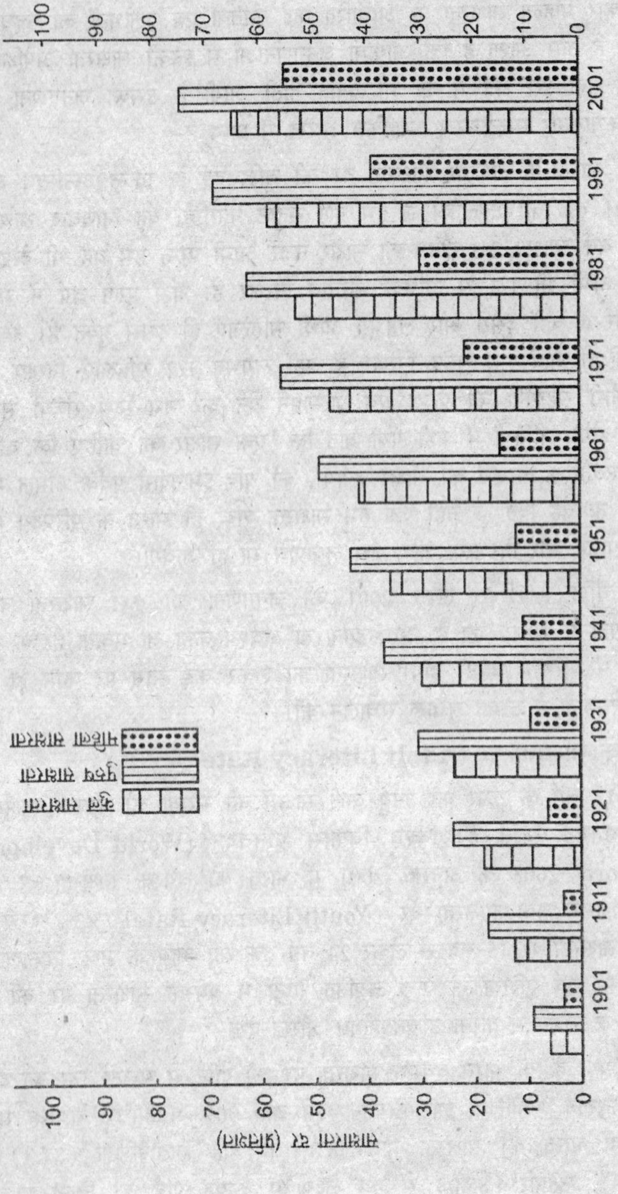

होना चाहिए कि ये सभी 4 राष्ट्र (भारत, पाकिस्तान, नेपाल एवं बांग्लादेश) पड़ोसी हैं और इनमें घोर गरीबी एवं अशिक्षा से उबरने का अनुकूल समय अब जाकर मिला है। आशा है कि भारत की स्थिति और सुधरती हुई अपने से ऊपर वाले राष्ट्रों की बराबरी करेगी।

चयनित एशियाई देशों की वयस्क साक्षरता दर से भारत की तुलना–2001

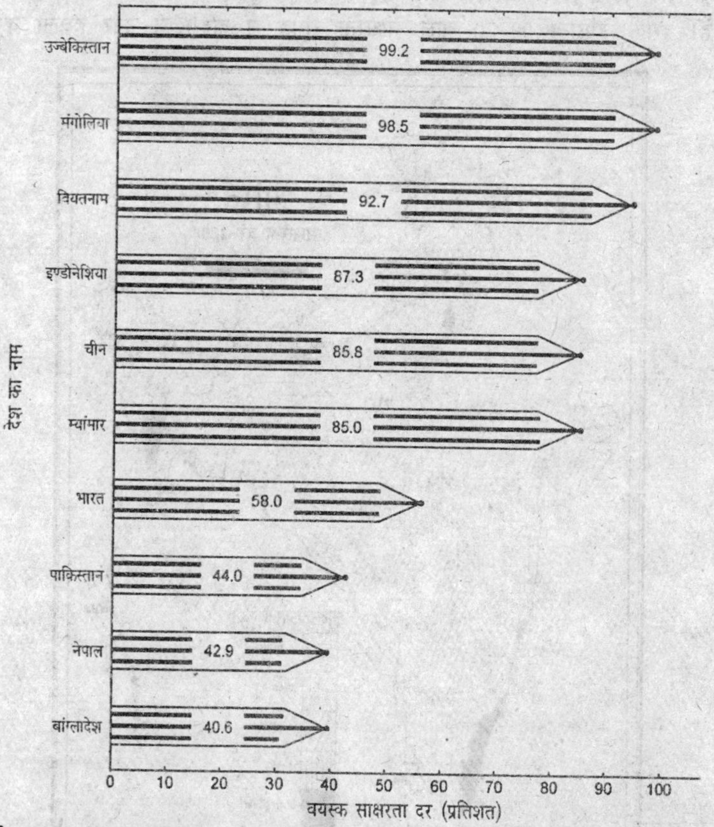

स्रोतः मानव विकास प्रतिवेदन (Human Developement Report) 2003, p. 272. पर आधारित।

राज्यों/केन्द्रशासित प्रदेशों में साक्षरता दर (Literacy Rate in States/ Union Territories)

2001 की जनगणना परिणामों के अनुसार भारत के सभी राज्यों व केन्द्रशासित प्रदेशों में साक्षरता दर अलग-अलग रही है। केरल 90.92% साक्षरता दर के साथ देश

का सर्वाधिक साक्षर राज्य शामिल किया गया। संघशासित प्रदेशों में सर्वाधिक साक्षरता लक्षद्वीप की 87.52% रही। इसी प्रकार राज्यों में सबसे कम साक्षरता बिहार (47.53%) की एवं संघशासित प्रदेशों में दादरा व नगर हवेली (60.03%) की रही।

उच्चतम् साक्षरता दर (80% से अधिक) वाले प्रदेशों में केरल के साथ-साथ मिजोरम व गोआ भी शामिल रहा संघशासित प्रदेशों में दादरा व नगर हवेली को छोड़कर सभी 6 इस श्रेणी में शामिल हैं। 70-80% साक्षरता वाले समूह में क्रमशः महाराष्ट्र, हिमाचल प्रदेश, त्रिपुरा, तमिलनाडु एवं उत्तरांचल राज्य शामिल हैं। इसके उपरान्त 60-70 वाले साक्षरता समूह में दादरा व नगर हवेली को

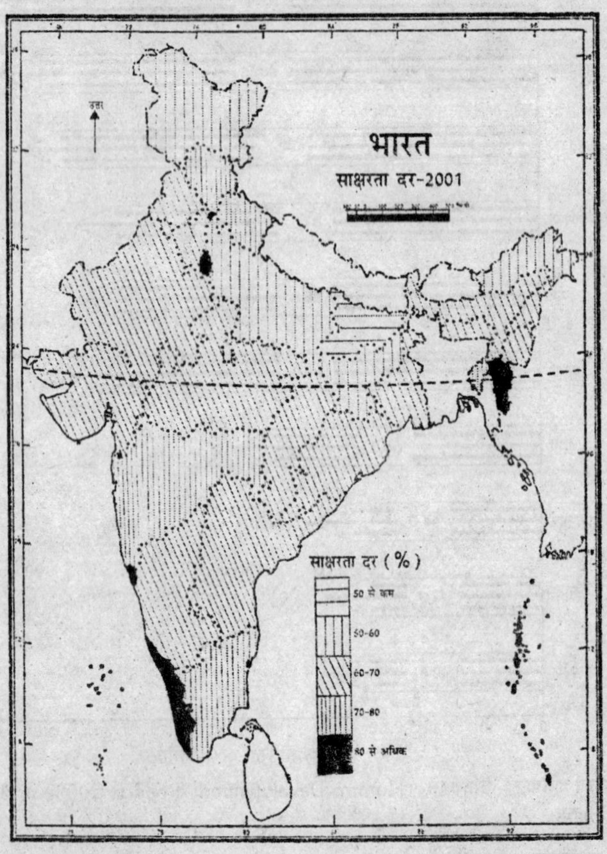

मिलाकर राज्यों में क्रमशः गुजरात, पंजाब, सिक्किम, पश्चिम बंगाल, मणिपुर, हरियाणा, नागालैण्ड, कर्नाटक, के साथ-साथ छत्तीसगढ़, असम, मध्य प्रदेश, उड़ीसा, मेघालय, आंध्र प्रदेश एवं राजस्थान आदि आते हैं। ज्ञात हो कि इस वर्ग में

सर्वाधिक (16) राज्य/संघशासित प्रदेश समाहित है। 50-60 के समूह में उत्तर प्रदेश, अरुणाचल प्रदेश, जम्मू कश्मीर एवं झारखण्ड राज्य सम्मिलित हैं और 50% से कम साक्षरता मात्र बिहार की ही है।

सबसे बड़ी बिडम्बना साक्षरता के मामले में लैंगिक वैषम्य की है। सभी राज्यों/संघशासित प्रदेशों में पुरुषों की साक्षरता की अपेक्षा महिलाओं की साक्षरता कम रही। मात्र केरल और मिजोरम में यह पुरुषों (क्रमश: 94.20% एवं 90.68%) की तुलना में (क्रमश: 87.86% एवं 86.13%) लगभग बराबर रही बाकी के सारे राज्यों में भारी अन्तराल पाया गया। राजस्थान, उत्तर प्रदेश, बिहार और झारखण्ड में यह अंतराल बहुत अधिक रहा है। संघशासित प्रदेशों में भी यह अंतराल विद्यमान देखा गया।

उल्लेखनीय है कि जिन राज्यों/संघशासित प्रदेशों में लिंग भेद, गरीबी और ग्रामीण अनुपात अधिक है वहाँ कुल साक्षरता के साथ-साथ लिंगवार साक्षरता भी कम है तथा जहाँ पर उपर्युक्त कारकों के स्थान पर लिंग-साम्यता, अल्पनिर्धनता या अपेक्षाकृत उच्च जीवन स्तर व नगरीय अनुपात अधिक है उनमें कुल साक्षरता दर के साथ-साथ इस मामले में लिंगवार अनुपात भी कम अंतराल वाला पाया गया। साक्षरता के लिंगवार आनुपातिक अंतराल को कम करने हेतु हमें राष्ट्रस्तरीय योजनाओं के अतिरिक्त राज्यों व जनपद स्तरों पर विशिष्ट अभियान चलाने की आवश्यकता है और इससे भी बड़ी आवश्यकता है उसके सही मायने में क्रियान्वयन की ताकि साक्षरता दर के साथ-साथ लिंगभेद की बिडम्बना से भी मुक्ति मिल सके। 2001 में कुल साक्षरता दर के साथ-साथ पुरुष एवं महिला साक्षरता दर की स्थिति इस प्रकार है–

भारत के राज्यों/के.शा. प्रदेशों में लिंगवार साक्षरता—2001

क्रमांक	राज्यों/केन्द्रशासित प्रदेशों के नाम	कुल साक्षरता दर (%)	पुरुष साक्षरता दर (%)	महिला साक्षरता दर (%)
1	2	3	4	5
	राज्य			
1.	केरल	90.92	94.20	87.86
2.	मिजोरम	88.49	90.68	86.13
3.	गोआ	82.32	88.88	75.57
4.	महाराष्ट्र	77.27	86.27	67.51
5.	हिमाचल प्रदेश	77.13	86.02	68.08
6.	त्रिपुरा	73.66	81.47	65.41
7.	तमिलनाडु	73.47	82.33	64.54

1	2	3	4	5
8.	उत्तरांचल	72.28	84.02	60.26
9.	गुजरात	69.97	80.50	58.60
10.	पंजाब	69.95	75.63	63.55
11.	सिक्किम	69.68	76.74	61.46
12.	पश्चिम बंगाल	69.22	77.58	60.22
13.	मणिपुर	68.87	77.86	59.70
14.	हरियाणा	68.59	79.25	56.31
15.	नागालैण्ड	67.11	71.77	61.61
16.	कर्नाटक	67.03	76.29	47.45
17.	छत्तीसगढ़	65.17	77.86	52.40
18.	असम	64.28	71.93	56.03
19.	मध्य प्रदेश	64.08	76.74	40.29
20.	उड़ीसा	63.61	75.95	50.97
21.	मेघालय	63.31	66.14	50.42
22.	आंध्र प्रदेश	61.11	70.85	50.30
23.	राजस्थान	61.03	76.46	44.34
24.	उत्तर प्रदेश	57.36	70.23	42.98
25.	अरुणाचल प्रदेा	54.74	64.07	44.24
26.	जम्मू व कश्मीर	54.46	65.75	41.82
27.	झारखण्ड	54.12	67.94	39.39
28.	बिहार	47.53	60.33	33.57
	केन्द्र शासित प्रदेश			
1.	लक्षद्वीप	87.52	93.15	81.56
2.	दिल्ली	81.82	87.38	75.01
3.	चण्डीगढ़	81.76	85.65	76.65
4.	पाण्डिचेरी	81.49	88.89	74.13
5.	अण्डमान व निकोबार द्वीप समूह	81.18	86.07	75.29
6.	दमन एवं दीव	81.08	88.40	70.37
7.	दादरा व नगर हवेली	60.03	73.33	42.98
	सम्पूर्ण भारत	**65.38**	**75.85**	**52.40**

स्रोत: Census of India 2001, Provisional Population Totals Paper 1, pp. 117-118.

आँकड़े के अध्ययनोपरान्त ज्ञात होता है कि राज्यों की अपेक्षा संघशासित प्रदेशों में साक्षरता की दर ऊपर है। किसी भी प्रदेश में यह 60% से कम नहीं है। मात्र एक प्रदेश दादरा व नगर हवेली को छोड़कर (60.03%) शेष सभी छहों प्रदेशों में साक्षरता दर 81% से ऊपर है। देश की राजधानी दिल्ली संघशासित प्रदेशों में लक्षद्वीप के बाद सर्वाधिक (81.82%) साक्षरता रखती है, जहाँ पर पुरुष साक्षरता 87.38% एवं महिला साक्षरता 75.01% रही है। संघशासित प्रदेशों में उच्च साक्षरता दर होने का मुख्य कारण यहाँ नगरीकरण, अपेक्षाकृत उच्च जीवन स्तर एवं शिक्षा/साक्षरता की बेहतर सुविधाओं का होना है। कम जनसंख्या वितरण का होना भी एक महत्वपूर्ण कारण है। संघ शासित प्रदेशों में पुरुषों की साक्षरता सर्वाधिक लक्षद्वीप (93.15%) में है तथा महिला साक्षरता के मामले में भी यही सर्वोपरि है। इसके अतिरिक्त चण्डीगढ़, दिल्ली एवं अण्डमान-निकोबार द्वीप समूह में महिला साक्षरता 75% से अधिक एवं शेष में इससे नीचे है। दादरा व नगर हवेली में तो यह मात्र 42.98% ही है। इन प्रदेशों में पुरुष साक्षरता के राष्ट्रीय औसत वाले राज्यों में दादरा व नगर हवेली को छोड़कर शेष सभी सम्मिलित हैं जबकि महिला औसत के मामले में भी यही कथन सत्य है। राज्यों के संदर्भ में 12 राज्य ऐसे हैं जिनकी साक्षरता दर देश की औसत साक्षरता दर से नीचे है तथा राष्ट्रीय औसत से अधिक साक्षरता वाले राज्यों की संख्या 16 है। पुरुष साक्षरता दर में सर्वोपरि पाँच राज्यों में करेल, मिजोरम, गोआ, महाराष्ट्र और हिमाचल प्रदेश है तथा सबसे नीचे वाले पाँच राज्य बिहार, अरुणाचल प्रदेश, जम्मू कश्मीर, मेघालय एवं झारखण्ड (क्रमशः) हैं, जबकि महिला साक्षरता के बारे में केरल, मिजोरम, गोआ, हिमाचल प्रदेश और फिर इसके बाद महाराष्ट्र आदि 5 राज्य अग्रणी हैं जबकि, निचले स्तर के पाँच राज्यों में क्रमानुसार बिहार, झारखण्ड, जम्मू एवं कश्मीर, उत्तर प्रदेश तथा अरुणाचल प्रदेश का स्थान आता है। वास्तव में साक्षरता का उच्च या निम्न होना राज्यों/प्रदेशों के व्यक्तियों के समाजीकरण एवं उनके जीवन-स्तर पर निर्भर करता है। जिन क्षेत्रों में नारी-साक्षरता अत्यल्प है वहाँ पर नारी सशक्तीकरण के विविध कार्यक्रम चलाये जा रहे, जिसमें सरकार के साथ-साथ जनसहभागिता एवं स्वयं सेवी संगठनों की महत्वपूर्ण भूमिका दृष्टिगत हो रही है, विश्वास है कि आगामी वर्षों में बेहतर परिणाम प्राप्त होंगे।

प्रमुख निरक्षर राज्य (Major Illiterate States)

2001 की जनगणना जहाँ एक ओर देश की कुल साक्षरता दर में नई किरण लेकर आयी वहीं उसने कुछ राज्यों की स्थिति (साक्षरता) को इस प्रकार उद्घाटित किया कि उसे देखकर चिन्ता हुई। ज्ञात हो कि देश में अभी भी 35.16% लोग निरक्षर हैं। यह कुल जनसंख्या का लगभग एक तिहाई है अर्थात् हर तीन भारतीय में से 1 पूर्णतया निरक्षर है। 12 ऐसे राज्यों को चुना गया है जिनकी साक्षरता दर

देश की औसत साक्षरता दर (65.38%) से कम है। इन राज्यों को उद्घाटित करता निम्नवत् आँकड़ा प्रदर्शित है–

भारत के प्रमुख निरक्षर राज्य : 2001

क्रमांक	राज्य का नाम	निरक्षर व्यक्ति (%)	निरक्षर पुरुष (%)	निरक्षर स्त्री (%)
	भारत	35.16	24.74	46.33
1.	बिहार	53.00	40.32	66.88
2.	झारखण्ड	46.44	32.70	61.13
3.	अरुणाचल प्रदेश	45.66	36.17	56.47
4.	जम्मू एवं कश्मीर	44.48	33.40	57.00
5.	उत्तर प्रदेश	43.73	31.18	57.78
6.	राजस्थान	39.59	24.30	56.15
7.	आंध्र प्रदेश	39.53	29.68	49.58
8.	मेघालय	37.44	34.57	40.39
9.	उड़ीसा	36.92	24.65	49.48
10.	असम	36.75	28.72	49.39
11.	मध्य प्रदेश	36.26	23.94	49.71
12.	छत्तीसगढ़	35.34	22.62	48.15

स्रोत: Census of India, 2001.

उपर्युक्त निरक्षर राज्यों में बिहार सबसे आगे रहा। यहाँ 53.00% साक्षरता रहित लोग पाये गये जिनमें महिलाओं ने 66.88 एवं पुरुषों ने 40.32% निरक्षरता का योगदान दिया। यहाँ खासकर महिलाओं का 2/3 निरक्षर होना बड़ी निराशाजनक सोच को जन्म देता है। कहने का तात्पर्य यह कि यहाँ हर तीन महिलाओं में 2 निरक्षर हैं जबकि पुरुष हर पाँच में से दो निरक्षर। झारखण्ड, जो कि 15 नवम्बर सन् 2000 को इससे अलग हुआ है, में इसके बाद सर्वाधिक गैर साक्षर लोगों का प्रतिशत है। यहाँ कुल निरक्षर व्यक्तियों (46.44%) में से 32.70% पुरुष और 61. 13% महिलाएँ शापिल हैं। यानि हर 3 में से 1 पुरुष और हर 5 में से 3 महिला गैर पढ़े-लिखे हैं। इन दो घोर निरक्षर राज्यों के बाद कुल निरक्षर व्यक्तियों के दृष्टिकोण से क्रमशः अरुणाचल प्रदेश, जम्मू कश्मीर, उत्तर प्रदेश, राजस्थान, आंध्र प्रदेश के साथ-साथ मेघालय, उड़ीसा, असम, मध्य प्रदेश और छत्तीसगढ़ राज्यों का स्थान आता है। पुरुष व महिला निरक्षरों के राज्यवार वितरण-क्रम को आँकड़े में देखें। अरुणाचल प्रदेश जम्मू कश्मीर और मेघालय भी ऐसे राज्य हैं जहाँ हर तीन पुरुषों में 1 पुरुष निश्चित रूप से निरक्षर है। महिलाओं के विषय में यह

कहना कि हर 2 महिला में 1 निरक्षर है, बिहार और झारखण्ड के साथ-साथ अरुणाचल प्रदेश, जम्मू कश्मीर, उत्तर प्रदेश, एवं राजस्थान के लिए बिल्कुल सत्य प्रमाणित होता है।

इन राज्यों को निरक्षरता से उबारने के लिए नियोजनबद्ध तरीके से कुल साक्षरता/शिक्षा नीतियों का विवेकपूर्ण ढंग से क्रियान्वयन होना चाहिए। इन प्रत्येक राज्यों में त्वरित साक्षरता कार्यबल की स्थापना होनी चाहिए तथा विभिन्न क्षेत्रीय समस्याओं के ज्ञान को प्राप्त कर उनके अनुरूप साक्षरता हेतु प्रोत्साहन प्रदान करना चाहिए। स्वयं सेवी संगठन, जो ईमानदारी की नीतियों पर कार्य कर सके, उसका इस क्षेत्र में आना आशादीप को प्रज्जवलित करना होगा। कागजी कार्यवाही से उठकर हमें कुछ अनोखे क्रियान्वयन करने होंगे, जिसमें आदर्शवादिता का बीज छुपा हो।

विभिन्न धार्मिक समूहों में साक्षरता दर (Literacy Rate in Various Religious Communities)

देश में विभिन्न धार्मिक समूह उपस्थित हैं। सबसे बड़े धार्मिक समूह के रूप में हिन्दू (कुल जनसंख्या का 82%) है। हिन्दुओं की साक्षरता दर देश की औसत दर से अंश मात्र कम है। देश की साक्षरता दर का औसत 65.38% है, जबकि हिन्दुओं में यह है 65.1%। मुस्लिम धार्मिक समूह देश का सबसे कम पढ़ा-लिखा समूह ('अन्य धार्मिक समूह' को छोड़कर) है। जिसमें साक्षरता दर औसत राष्ट्रीय दर से कम अर्थात् 59.1% मात्र है। जहाँ हर 3 हिन्दुओं में से 1 हिन्दू निरक्षर है वहीं हर 5 मुसलमान में से 2 निरक्षर हैं। इन दोनों विशाल धार्मिक समूहों की साक्षरता दर पर चिंता होती है।

देश का सर्वाधिक पढ़ा-लिखा धर्म समूह जैनियों का है जिनमें 94.1% लोग इस तरह हैं। इनके बाद इसाई (80.3%), बौद्ध (72.7%) एवं सिक्ख (69.4%) सबसे अधिक पढ़े-लिखे धर्म-समूह हैं। 'अन्य धर्म समूह' के लोगों में साक्षरता दर मात्र 47.0% है, जो कि स्वयं में सबसे कम है। इस स्पष्टीकरण को निम्नलिखित आरेख और अधिक रूचिकर बनायेगा। देखें–

हिन्दू धर्म समूह में सबसे अधिक साक्षरता वाले राज्य/केन्द्रशासित प्रदेश लक्षद्वीप, केरल, दिल्ली, गोआ एवं चण्डीगढ़ रहे जिनकी दर 80% से अधिक रही। इसी प्रकार मुस्लिम साक्षरता दर में अण्डमान निकोबार द्वीप समूह,पाण्डिचेरी, केरल, लक्षद्वीप, एवं छत्तीसगढ़ आदि अव्वल रहे। क्रिश्चियनों के मामले में केरल, दिल्ली, मिजोरम एवं महाराष्ट्र अग्रणी रहे जहाँ 90% से अधिक साक्षरता दर पायी जाती है।

भारत : विभिन्न धार्मिक समूहों में साक्षरता दर—2001

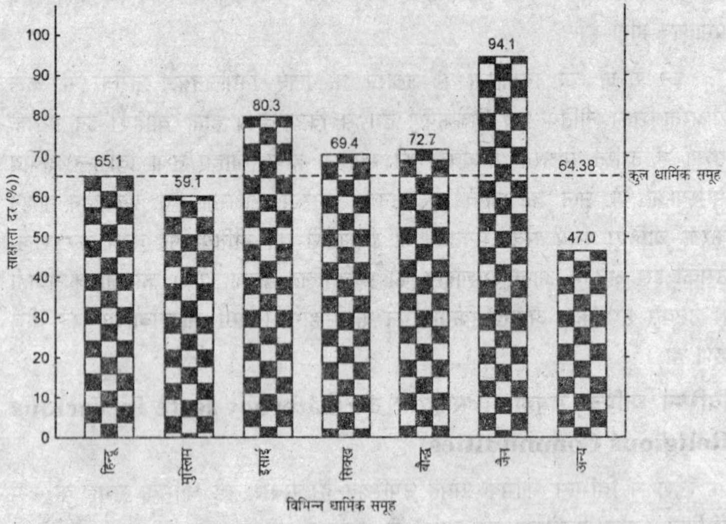

स्रोत: Based on Census of India, 2001, The First Report on Religion Data (Abstract) Page No. X/iii.

सिक्खों का सर्वाधिक पढ़ा-लिखा समूह क्रमशः लक्षद्वीप, सिक्किम, त्रिपुरा, गोआ, दमन एवं दीव, केरल, अरुणाचल प्रदेश, दिल्ली एवं चण्डीगढ़ में है जहाँ 92% से अधिक सिक्ख साक्षर हैं। सिक्खों की खान वाले प्रदेश पंजाब में यह मात्र 67.3% हैं लक्षद्वीप में 100% साक्षरता सिक्खों के मामले में रही क्योंकि यहाँ इनकी संख्या बेहद कम है। बौद्धों की भी 100% साक्षरता इस केन्द्रशासित प्रदेश में पायी गई और इसके पीछे भी यही तथ्य है। इसके बाद पाण्डिचेरी, केरल और चण्डीगढ़ में 90% से अधिक बौद्ध साक्षर हैं। जैनियों की साक्षरता सभी ध र्म-समुदायों में सर्वाधिक है जिसमें पाण्डिचेरी, अण्डमान निकोबार द्वीप समूह, केरल, गोआ, महाराष्ट्र, गुजरात, मध्य प्रदेश, छत्तीसगढ़, दिल्ली, असम, उत्तरांचल एवं पंजाब में इनकी साक्षरता 95% से अधिक है।

इस प्रकार ज्ञात होता है कि विभिन्न धर्म-समूहों में साक्षरता की स्थिति और उसकी संवृद्धि अलग-अलग दर में है। जनजातियों वाले धर्मों में तो यह बेहद कम है। सच्चे अर्थों में हमें यह चाहिए कि एक सार्वभौमिक राष्ट्रीय साक्षरता की अगुवाई करते हुए निष्पक्ष रूप से सभी भारतीयों को सुशिक्षित एवं साक्षर बनाने का बीड़ा उठाया जाय ताकि इसका वाच्छित लाभ सभी धर्म समूहों को मिले और साक्षरता की इच्छित मंजिल हाँसिल हो।

जनपदवार साक्षरता (Districtwise Literacy)

सन् 2001 की जनगणना में जिलेवार साक्षरता दर में बेहद अन्तर एवं वैषम्य मिला। जहाँ एक ओर 95% साक्षरता दर से भी अधिक साक्षरता वाले जिले यहाँ मौजूद हैं, वहीं 35% साक्षरता दर से भी कम साक्षरता वाले जिलों की भरमार मिली। अधिकतम् साक्षरता दर वाले जिले मिजोरम, पाण्डिचेरी एवं केरल में चिन्हित किये गए एवं इसके विपरीत न्यूनतम दर वाले जिले छत्तीसगढ़, झारखण्ड, बिहार, उड़ीसा एवं उत्तर प्रदेश राज्यों से प्राप्त किये गए। देश के 10 अधिकतम साक्षरता वाले जनपद समूह में 2 जिले मिजोरम से 1 पाण्डिचेरी से तथा 7 केरल (सर्वाधिक) से हैं। इनको क्रमानुसार निम्नलिखित आरेख में लिपिबद्ध/अंकित किया गया है–

भारत के अधिकतम साक्षरता दर वाले 10 शीर्ष जनपद–2001

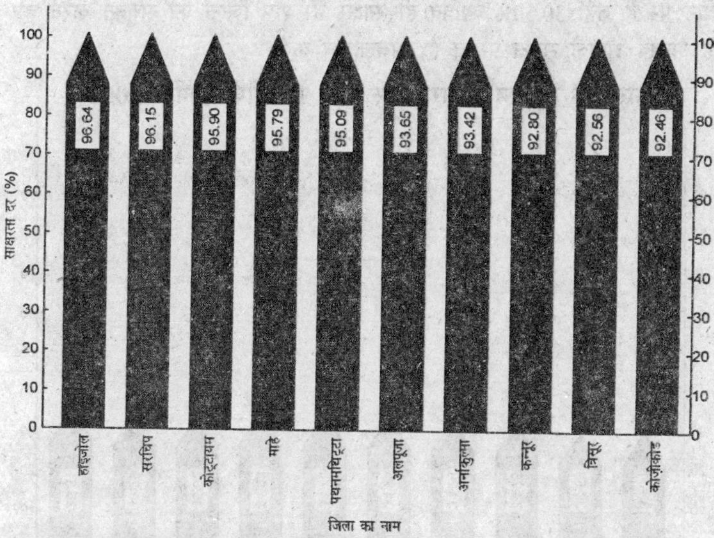

स्रोत: भारत की जनगणना-2001 पर आधारित।

उपर्युक्त आरेख से जाहिर होता है कि सभी अधिकतम जनसंख्या वाले दस जिलों में साक्षरता की दर 92.46% से लेकर 96.64% तक है। विशेष तथ्य यह है कि ये समस्त जनपद साक्षरता के मामले में राष्ट्रीय औसत से लगभग डेढ़ गुने अधिक साक्षरता वाले हैं। आइजोल तो इससे भी ऊपर है। इन जिलों में साक्षरता प्रतिशत का उच्च होना इस बात का गवाह है कि यहाँ इसाई धर्मानुयायियों का आधिक्य है, जहाँ लिंगभेद का अभाव तथा जीवन स्तर में उच्चता पायी जाती है। अन्य राज्यों की अपेक्षा ये अधिक धन भी शिक्षा/साक्षरता पर व्यय करते हैं।

मिजारेम चूँकि पूर्वोत्तर का सबसे प्रतिष्ठित राज्यों में से है। पूर्वोत्तर विकास से सम्बन्धित जो भी सरकारी योजनाएँ हैं प्रायः वे मिजोरम होकर ही गुजरती हैं। हाल ही में डॉ. मनमोहन सिंह ने पूर्वोत्तर भारत की यात्रा के दौरान मिजोरम के विकासार्थ कई कार्यक्रमों की घोषणा की है। केरल भी विकास के मामले में बहुत आगे है। तकनीकी शिक्षा में इसके बराबर शायद ही कोई राज्य हो। पाण्डिचेरी केन्द्रशासित प्रदेशों में सम्पन्न प्रदेशों में से है। यहाँ का सामाजिक स्तर ऊँचा होना इसकी साक्षरता का मूल कारण है।

देश के न्यूनतम् साक्षरता दर वाले जिलों में 1 जिला छत्तीसगढ़, 1 झारखण्ड, 2-2 जिले उत्तर प्रदेश व उड़ीसा से तथा 4 जिले बिहार से हैं। छत्तीसगढ़ का दाँतेवाड़ा जिला देश का सबसे निरक्षर जिला है जहाँ साक्षरता दर मात्र 30.01% ही पायी जाती है। इसी के समानान्तर झारखण्ड राज्य का पकाउर जनपद दूसरे स्थान पर है जहाँ 30.50% व्यक्ति ही साक्षर हैं। शेष जिलों को संयुक्त करते हुए यह आरेख आपके समक्ष प्रस्तुत है, अवलोकन करें–

भारत के न्यूनतम साक्षरता दर वाले 10 शीर्ष जनपद–2001

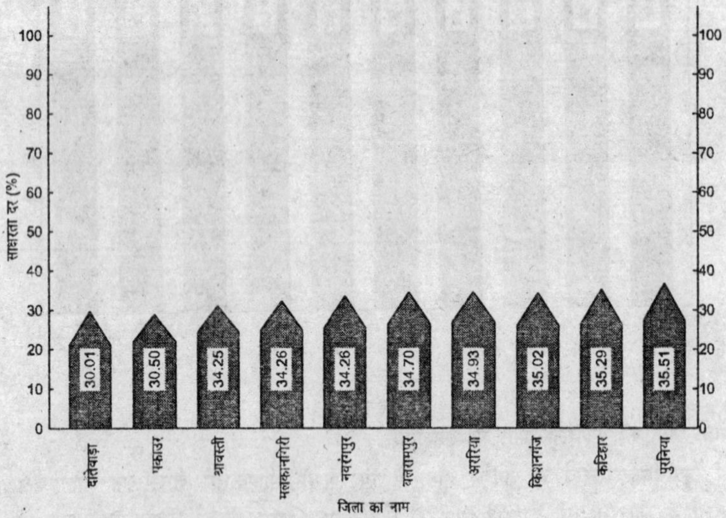

स्रोतः भारत की जनगणना, 2001 पर आधारित।

उपर्युक्त 10 शीर्ष निरक्षर जिलों में लगभग सभी की साक्षरता दर राष्ट्रीय औसत की आधी है। इनमें दाँतेवाड़ा तथा पकाउर जनपद की तो स्थिति इससे भी बदतर है।

इन जनपदों की निरक्षरता को दूर करने के लिए जनपद स्तरीय प्रयास करना

बेहतर सिद्ध होगा। विभिन्न स्तरों पर साक्षरता एवं शिक्षा के लिए प्रोत्साहन देना होगा। नारी-जागरण के जरिये इसके साक्षरता प्रयास में तीव्रता लायी जा सकती है। चूँकि ये जनपद गरीबी के शिकार हैं अतः साक्षरता के समानान्तर गरीबी उन्मूलन के भी हितार्थ कदम उठाने होंगे ताकि इस क्षेत्र के लोगों को शिक्षा एवं साक्षरता का आर्थिक महत्व भी मालूम हो सके और इस हेतु वे पूरे मन से साक्षरता/शिक्षा की मुख्य धारा से जुड़ सकें।

शिक्षा की प्रगति (Progress of Education)

भारत अपनी शैक्षिक समृद्धि के लिए प्राचीनकाल से ही जाना जाता रहा है। पूर्व में परम्परागत (चारित्रिक/सांस्कृतिक/सामरिक/अलौकिक) शिक्षा का देश में प्राधान्य था। ज्यों-ज्यों ऐतिहासिक विकास होता गया त्यों-त्यों यह शिक्षा पद्धति भी नवाचार (Innovation) प्राप्त करती गयी। अनेक आतातायी विदेशी यहाँ की उदारता का नाजायज लाभ उठाते हुए निर्दयी ढंग से हमारी संस्कृति पर कुठाराघात किये और बलात् अपनी सांस्कृतियों की छाप छोड़ी। आज भारत की शिक्षा पद्धति केवल कहने मात्र के लिए भारतीय है बाकी इसमें से भारतीयता की बू तक नहीं आती। सब कुछ पाश्चात्य प्रभाव के चपेट में है। प्राथमिक, माध्यमिक एवं उच्च तीनों शिक्षा स्तर पर आधुनिक शिक्षा का ही बोलबाला है। यद्यपि इसके अनेक सकारात्मक परिणाम भी प्राप्त हैं मसलन-शिक्षितों की संख्या में वृद्धि, उच्च जीवन स्तर की प्राप्ति एवं विदेशों में रोजगार की प्राप्ति। आज की तारीख में संयुक्त राज्य अमेरिका, ब्रिटेन एवं आस्ट्रेलिया जैसे विकसित देशों में भारतीय शिक्षकों/अभियंताओं/चिकित्सकों की भरमार है तथा देश ज्ञान आधारित वैश्विक अर्थव्यवस्था की मुख्य धारा से संयुक्त हो चुका है। शिक्षा अनुसंधान एवं विकास संस्थान मुम्बई/बंग्लौर के अध्यक्ष रंगनाथ भारद्वाज के अनुसार "ज्ञान आधारित अर्थव्यवस्था में यह समझना महत्वपूर्ण होगा कि ज्ञान का प्रसार कैसे होता है और विकास तेज करने के लिए किस प्रकार के ज्ञान की आवश्यकता होती है तथा कैसे ज्ञान के सहारे विकास की ओर बढ़ा जाये।" वर्तमान राष्ट्रपति डा. कलाम ने ठीक ही कहा है "21वीं सदी में नया समाज उभर रहा है, जहाँ पूँजी और श्रम की अपेक्षा ज्ञान प्राथमिक उत्पादन संसाधन है। ज्ञान समाज में बदलाव लाने की पूर्ण क्षमता है। मौजूदा ज्ञान के सही उपयोग से राष्ट्र की पूँजी बहुत मजबूत स्थिति में पहुँच सकती है।" वास्तव में आज ऐसी घड़ी आ गई है कि हमें स्वयं के बेहतर से बेहतरम् उपयोग के लिए तत्पर रहना होगा। आई.आई.एम. अहमदाबाद के अनिल के. गुप्ता के अनुसार "हमारे सम्मुख चुनौती यह है कि हम अपनी कल्पनाशीलता की कमी को महसूस करें जिनके कारण हम निचले स्तर पर किये गए अविष्कारों को पहचानने, उनका महत्व समझने एवं उनसे लाभ उठाने में विफल रहते हैं।"

दि थर्ड यूरोपियन रिपोर्ट आन साइंस एण्ड टेक्नोलोजी इंडिकेटर्स 2003 के अनुसार इन विषयों (विज्ञान और प्रौद्योगिकी) में पी.एच.डी. और सर्वोच्च डिग्रीध ारक विदेशों में जन्में निवासियों में भारत में चीन से भी अधिक हैं। सर्वोच्च डिग्रीधारकों की संख्या यहाँ 1,64,000 तथा विज्ञान और प्रौद्योगिकी में डाक्ट्रेट ध ारकों की संख्या 30,100 है (योजना, सितम्बर, 2005)। सन् 2005 में पूरे भारत में विभिन्न क्षेत्रों में 9070 डिग्रियाँ डाक्ट्रेट की दी गई (इंडिया टुडे, 23 अगस्त 2006)। इसके साथ-साथ इसी वर्ष साढ़े तीन लाख से भी अधिक अभियंता (Engineers) तैयार किये गए। इंडिया टुडे (2006, अगस्त) के ही अनुसार देश में प्रतिवर्ष 5 लाख चिकित्सक बनते हैं जिनकी संख्या चीन (11,027) की तुलना में 45 गुने अधिक है जबकि यहाँ हर वर्ष 8 लाख एम.बी.ए. निकलते हैं और इनकी संख्या भी अमेरिका (2 लाख) की अपेक्षा 4 गुने अधिक है। जब शिक्षकों की बात आती है तो इस मामले में भी हम चीन जैसे देश से ढाई गुने आगे हैं। चीन में मात्र 22 लाख स्कूली शिक्षक हैं जबकि भारत में 57 लाख शिक्षकों की संख्या मौजूद है।

आइये, हम भारत की न केवल उच्च शिक्षा बल्कि सम्पूर्ण शिक्षा संरचना से रूबरू हों, जिसके चलते जनसंख्या की साक्षरता एवं शिक्षा की स्थिति में पूर्व की अपेक्षा बेहतर सुधार आये हैं और आगामी भारतीय परिदृश्य में जबरदस्त परिवर्तन आने की सम्भावनाएँ हैं।

प्राथमिक शिक्षा (Basic/Primary of Elementary Education)

प्राथमिक शिक्षा शिक्षा की संरचना की नींव है (Primary Education is the base of Education-Structure)।किसी भी व्यक्ति को शिक्षा की उच्च सीढ़ियों पर चढ़ने हेतु प्राथमिक शिक्षा-सोपान पर कदम रखना होता है। देश में प्राथमिक शिक्षा सभी को प्राप्त हो, इसलिए विशेष सरकारी एवं निजी प्रयास किये जा रहे हैं। वर्तमान (2001) साक्षरता दर (65.38%) को सन् 2007 तक 75% तक लाने का लक्ष्य रखा गया है इंडिया टुडे की ताजा रिपोर्ट के अनुसार देश में 93,000 प्राथमिक विद्यालय ऐसे है जहाँ कम्प्यूटर की सुविधा भी है, जबकि कुल विद्यालयों की संख्या 9 लाख के लगभग है। इनमें 87% ग्रामीण क्षेत्रों तथा मात्र 13% शहरी क्षेत्रों में हैं (2004)। इन विद्यालयों में आधारी संरचना (Infrastructure) की कमी एक खेद का विषय बनी हुई है। 2004 में 30% विद्यालयों के पास पक्के भवन नहीं थे, जबकि 75% विद्यालयों में विद्युत। इसके अलावा 24% विद्यालयों में पेयजल की समुचित सुविधा नहीं थी। शिक्षकों और विद्यार्थियों का अनुपात यहाँ 41 बच्चों पर 1 है। इसकी तुलना में चीन में 21 बच्चों के पीछे 1 अध्यापक (लगभग दुगुना अन्तर) नियुक्त है। सबसे बड़ी समस्या शिक्षकों की अनुपस्थिति को लेकर है। उपर्युक्त पत्रिका के अनुसार 25% शिक्षक हमेशा अपनी ड्यूटी से गैर हाजिर रहते हैं। बच्चे भी इस दृष्टि से कम

खुराफाती नहीं हैं। नाना प्रकार के सरकारी प्रलोभनों के बावजूद उनका गायब रहना अभी भी जारी है। एक सर्वेक्षण (एस.आर.आइ.आइ.एम.आर.बी.) के मुताबिक 1.30 करोड़ भारतीय बच्चे स्कूल जाते ही नहीं। कहने का तात्पर्य यह कि विद्यालयीय (प्राथमिक) शिक्षा को लेकर बड़ी अनियमितताएँ बरती जा रही हैं, जिन्हें विशेष रणनीतियों के तहत रोकना होगा। सन् 1950-51 से लेकर 2002-2003 के मध्य प्राथमिक शिक्षा में हुई प्रगति का जायजा देता यह आँकड़ा पठनीय है–

भारत : प्राथमिक शिक्षा में तीव्र प्रगति–1950-51 से 2002-03

विभिन्न संकेतक	1950-51	2000-01	2001-02	2002-03
1. प्राथमिक विद्यालयों की संख्या	2,23,600	8,45,007	8,83,667	8,97,109
2. प्राथमिक विद्यालयों में अध्यापकों की संख्या	6,24,000	32,23,443	33,95,995	34,88,148
3. प्राथमिक विद्यालयों में नामांकन (करोड़)	1.92	11.383	11.392	12.213
4. उच्च प्राथमिक विद्यालयों में नामांकन (करोड़)	0.30	4.281	4.480	4.695
5. बेसिक स्कूल स्तर पर नामांकन (करोड़)	2.22	15.664	15.870	16.908

स्रोतः चयनित शैक्षिक आँकड़े: 2003-2004, H.R.D. Ministory, साभार-योजना, सितम्बर, 2005 p. 14.

उपर्युक्त आँकड़े से पता चलता है कि प्राथमिक विद्यालयों की संख्या में तीव्र प्रगति दर्ज की गई है। जहाँ 1950-51 में इनकी संख्या 2.23 लाख थी, वहीं 2002-03 में चार गुने से भी अधिक वृद्धि करती हुई 8.97 लाख पहुँच गयी। ज्ञात हो कि भारत में पाँच लाख से भी अधिक गाँव हैं तथा प्रत्येक गाँव में एक प्राथमिक विद्यालय अवश्य है। इन विद्यालयों में शिक्षकों की भी तीव्र वृद्धि देखी गई हैं। 1950-51 में 6.24 फिर 2000-01 में 32.2 और अंतिम के वर्ष 2002-03 में यह 3.48 लाख हो गई। शिक्षकों की संख्या में वर्द्धन होने से शिक्षक विद्यार्थी अनुपात संतुलन की ओर बढ़ा है।

2002-03 के वर्षों में प्राथमिक एवं उच्च प्राथमिक विद्यालयों में नामांकनों की कुल संख्या क्रमशः 12.2 एवं 4.7 करोड़ के लगभग रही। यह बेसिक स्कूल स्तर पर 16.9 (प्राथमिक एवं उच्च प्राथमिक को मिलाकर) करोड़ रही, जो कि 1950-51 के नामांकन क्रमशः 1.92, 0.30 एवं 2.22 करोड़ से कई गुने अधिक है। नामांकन में तीव्र इजाफे का मूल कारण तीव्र जनसंख्या वृद्धि दर एवं साक्षरता/शिक्षा प्राप्ति के प्रयास रहे हैं।

प्राथमिक शिक्षा/साक्षरता वर्द्धन हेतु प्रमुख सरकारी अभियान/मिशन (Major Government Mission For Elimentary Education/ Literacy)

देश को अशिक्षा एवं निरक्षरता के चंगुल से मुक्त कराने हेतु सरकार ने

शिक्षा/साक्षरता अभियानों पर बल दिया है। देश के दो सबसे बड़े इस प्रकार के अभियान 'राष्ट्रीय साक्षरता मिशन' (National Literacy Mission or N.L.M.) और 'सर्व शिक्षा अभियान' (S.S.A. or Education for All) हैं। इनके माध्यम से लिंग भेद किये बिना सभी को जरूरी शिक्षा प्रदान करने का व्रत लिया गया है। दोनों उपलब्धियाँ संक्षेपत: इस प्रकार हैं–

राष्ट्रीय साक्षरता मिशन (National Literacy Mission or N.L.M.)

मई 1988 में स्थापित इस मिशन का उद्देश्य राष्ट्र को पूर्ण साक्षर बनाना है। इसका लक्ष्य 15-35 वर्ष के निरक्षरों को कार्यात्मक साक्षरता (Functional Literacy) प्रदान कर वर्ष 2007 तक 75% साक्षरता प्राप्त करना है। 1991-2001 के मध्य 12.59% दर से साक्षरता वृद्धि (सर्वाधिक) प्राप्त करना इसी की उपलब्धि है। 31 मार्च सन् 2004 तक 11.8 करोड़ लोगों को निरक्षरता से मुक्त कराया गया। विगत जनगणना दशक में महिला साक्षरता दर में 14.41 की वृद्धि दर्ज की गई। इसके परिणामस्वरूप लिंग भेद की चली आ रही प्रवृत्ति ह्रासमान हुई और महिला सशक्तीकरण की आधारशिला मजबूत हुई क्योंकि इसके अंतर्गत 60% सहयोगकर्ती महिलाएँ ही हैं। विगत जनगणना दशक में कोई भी राज्य/केन्द्रशासित प्रदेश ऐसा नहीं था जहाँ साक्षरता दर बढ़ी न हो। सभी संघशासित प्रदेशों (Union Territories) में साक्षरता दर 60% से अधिक है। केरल जैसे राज्य में तो यह दर 90 के आँकड़े को पार करती हुई 90.92% है। देश के कुल 600 जनपदों में से 596 जनपद राष्ट्रीय साक्षरता मिशन के अंतर्गत पोषित हैं। वास्तव में यह एक महात्वाकांक्षी किन्तु व्यावहारिक मिशन है।

सर्वशिक्षा अभियान (Sarva Shiksha Abiyan/S.S.A. or Education For All):

यों तो अक्टूबर 1998 में आयोजित राज्य शिक्षा मंत्रियों के सम्मेलन में इसके आगमन की भावी शुरूआत हो गयी थी किन्तु इस योजना का प्रारंभ केन्द्र सरकार ने 2001 वर्ष में किया। वर्तमान पंवचर्षीय योजना (10वीं) में केन्द्र और राज्य के बीच (75:25) की आर्थिक भागीदारी पर इसे क्रियान्वित किया जा रहा है और अग्रिम योजना (11वीं पंचवर्षीय) में यह अनुपात 50 : 50 कर दिया जायेगा। इसका मूल उद्देश्य 6 से 14 वर्ष की उम्र के बच्चों को एक सुनिश्चित एवं समयबद्ध सीमा के तहत शिक्षित करना है। अक्टूबर 2006 में प्रकाशित 'कुरुक्षेत्र पत्रिका' में हर्ष भाल ने सर्वशिक्षा अभियान के लक्ष्य को इस प्रकार बताया है–"सभी बच्चों को 2005 तक शाला, शिक्षा गारंटी केन्द्र, वैकल्पिक शाला में लाना, 2007 तक प्रारंभिक स्तर पर तथा 2010 तक प्राथमिक स्तर पर सभी सामाजिक और लिंग आधारित भेद भाव को समाप्त करना, 2010 तक सभी

बच्चों को पाठशालाओं में पढ़ाई और जीवन के लिए शिक्षा पर बल के साथ संतुष्टि स्तर की शिक्षा पर जोर देना इसका लक्ष्य है।" यदि सच्चे ढंग से क्रियान्वयन हुआ तो निश्चय ही शिक्षा एवं साक्षरता के उच्च स्तर की प्राप्ति होगी।

(ख) माध्यमिक शिक्षा (Secondary Education)

यदि प्राथमिक शिक्षा रूपी वृक्ष की जड़ है तो माध्यमिक शिक्षा उसका तना। कक्षा 8 पार करते ही यहाँ माध्यमिक शिक्षा में प्रवेश होता हैं इससे पूर्व की आयु अवधि (6–14 वर्ष) प्राथमिक शिक्षा के अंतर्गत आती है। प्राथमिक कक्षाओं में उच्च नामांकन और कक्षाओं को लगातार उत्तीर्ण करती जाने वाली प्रवृत्ति अब माध्यमिक शिक्षा संस्थानों में भीड़ बढ़ा रही है। फस्वरूप माध्यमिक विद्यालयों की आधारी संरचनाओं तथा उनकी संख्या में तीव्र वृद्धि की आवश्यकता पड़ने लगी है। देश में माध्यमिक शिक्षा हेतु निजी संस्थानों की भी कमी नहीं है।

विश्व की वर्तमान ज्ञान आधारित अर्थ व्यवस्था की मुख्य धारा से जुड़ने के बाद अब व्यावसायिक शिक्षा की ओर सरकार एवं जनसमूह दोनों का ध्यान उस तरफ आकृष्ट हुआ है जिसके लिए 10+2 स्तर तक की शिक्षा संरचना ओर महत्वपूर्ण हो जाती है। ऐसा इसलिए कि यही स्तर उच्च शिक्षा की ओर जाने के लिए शिक्षार्थियों को तैयार करता है। 2001 की जनगणना में पाया गया कि देश में 14–17 वर्ष तक की आयु के बच्चों की संख्या 9.17 करोड़ है। अगली जनगणना तक यह लगभग 10 करोड़ हो जायेगी। 2000-2003 के दौरान माध्यमिक विद्यालयों में नामांकन की वार्षिक वृद्धिदर नब्बे के दशक (2.83%) की अपेक्षा लगभग तीन गुनी (7.4%) अधिक हो गई। 2001-02 के वर्ष में माध्यमिक विद्यालयों में 23.56% निजी (गैर सहायता प्राप्त) स्कूल थे (योजना, सितम्बर 2005, पृष्ठ 23)। खेद का विषय है कि सरकार प्राथमिक शिक्षा के विकास के समानांतर माध्यमिक शिक्षा पर ध्यान नहीं दे पा रही है, जबकि इस शिक्षा वर्ग पर पर्याप्त ध्यान देकर शिक्षा के उच्च स्तर को प्राप्त किया जा सकता है। इस समय देश में 1.38 लाख माध्यमिक विद्यालय तथा 11 लाख अध्यापक हैं। अध्यापकों की संख्या पर्याप्त नहीं है जिसे बढ़ाने की अपरिहार्यता है। योग्य एवं प्रशिक्षित अध्यापकों की नियुक्ति अपेक्षित है ताकि उत्तम विद्यार्थी तैयार किये जा सकें। परिवर्तनशील शिक्षा व्यवस्था के साथ-साथ शिक्षकों को भी परिवर्तन लाना होगा। सकल घरेलू उत्पाद का 4.02% 2001-02 में व्यय किया गया जिसमें माध्यमिक शिक्षा को 1.25% मिला था। प्रसन्नता की बात यह है कि केन्द्रीय शिक्षा बोर्ड ने अपने प्रतिवेदन में माध्यमिक शिक्षा को सार्वभौम बनाने का लिखित निर्णय ले लिया है और क्रियान्वयन के लिए योजनाएँ बना रही है।

(ग) उच्च शिक्षा एवं शोध (Higher Education & Researches)

उच्च शिक्षा सम्पूर्ण शिक्षा संरचना की मुकुट है (Higher Education is the Crown of all Education Structure)। प्राथमिक शिक्षा में सुधार एवं संवृद्धि फलस्वरूप माध्यमिक शिक्षा में बड़े संख्या में नामांकन/उत्तीर्ण प्रतिशत ने उच्च शिक्षा में विद्यार्थियों की रूचि और संख्या दोनों में वृद्धि की है।

उच्च शिक्षा के अंतर्गत 2004-2005 में अप्रत्याशित मात्रा (9.95 मिलियन) में नामांकन हुए। अर्थात् वर्तमान भारत में उच्चतर शिक्षा में 100 लाख से भी अधिक विद्यार्थी अध्ययनरत हैं। अनूसूचित जातियों/जनजातियों एवं अन्य पिछड़े वर्गों में इस शिक्षा की अपेक्षाकृत कमी को देखते हुए केन्द्र सरकार ने संसद द्वारा शिक्षा-विधेयक-2005 पारित करवाकर सामने लायी है। इससे उच्च शिक्षा में और अधिक विद्यार्थी जुड़ेगें।

इस समय देश में विश्वविद्यालय एवं विश्वविद्यालय स्तर की संस्थाओं की संख्या 344 है, जिसमें 20 केन्द्रीय विश्वविद्यालय, 95 समकक्ष विश्वविद्यालय 5 राज्य अधिनियम के अंतर्गत गठित संस्थाएँ तथा 13 संस्थान राष्ट्रीय महत्व के शामिल हैं (भारत, वार्षिक संदर्भ ग्रन्थ, 2006 पृष्ठ 236)। दूरस्थ शिक्षा प्रदान करने हेतु देश में 11 मुक्त विश्वविद्यालयों की भी स्थापना हुई है, जिसमें इंदिरा गाँधी अंतर्राष्ट्रीय मुक्त विश्वविद्यालय (1985 में स्थापित) देश का सबसे प्राचीन मुक्त विश्वविद्यालय है। देश में 1800 महिला महाविद्यालय और 17,000 महाविद्यालय इनके अलावा हैं। भारत में 40 विश्वविद्यालय एवं विश्वविद्यालय स्तर के संस्थान कृषि, 25 भेषज विज्ञान, 49 अभियांत्रिकी एवं प्रौद्योगिकी, 7 सूचना एवं संचार प्रौद्योगिकी तथा 8 विधि की शिक्षा के लिए हैं। शेष अधिसंख्य विश्वविद्यालय/संस्थान सामाजिक विज्ञान/मानविकी/भाषा आदि के लिए कार्यरत हैं। उच्चशिक्षण संस्थाओं से इस समय लगभग एक करोड़ विद्यार्थी (99.54 लाख) जुड़े हैं तथा शिक्षकों की वर्तमान संख्या 5 लाख के आसपास है। विश्वविद्यालय अनुदान आयोग (University Grant Commission) इसकी पूर्ण निगरानी करता है। उच्च शिक्षा में तकनीकी विकास करने के लिए हाल ही में एडुसैट (Educational Satellite) कार्यक्रम की शुरूआत की गई है। इसके द्वारा जारी शैक्षिक कार्यक्रमों में उच्च शिक्षा से ही जुड़े नहीं बल्कि स्कूल शिक्षा के भी स्तर को शामिल किया गया है।

योजना फरवरी, 2006 के पृष्ठ 31 पर सारगर्भ में लिखा है कि "यह एक स्थापित तथ्य है कि जिन अर्थव्यवस्थाओं में नवाचार नहीं होता वे अंततः मंद पड़ जाती हैं। शोध एवं विकास के लिए भारत अब एक पसंदीदा जगह बन गई है।" यह

सच है कि देश वैश्विक अर्थव्यवस्थाओं की टक्कर में है ऐसे में यदि हम शिक्षा के शोधपरक क्षेत्र पर बल दें, तो निश्चय ही उच्च मानदण्ड (प्रगति) प्राप्त हो सकेंगे। इसके लिए हमें तकनीकी/अभियाँत्रिकी/चिकित्सीय/व्यावसायकि/सामाजिक शोधों पर मन लगाकर ध्यान देना होगा। शुभ संकेत यह है कि देश में शोध एवं विकास निवेश दर 1997 (2.2%) की अपेक्षा 2004 में 3 गुने से भी अधिक (6.8%) बढ़ी है तथा 2003 की शोध एवं विकास व्यय संरचना में सरकारी एवं गैर सरकारी व्ययों का प्रतिशत क्रमश: 65 एवं 15 हुआ है (योजना द्वारा ज्ञात, स्रोत-फायनेंशियल एक्सप्रेस)। अनिल अरोड़ा के अनुसार "भारत में शोध एवं विकास का आधार बनाये जाने के जो लाभ हैं, इनमें घटकों (कल पुर्जो) के स्थानीयकरण से होने वाले बहुमूल्य विदेशी मुद्रा की बचत भी शामिल होती है।" अर्थात् वर्तमान में भारत शोध और विकास का मण्डप बनता जा रहा जो उच्च शिक्षा की उन्नति का परमप्रतीक है।

शिक्षा पर व्यय (Expenditure on Education)

भारतीय आर्थिक सर्वेक्षण 2005-06 के अनुसार सन् 2004-05 में सकल घरेलू उत्पाद का मात्र 3.49% शिक्षा पर व्यय किया गया जबकि 1986 की नयी शिक्षा नीति में यह दर 6% के लिए लक्षित है। केन्द्रीय योजना वितरण को 2005-06 वर्ष में 15,244 करोड़ किया गया जिसमें से 12,242 करोड़ रुपये का प्रावधान अकेले प्राथमिक शिक्षा हेतु किया गया। इसके अतिरिक्त 290 करोड़ रुपये प्रौढ़ शिक्षा को दिये गए, जबकि 2,712 करोड़ माध्यमिक एवं उच्चतर शिक्षा के विकास के लिए आयोजित किये गये। कुल शैक्षिक व्यय का 80% से अधिक प्राथमिक शिक्षा पर खर्च किये जाने का प्रावधान विशेष कार्यक्रमों के अंतर्गत है। ये कार्यक्रम सर्वशिक्षा अभियान, मध्याह्न भोजन आयोजन, कस्तूरबा गाँधी बालिका विद्यालय योजना आदि है। विश्व विकास प्रतिवेदन 2003 के अनुसार 1998-2000 वर्ष में भारत ने अपने जी.डी.पी. का 4.1% धन शिक्षा पर खर्च किया जबकि चीन ने इसका आधा (2.1%) ही व्यय किया। शिक्षा के भिन्न-भिन्न स्तरों पर सन् 1995-96 से लेकर सन् 2007 तक धन व्यय करने की गति में उतार-चढ़ाव देखने को मिलता है। प्राथमिक शिक्षा पर जहाँ 1995-96 में कुल व्यय का 39.6% खर्च किया गया वहीं 1996-97 में यह 42.0% पहुँच गया तथा इससे भी अधिक और 2004-05 तक की सर्वाधिक बढ़ोत्तरी 1997-98 में देखी गयी जो कि 48.1% थी। परन्तु सर्वाधिक बढ़ोत्तरी विगत वर्ष 2005-06 में 80% की थी जो कि अप्रत्याशित थी। यह सारा धन केन्द्र सरकार द्वारा ही व्यय किया गया। सभी स्तरों पर होने वाले शैक्षिक व्यय का विवरण इस प्रकार आँकड़े में अंकित है देखें–

भारत : शिक्षा के विभिन्न स्तरों पर व्यय प्रतिशतता 1995-96 से 2007 तक

शिक्षा के स्तर	1995-96	1996-97	1997-98	1998-99	1999-2000	2000-01	2001-02	2002-03	2002-07 (पंचवर्षीय में)
प्रारंभिक	39.6	42.0	48.1	42.9	39.0	37.8	44.3	41.7	65.6
माध्यमिक	19.9	19.0	15.0	15.5	14.4	14.3	15.3	13.6	09.9
विश्व विद्यालयीय एवं उच्चतर	19.9	19.5	20.2	25.1	29.6	31.0	20.5	19.4	09.9
वयस्क(प्रौढ़)	04.7	03.1	01.8	09.3	01.1	01.3	02.2	02.9	02.9
तकनीकी	14.0	14.5	13.0	13.6	14.1	13.5	15.4	15.0	10.4
अन्य	1.9	1.9	1.9	1.6	1.8	2.1	2.3	8.0	01.4
शिक्षा क्षेत्रक	100.0	100.0	100.0	100.0	100.0	100.0	100.0	100.0	100.0

स्रोत: India Development Report-2004 p. 100 & India Annual Reference Book-2006, p. 211.

शिक्षा के प्रारंभिक स्तर पर वर्तमान में सर्वाधिक व्यय किया जा रहा है ताकि साक्षरता/शिक्षा के लक्ष्य (शत प्रतिशत) तक यथाशीघ्र पहुँचा जा सके। लक्ष्य प्राप्ति हेतु विभिन्न प्रलोभन एवं शिक्षा से परे सुविधाएँ भी दी जा रही हैं जिन पर व्यय और अधिक बढ़ जाता है। चालू पंचवर्षीय योजना (2002-2007) में जहाँ प्राथमिक शिक्षा पर 65.6% खर्च करने अनुमान है वहीं माध्यमिक और विश्व विद्यालयीय तथा उच्चतर शिक्षा के लिए लगभग समान प्रतिशत क्रमशः 09.9% एवं 09.5% व्यय करने का लक्ष्य है। इन दोनों स्तरों की अपेक्षा तकनीकी शिक्षा पर थोड़ा अधिक (10.4%) शैक्षिक व्यय करना सरकारी लक्ष्य है। प्रौढ़ शिक्षा के लिए 2.9 एवं अन्य शिक्षा क्षेत्र हेतु 09.4% धन के खर्च करने की योजना है। कुल मिलाकर सरकार शिक्षा के सभी पहलुओं पर प्रगतिकारी कदम उठा रही है जो कि तीव्र शैक्षिक विकास के कदम को प्रशस्त कर रहा है। अब भारत की जनसंख्या को नियोजित ढंग से शत प्रतिशत साक्षर/शिक्षित बनाने का वक्त आ गया है। 'भारत निर्माण' और 'स्वप्न-2020' के लिए सरकारी प्रयास ही पर्याप्त नहीं है। इस उपलब्धि हेतु सम्पूर्ण जनसंख्या को सकारात्मक प्रयास करने होंगे। बुद्धिजीवियों/शिक्षकों/नीति नियोजकों/समाज सेवी संगठनों को एक मंच पर आकर कथनी को करनी में परिणत करना होगा, ताकि शिक्षा/साक्षरता को आधार मानते हुए समग्र विकास/सर्वागीण विकास किया जा सके और भारत को वह वैश्विक दर्जा प्रदान किया जा सके जो तक्षशिला और नालन्दा के विश्वविद्यालयीय प्रख्याति/भवुनख्याति के समय था।

अति उपयोगी प्रश्न शृंखला

1. बीसवीं सदीं की प्रथम जनगणना (1901) में साक्षरता दर कितनी थी?
   (अ) 5% (ब) 10% (स) 15% (द) 20%
2. इक्कीसवीं सदीं की प्रथम जनगणना (2001) की साक्षरता कितने प्रतिशत थी?
   (अ) 50% (ब) 55% (स) 60% (द) 65%
3. वर्तमान साक्षरता दर में पुरुषों व महिलाओं का योगदान क्रमशः कितना है?
   (अ) 72.6% एवं 56.8% (ब) 75.8% एवं 54.2%
   (स) 78% एवं 52% (द) 80% एवं 50%
4. देश में हर बीस में लगभग कितने लोग पढ़े-लिखे हैं?
   (अ) 10 (ब) 13 (स) 15 (द) 19
5. मानव विकास प्रतिवदेन के अनुसार भारत में वयस्क साक्षरता दर कितनी है?
   (अ) 58% (ब) 65% (स) 70% (द) 72%
6. वयस्क साक्षरता दर में युवा साक्षरता दर (15 वर्ष से 24 वर्ष) कितनी प्रतिशत है?
   (अ) 54.4 (ब) 73.3 (स) 94.4 (द) 79.4
7. चीन की अपेक्षा भारत की वयस्क साक्षरता दर कितने प्रतिशत कम है?
   (अ) 12 (ब) 18 (स) 28 (द) 30
8. भारत की सर्वाधिक साक्षर जनसंख्या केरल राज्य में है। यह कितने प्रतिशत है?
   (अ) 90.92 (ब) 92.90 (स) 99.20 (द) 29.90
9. चार प्रमुख साक्षर राज्यों का अवरोही क्रम कौन सा सही है?
   (अ) करेल, गोआ, मिजोरम, महाराष्ट्र (ब) केरल, महाराष्ट्र, गोआ, मिजोरम
   (स) केरल, मिजोरम, गोआ, महाराष्ट्र (द) केरल, गोआ, महाराष्ट्र, मिजोरम
10. बिहार की 47.53% आबादी साक्षर है। निरक्षरता के मामले में इसका कौन सा स्थान?
    (अ) प्रथम (ब) द्वितीय (स) तृतीय (द) कोई नहीं
11. संघशासित प्रदेशों में सर्वाधिक साक्षरता कहाँ की है?
    (अ) दिल्ली (ब) पाण्डिचेरी (स) लक्षद्वीप (द) चण्डीगढ़
12. संघशासित प्रदेशों में न्यूनतम साक्षरता किस प्रदेश की है?
    (अ) दमन व दीव (ब) दादरा व नगर हवेली
    (स) दिल्ली (द) चण्डीगढ़

13. निरक्षर राज्यों में किन चार राज्यों का आरोही क्रम सही है?
(अ) बिहार, उड़ीसा, झारखण्ड, जम्मू एवं कश्मीर
(ब) बिहार, झारखण्ड, अरुणाचल प्रदेश, जम्मू एवं कश्मीर
(स) जम्मू कश्मीर, बिहार, झारखण्ड, अरुणाचल प्रदेश
(द) बिहार, झारखण्ड, उड़ीसा, जम्मू व कश्मीर

14. देश के विभिन्न धार्मिक समूहों में किसमें सर्वाधिक साक्षरता दर सर्वाधिक पायी गई है?
(अ) हिन्दू (ब) मुस्लिम (स) बौद्ध (द) जैन

15. किस धार्मिक समूह में सर्वाधिक निरक्षरता दर पायी गयी है?
(अ) हिन्दू (ब) मुस्लिम (स) बौद्ध (द) अन्य

16. किस धार्मिक समूह की साक्षरता दर देश की औसत साक्षरता दर के समीप है?
(अ) हिन्दू (ब) मुस्लिम (स) सिक्ख (द) इसाई

17. देश का कौन सा जनपद सर्वाधिक साक्षर है?
(अ) आइजोल (मिजोरम) (ब) अर्नाकुलम (केरल)
(स) कोझीकोड (केरल) (द) सरचिप (मिजोरम)

18. भारत का सबसे निरक्षर जनपद कौन सा है?
(अ) दाँतेवाड़ा (छत्तीसगढ़) (ब) पकाउर (झारखण्ड)
(स) श्रावस्ती (उ.प्र.) (द) अररिया (बिहार)

19. 2002-2003 में देश में प्राथमिक विद्यालयों की संख्या लगभग कितनी थी?
(अ) 5 लाख (ब) 6 लाख (स) 8 लाख (द) 9 लाख

20. राष्ट्रीय साक्षरता मिशन की स्थापना कब की गई?
(अ) मई, 1988 (ब) जून, 1990
(स) अगस्त, 1994 (द) दिसम्बर, 2000

21. सर्वशिक्षा अभियान योजना का क्रियान्वयन किस वर्ष से हो रहा है?
(अ) 1998 (ब) 1999 (स) 2000 (द) 2001

22. 2001-2002 में शिक्षा क्षेत्र में सकल घरेलू उत्पाद का कितना प्रतिशतांश खर्च किया गया?
(अ) 2.4% (ब) 4.02% (स) 6.0% (द) 5.1%

23. U.G.C. का पूरा नाम क्या है?
(अ) University Great Commission
(ब) Universal Grant Commission
(स) University Grant Commission
(द) Ultra Global Communication

24. इस समय सर्वाधिक शैक्षिक व्यय किस शिक्षा पर किया जा रहा है?
(अ) उच्च शिक्षा (ब) माध्यमिक शिक्षा
(स) उच्च प्राथमिक शिक्षा (द) प्राथमिक शिक्षा

25. 2002-2007 (दसवीं पंचवर्षीय योजना) में प्राथमिक शिक्षा पर कुल शैक्षिक व्यय का कितना प्रतिशत व्यय किये जाने का लक्ष्य है?

(अ) 50.2% (ब) 65.6%

(स) 70.2% (द) इनमें से कोई नहीं

उत्तरदायी सूची

1. अ	2. द	3. ब	4. ब	5. अ
6. ब	7. स	8. अ	9. स	10. अ
11. स	12. ब	13. ब	14. द	15. द
16. अ	17. अ	18. अ	19. द	20. अ
21. द	22. ब	23. स	24. द	25. ब

7

भारत : नगरीकरण
(INDIA : URBANISATION)

नगर (City) से तात्पर्य : सामान्य अर्थों में नगर से तात्पर्य होता है ग्रामीण क्षेत्र की सामाजिक-सांस्कृतिक, कार्यात्मक, आर्थिक एवं जनांकिकीय विशेषताओं से परे मुख्यत: एक व्यापारिक केन्द्र। इस व्यापारिक केन्द्र में गैरकृषीय क्रियाकलापों की प्रधानता पायी जाती है, जो कि अधिकतम आय/पूँजी प्रदान करने में सक्षम होते हैं। सामाजिक एवं सांस्कृतिक दृष्टि से ये केन्द्र जटिल एवं आडम्बरपूर्ण जीवन शैली को आत्मसात करते हैं तथा प्राय: व्यापक जनघनत्व के लिए जाने जाते हैं। रेट्जल के अनुसार "नगर अतिसघन बसाव वाले जनसमूह के प्रतीक होते हैं, जो संधृत बस्ती के रूप में व्यापारिक मार्गों पर केन्द्रित हुआ करते हैं।"–एन्थ्रोपोज्योग्राफी

हिन्दी का नगर शब्द आंग्ल भाषा के दोनों शब्दों 'Town' एवं 'City' का प्रतिनिधित्व करता है। इनका प्रयोग नगर के आकार पर निर्भर करता है। 'Town' का हिन्दी पर्याय अब कस्बा अधिक प्रचलित है। भारत की जनगणना (2001) के अनुसार 5,000 (पाँच हजार) अथवा इससे अधिक व्यक्तियों द्वारा बसे अधिवास जिनकी अंतिम सीमा 99,999 व्यक्ति होगी, को कस्बा (Town) तथा 1,00,00 (एक लाख) अथवा इससे अधिक जनसंख्या वाला बस्ती प्रारूप नगर की संज्ञा से अभिहीत किया जायेगा।

महानगर (Metropolis) से तात्पर्य : देश/प्रदेश का मुख्य नगर जिसमें 10 लाख से अधिक लोगों का निवास पाया जाता हो (भारतीय परिप्रेक्ष्य)। यह मुख्यत: प्रदेश की राजधानी अथवा विशिष्ट व्यापारिक केन्द्र होता है जिसे दसलक्षी नगर (Million city) के नाम से भी पुकारते हैं। देश में इस समय (2001 की जनगणना में) इनकी संख्या वृहन्नगरों को मिलाकर 35 हो गई है।

वृहन्नगर या विश्वनगरी (Megalopolis or Cosmopolis) से तात्पर्य : किसी देश/प्रदेश का ऐसा विशालकाय नगर जो अपने प्रभाव क्षेत्र से

विश्व व्यवस्था को प्रभावित करता हो। आरंभ में, ये महानगर के रूप में होते हैं किन्तु अपने व्यापारिक नगरीय स्वरूप में आगे चलकर अपने तटवर्ती नगरों को भी आत्मसात करते हुए विशाल नगर का रूप धारण कर लेते हैं। भारत में इस प्रकार के नगर में मुम्बई, दिल्ली, कोलकाता एवं चेन्नई सम्मिलित हैं।

नगरीकरण का अर्थ एवं परिभाषा (Meaning & Definition of Urbanisation)

नगरीकरण का अर्थ होता है ग्रामीण से नगरीय अधिवास में परिवर्तन की प्रक्रिया। किसी भी ग्रामीण अधिवास का कार्यात्मक स्वरूप कृषिगत होता है किन्तु जब यह कृषि के स्थान पर द्वितीयक, तृतीयक एवं चतुर्थक क्रियाकलापों को ग्रहण करने लगता है तो तीव्र जनजमाव के साथ-साथ नगरीयकरण हो जाता है। ट्रिवार्था, जी.टी. के अनुसार "नगरीकरण (Urbanisation) एक चक्रीय प्रक्रिया (Cyclic process) है, जिससे होकर कोई देश/क्षेत्र कृषिगत की ओर से औद्योगिक समाज की ओर विकासार्थ उन्मुख होता है।" भौगोलिक शब्दकोष (आर.पी. चतुर्वेदी, 2003 पृष्ठ सं. 374) के अनुसार : "नगरीयता के लक्षणों के विकास एवं प्रसार की प्रक्रिया नगरीकरण कही जाती है। ग्रामीण से नगरीय अवस्था में बदलाव होने एवं नगर में प्रवसन और प्राकृतिक वृद्धि की प्रकिया से नगर क्षेत्र में लगातार परिवर्तन होने की प्रक्रिया नगरीकरण कहलाती है।" भौगोलिक पारिभाषिक शब्दकोष (डॉ. सिंह एवं डॉ. मौर्य, 2003, पृष्ठ 189) के अनुसार "नगरीकरण शब्द का प्रयोग विषय के अनुकूल अलग-अलग अर्थों में होता है। यह ग्रामीण से नगरीय होने या बनाने, नगरोन्मुख गति, प्राथमिक व्यवसाय तथा ग्रामीण जीवन पद्धति से द्वितीयक, तृतीयक है।" ग्रिफिथ टेलर के अनुसार "ग्रामीण आबादी का नगरीय केन्द्रों की ओर पलायन या स्थानान्तरण नगरीकरण है।"

इस प्रकार संयुक्तया हम कह सकते हैं कि नगरीयकरण एक ऐसी प्रक्रिया है जिसके अन्तर्गत ग्रामीण समाज का नगरीय समाज में कार्यिक, प्रवासगत या जनसांख्यिकीय एवं सामाजिक-सांस्कृतिक परिवर्तन निश्चित होता है।

नगरीकरण में प्रगति (Progress in Urbanisation)

यह निर्विवाद सत्य है कि भारत अपनी ग्राम्य-सुषमा के लिए भुवनख्यात है किन्तु यह भी असत्य नहीं है कि विश्व के प्राचीनतम् नगर भारत में आज भी उपस्थित हैं, जो इस तथ्य के प्रमाण हैं कि विश्व के प्राचीनतम् नगरीकृत देशों में यह देश अवश्यमेव सम्मिलित था। वाराणसी (शिवनगरी) को देश की ही नहीं प्रत्युत् विश्व की चिरप्राचीन नगरी माना जाता है, जिसका अस्तित्व आज भी सुरक्षित है। वस्तुत: देश में नगरीकरण का प्रादुर्भाव ईसा से 2 सहस्राब्दि पूर्व ही हो चुका था, तब अनेक नगर देश में विकसित रूप में थे। आगे चलकर नगर

निर्माण का मुख्य लक्ष्य (प्राचीन एवं मध्यकाल) सांस्कृतिक एवं धार्मिक केन्द्र, प्रशासनिक/शैक्षणिक/सैन्य आदि केन्द्रों की स्थापना करना हो गया। मुगल एवं ब्रिटिश काल में राजधानियों के परिवर्तन एवं विभिन्न उद्देश्यों की पूर्ति के चलते अनेक नगरों का जन्म सम्भव हुआ। मुम्बई, कोलकाता, चेन्नई (प्राचीन नाम क्रमशः बम्बई, कलकत्ता, मद्रास) जैसे प्रमुख भारतीय नगरों के उत्थान का श्रेय मूलतः अंग्रेजी व्यापारियों को ही जाता है। देश में नगरीकरण तब तूल पकड़ता है जब देश स्वाधीन हो जाता है। 1941 में देश में नगरों की संख्या मात्र 2,250 थी, जो 1971 में बढ़कर (340 नगर) 2,590 हो गयी। आगे चलकर यह इतनी ही अवधि (30 वर्ष) में लगभग दुगुना वृद्धि प्राप्त करती हुई 2001 में 5161 हो गई। 1901 से लेकर अब तक नगरों की प्रगति (संख्या) प्रस्तुत करता अग्रिम आरेख दर्शनीय है–

देश में नगरों की संख्या में प्रगति 1901-2001

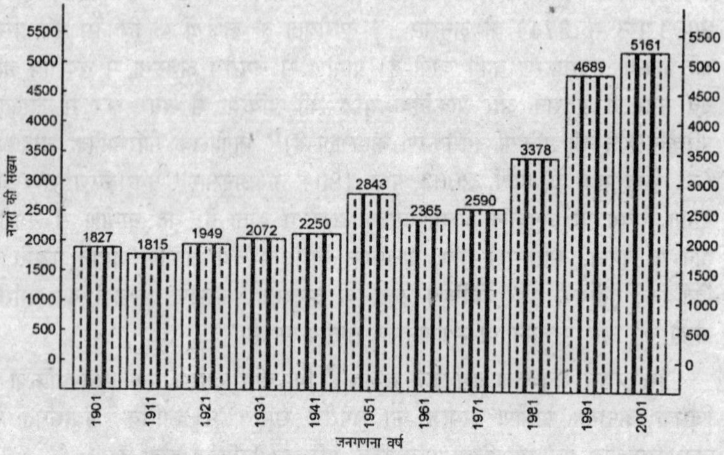

स्रोत : भारत की जनगणना 2001 पर आधारित।

भारत के जनगणना नगरों (जिनकी जनसंख्या 5000 या इससे अधिक, 75% आबादी गैरकृषीय कार्यों में संलग्न, घनत्व न्यूनतम 400 व्यक्ति प्रतिवर्ग किलोमीटर) की वर्तमान संख्या 4,934 है, जो संवैधानिक नियमों के आधार पर अन्य 227 कस्बों को जोड़ती हुई कुल मिलाकर 5161 है। यह संख्या तीव्र नगरीकरण की द्योतक है, क्योंकि 1901 से अब तक की वृद्धि, लगभग तीन गुनी हो चुकी है। ज्ञात हो कि 2 भिन्न-भिन्न जनगणना वर्षों क्रमशः 1911 एवं 1961 में उनके पूर्व जनगणना वर्षो की तुलना में अचानक संख्यात्मक ह्रास की प्रवृत्ति दृष्टिगोचर होती है। ऐसा तत्कालीन परिस्थितियों एवं नये मानक निर्धारण करने से है।

देश के नगरीकरण में ग्रामीण क्षेत्रों के प्रवासियों की विशेषता पायी जाती है। अपेक्षाकृत गाँवों में अल्प सुविधाओं का पाया जाना इसका उत्तरदायी है। इन सुविधाओं में रोजगार, व्यापार, यातायात, चिकित्सा, शिक्षा आदि प्रमुख हैं। गरीबी और बेरोजगारी से उबरने के लिए ग्रामीण व्यक्तियों की एक विशाल संख्या प्रतिदिन नगरों के लिए प्रस्थान करती है।

यद्यपि यह सत्य है कि औद्योगिक केन्द्रों पर जनसंख्या का जमघट सम्भव हुआ है किन्तु यह आवश्यक नहीं कि हर नगर उद्योगों के चलते ही फला-फूला हो। तमाम सारे ऐसे नगर विद्यमान हैं जो शिक्षा, प्रशासन, धर्म एवं पर्यावरणीय अनुकूलता के कारण आबाद हुए है। जी.सी. पेक ने सही कहा है "भारत के नीति-नियोजकों का उद्देश्य नगरीकरण के बिना ही औद्योगिकीकरण करना था, किन्तु हो गया औद्योगिकीकरण के बिना ही नगरीकरण।" कथन का तात्पर्य यह है कि भारत का नगरीकरण औद्योगिकीकरण का अनुगामी नहीं है, जैसा कि पश्चिमी देशों (Western countries) में देखा गया।

देश के अनेक गाँवों ने कस्बों, अनेक कस्बों ने नगरों, अनेक नगरों ने महानगरों का और कई महानगरों ने वृहन्नगरों का रूप धारण किया है। सन् 2001 की जनगणना में कुल नगरों की संख्या पहले बतायी जा चुकी है (5161)। यह संख्या 6 वर्गों में विभक्त नगरों/कस्बों की संयुक्त संख्या है। आकार के आधार पर विभाजित वर्गों के मानक के साथ-साथ नगरों/कस्बों की संख्या एवं उनके अन्तर्गत कुल जनसंख्या को समाहित करता हुआ यह आँकड़ा प्रस्तुत है-

नगरों/कस्बों के वर्ग के आधार पर उनकी संख्या एवं जनसंख्या-2001

वर्ग क्रमांक	मानक जनसंख्या आकार	नगरों/कस्बों की संख्या	नगरों/कस्बों की जनसंख्या (करोड़)
1.	1,00,000 एवं इससे अधिक	423	17.82
2.	50,000-99,999	498	3.45
3.	20,000-49,999	1,386	4.21
4.	10,000-19,999	1,560	2.26
5.	5,000-9,999	1,057	0.79
6.	5000 से कम	227	0.08
	कुल वर्ग का योग	5,161	28.61
	नगरीय जनसंख्या का %	—	27.82

स्रोत : भारत की जनगणना, वार्षिक सन्दर्भ ग्रन्थ, भारत, 2006 पृष्ठ 16-17.

अध्ययन से पता चलता है कि नगरीय जनसंख्या का 62.2% अंश प्रथम श्रेणी के ही नगरों के अन्तर्निहित है। 1991 की अपेक्षा आग्रिम 10 वर्षों में ही

प्रथम श्रेणी के नगरों की संख्या में 123 की अतिरिक्त वृद्धि हुई और यह 300 से बढ़कर 423 हो गयी। यह वृद्धि अब तक के जनगणना वर्षों में सर्वाधिक थी। इनमें दस लाखी नगरों की संख्या भी 23 (1991) की अपेक्षा बढ़कर 35 हो गयी। इस एक दशक में 12 नये दसलक्षी नगर जुड़े।

द्वितीय वर्ग के नगरों की भी हाल कुछ ऐसी थी। ये पिछली जनगणना में 345 थे जबकि अनन्तिम जनगणना 2001 में बढ़कर 498 हो गई इसके अन्तर्गत देश की 3.45 करोड़ (12%) नगरीय जनसंख्या निवास करती है। अन्य वर्गों में भी अधिक वृद्धि प्राप्त की गई है। आगामी जनगणना में इनके और अधिक बढ़ने की पूर्ण सम्भावना है।

देश में नगरीय जनसंख्या की वर्तमान संख्या (28.61 करोड़) इस बात की गवाह है कि भारतीय नगर दिनानुदिन ग्रामीण जनसंख्या को नगरीय बना रहे हैं। जानना चाहिए कि देश की केवल नगरीय जनसंख्या संयुक्त राज्य अमेरिका की कुल जनसंख्या (28.14 करोड़) से भी अधिक है। 1901 से लेकर 2001 तक (100 वर्षों की) की नगरीय जनसंख्या की वृद्धि दर पर नजर डाली जाती है तो ज्ञात होता है कि एक शतक के मध्य इसने ठीक 11 गुने वृद्धि अर्जित की है। जबकि ग्रामीण जनसंख्या में इसी अवधि के दौरान मात्र 3.48 गुने की वृद्धि हुई है। अर्थात् इस अवधि में ग्रामीण जनसंख्या की तुलना में नगरीय जनसंख्या वृद्धि सवा तीन गुने अधिक हुई। इस शतकीय जनगणना अवधि की नगरीय जनसंख्या में वृद्धि की जानकारी निम्नवत आरेख से हो जाती है–

देश में नगरीय जनसंख्या में बढ़ोत्तरी : 1901–2001

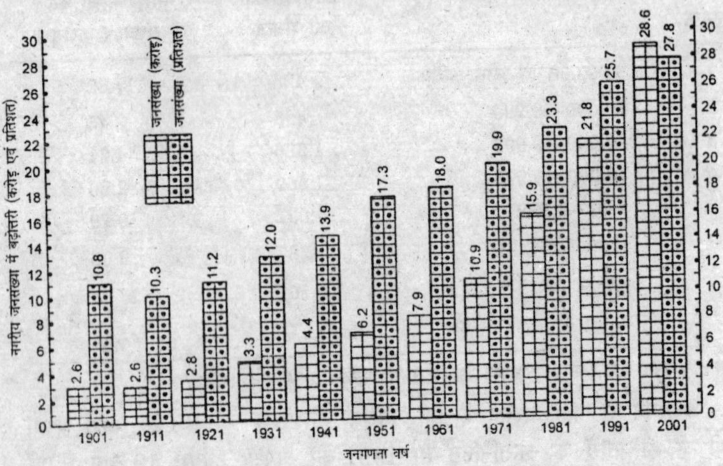

स्रोत : भारत की जनगणना 2001 भारत 'वार्षिक सन्दर्भ ग्रन्थ' 2006 पृष्ठ 16 पर आधारित

स्पष्ट हो जाता है कि नगरीय जनसंख्या की वृद्धि में तीव्र प्रगति हुई है। 1901 से लेकर 1931 तक की चार जनगणनाओं में नगरीय जनसंख्या एवं उसकी प्रतिशतता में सामान्य वृद्धि ही दर्ज की गई, किन्तु 1941 के वर्ष में इसने अपना नया रूख अपनाया और 1971 तक मध्यम तीव्र वृद्धि हुई। इससे भी आगे 1971 से लेकर 2001 तक की अवधि में इसने अप्रत्याशित वृद्धि की प्राप्ति की। ज्ञात हो कि 1971 में यह 10.9 करोड़ (19.9% देश की कुल जनसंख्या की) थी जो 2001 में 28.6 करोड़ (27.8%) हो गई। इस अवधि में इसमें ढाई गुने से भी अधिक (2.6 गुना) की संख्यात्मक प्रगति हुई जो कि तीव्र प्रगति का प्रमाण है। इतना कुछ होने के बावजूद भी देश की 72.2% जनसंख्या अभी ग्रामीण ही है जबकि मात्र 27.8% (एक चौथाई से थोड़ा अधिक) जनसंख्या ही नगरों में बस रही है। दूसरे शब्दों में देश में अभी भी प्रति दस व्यक्तियों में से 3 से भी कम व्यक्ति नगरीय हैं। एक ओर तीव्र नगरीकरण के लिए जन अभिरुचि (प्रवास परिप्रेक्ष्य) चरम पर है तो दूसरी ओर भारत सरकार ग्रामीणोन्मुखी योजनाओं की भरमार कर रही है ताकि गाँवों में भी नगरसदृश सुविधाएँ प्राप्त हों एवं परिणामस्वरूप ग्राम-नगर प्रवास पर स्वत: नियंत्रण लग सके। 'भारत निर्माण' कार्यक्रम इसका प्रमाण है। देखिए आगे चलकर कौन अधिक प्रभावी होता है प्रवास या प्रवास नियंत्रण के उपाय? यह तो आगामी जनगणना वर्ष (2011) ही बतायेगा।

भारत में नगरीकरण की विश्व के प्रमुख जनसंख्या धारकों के मध्य तुलना (Comparison of India's Urbanisation Between Major Population Holders of the World)

विश्व का वर्तमान नगरीकरण 47.7% (2001) है और सन् 2015 तक 53.7% तक पहुँच जाने की सम्भावना जतायी जा रही है। इस प्रतिशतता को देखते हुए देश में नगरीकरण अत्यल्प है। 2001 की जनगणना के अनुसार यह 27.8% था जो कि विश्व के औसत का लगभग 3/5 (58.3%) ही है। 10 प्रमुख जनसंख्याधारक राष्ट्रों की श्रेणी में 4 देश ऐसे हैं जिनका नगरीकरण विश्व औसत से काफी अधिक है। इन राष्ट्रों में ब्राजील विकासशील राष्ट्र होने के बावजूद भी 81.7% नगरीकृत राष्ट्र है, जहाँ नगरीकरण का प्रतिशत भारत से 3 गुना अधिक है। इसके बाद जापान (78.9%), संयुक्त राज्य अमेरिका (77.4%) एवं रूसी संघ (72.5%) भी विश्व के औसत से अधिक के साथ-साथ भारत के नगरीकरण के औसत से ढाई गुने से भी अधिक नगरीकृत है।

नाइजीरिया (44.8%) एवं इण्डोनेशिया (42.0%) का नगरीकरण देश के नगरीकरण से डेढ़ गुने से अधिक और चीन (36.7%) एवं पाकिस्तान (33.4%) का भी नगरीकरण स्तर अधिक है। इन दस देशों की सूची में मात्र बांग्लादेश ऐसा राष्ट्र है जिसका नगरीकरण स्तर भारत से नीचे है, किन्तु विश्व विकास प्रतिवेदन के अनुसार यह इस मामले में 2015 तक भारत को पीछे छोड़ देगा। ज्ञात हो कि

2015 तक भारत का नगरीकरण अनुमानत : 32.2% एवं बांग्लादेश का 34.4% हो जायेगा। (विश्व विकास प्रतिवेदन 2003 Page No. 252)। इस प्रकार ज्ञात होता है कि देश का नगरीकरण स्तर वैश्विक दृष्टि से काफी कम है, जिसका मूल कारण देश का कृषि-प्रधान होना है।

दक्षेश देशों में भारत के नगरीकरण की स्थिति (Position of India Urbanisation in South Asian Countries)

दक्षेश या दक्षिणी एशियाई क्षेत्रीय सहयोग संगठन (SAARC) सात देशों को सम्मिलित करता है जिसमें भारत, पाकिस्तान, बांग्लादेश, नेपाल, श्रीलंका, भूटान एवं मालदीव आदि आते हैं किन्तु एक राष्ट्र और अफगानिस्तान को भी इसमें 3-4 अप्रैल 2007 को नई दिल्ली (भारत की राजधानी) में होने वाले 14वें शिखर सम्मेलन में शामिल कर लिया जायेगा। इस प्रकार इनकी कुल संख्या 7 से बढ़कर 8 हो जायेगी। इन राष्ट्रों में नगरीकरण का स्तर भिन्न-भिन्न है। मानव विकास प्रतिवेदन 2003 के अनुसार सन् 2001 एवं 2015 के वर्षों के लिए इनके नगरीकरण का स्तर जानने का प्रयास किया गया है। 'वर्ल्ड अर्बनाइजेशन प्रोस्पेक्ट्स द 1999' के अनुसार अफगानिस्तान का नगरीकरण 2000 में 21.9% था और 2015 में यह संभवत: 32% हो जायेगा। विश्व के विकासशील देशों के औसत नगरीकरण क्रमश: 2001 में 40.8% और 2015 में (सम्भावित) 48.6% की अपेक्षा दक्षिणी एशियाई देशों का नगरीकरण बहुत कम है। यह दोनों आधार वर्षो में क्रमश: 29.5% एवं 34.9% मात्र ही आँका गया है। भारत का नगरीकरण स्तर इससे भी कम है। यह 2001 में 27.8% है और 2015 में 32.2% होने की सम्भावना है। दक्षिणेशियाई देशों के औसत नगरीकरण की तुलना में अधिक नगरीकृत दक्षेश देश केवल पाकिस्तान (2001 में 33.4% एवं 2015 में 39.5%) ही है शेष सभी देश इस औसत से कमतर है। निम्नवत आरेख से यह तथ्य स्पष्ट हो जाता है–

सन् 2001 के अनुसार इन देशों में केवल पाकिस्तान (33.4%) और मालदीव (28.0) का ही नगरीकरण स्तर भारत से ऊँचा था और यह भी केवल नाममात्र के लिए। पाकिस्तान का प्रतिशत भारत के नगरीकरण से 5.6% और मालदीव का 0.2% ही अधिक था। शेष सारे देश यहाँ के औसत से नीचे रहे। श्रीलंका 23.1% के साथ 4.7 प्रतिशत अन्तराल से नीचे रहा जबकि बांग्लादेश 1.7, अफगानिस्तान 5.9, नेपाल 15.6 एवं भूटान 20.4 प्रतिशत अन्तराल से भारत से पीछे रहे। 2015 के लिए किये गए अनुमान में देश के पाकिस्तान, मालदीव, बांग्लादेश से नगरीकरण के मामले में पीछे और श्रीलंका, नेपाल एवं भूटान से आगे रहने की सम्भावना है। इस प्रकार दक्षेश देशों में भारत की स्थिति नगरीकरण के मामले में अपेक्षाकृत उच्चस्तर की है।

दक्षेश देशों में भारत के नगरीकरण की स्थिति : 2001 एवं 2015

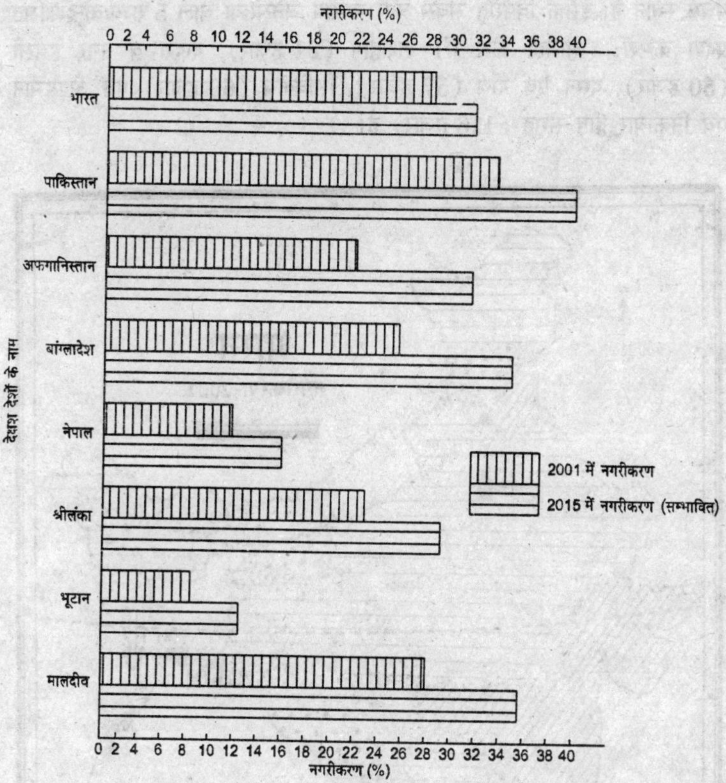

स्रोत : Based on H.D.R., 2003, p. 250-53 & W.U.P. The 1999 Revision p. 159.

राज्यों/केन्द्रशासित प्रदेशों में नगरीय जनसंख्या एवं नगरीकरण दर (Urban Population & Urbanisation Rate in States/Union Territories)

देश के सभी 35 प्रदेशों (28 राज्यों एवं 7 केन्द्र शासित प्रदेशों) में नगरीय जनसंख्या एवं नगरीकरण में 1971 के बाद तीव्रगति से उन्नति हुई है।

2001 की जनगणनानुसार महाराष्ट्र के नगरों में सर्वाधिक (किसी राज्य की) जनसंख्या पायी गई जो कि 4.1 करोड़ है। यह राज्य की कुल जनसंख्या की 42.2% थी और देश की कुल नगरीय जनसंख्या की 14.4 प्रतिशत। इसके बाद

उत्तर प्रदेश (3.45 करोड़), तमिलनाडु (2.72 करोड़), पश्चिम बंगाल (2.24 करोड़) एवं आन्ध्र प्रदेश (2.05 करोड़) का क्रमशः द्वितीय, तृतीय, चतुर्थ एवं पंचम स्थान है। इसके विपरीत सबसे कम नगरीय जनसंख्या वाले 5 राज्य/केन्द्रशासित प्रदेश क्रमशः (आरोही क्रम में)–लक्षद्वीप (24 हजार), दादरा व नगर हवेली (50 हजार), दमन एवं दीव (57 हजार), सिक्किम (60 हजार) एवं अण्डमान एवं निकोबार द्वीप समूह (116 हजार) है।

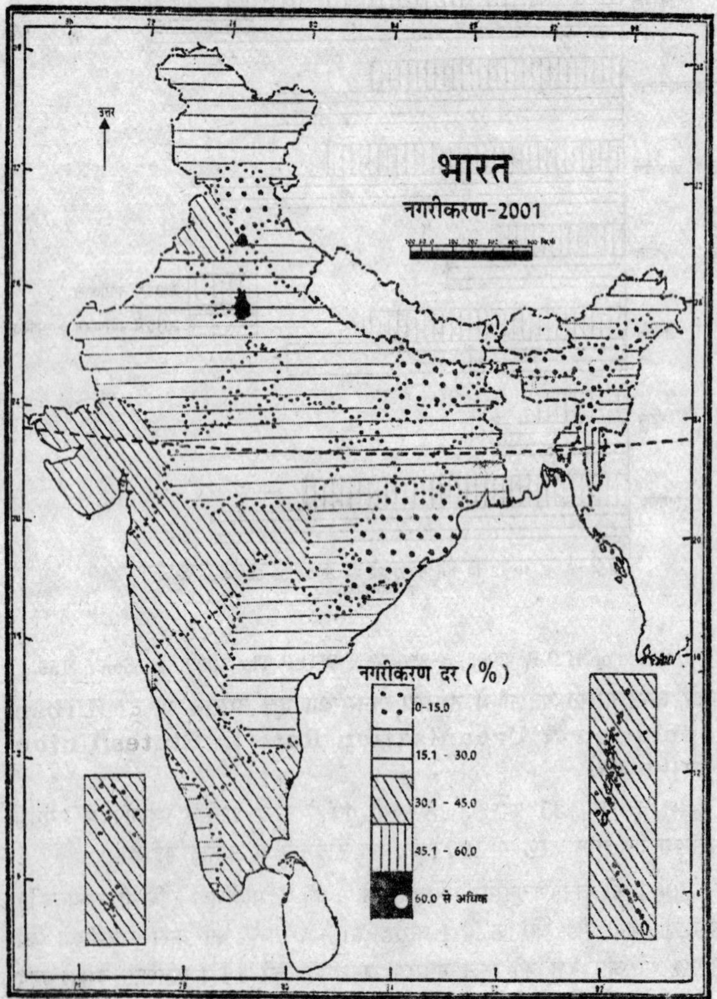

नगरीकरण के सन्दर्भ में, सर्वोच्च नगरीकृत राज्य गोआ (49.8%) है तथा इसके बाद मिजोरम (49.5%) एवं तमिलनाडु (43.9%) फिर महाराष्ट्र (42.4%) का स्थान आता है। इसी के समान्तर संघशासित प्रदेशों में 93% नगरीकरण के साथ दिल्ली शीर्ष पर है। तदुपरान्त चण्डीगढ़ (89.8%) एवं पाण्डिचेरी (66.6%) का स्थान है। लक्षद्वीप भी 44.5% नगरीकृत है। इसके बाद सभी राज्यों एवं केन्द्रशासित प्रदेशों में नगरीकरण का स्तर 40% से कम है। हिमाचल प्रदेश सबसे कम नगरीकृत राज्य है, जहाँ मात्र 9.8% ही नगरीकरण हुआ है। यह राष्ट्रीय औसत नगरीकरण का 1/3 के लगभग है। इसके उपरान्त राज्यों के परिप्रेक्ष्य में बिहार (10.4%) सिक्किम (11.1%), असम (12.7%), उड़ीसा (15%) व त्रिपुरा (15.3%) का स्थान आता है। न्यूनतम नगरीकृत राज्यों में अधिकांश पहाड़ी/पर्वतीय राज्य हैं, जहाँ यातायात एवं व्यापार की सीमित सुविधाएँ हैं। बिहार और उड़ीसा में न्यूनतम पूँजी निवेश एवं कृषि प्राधान्य के साथ-साथ व्यापक अशिक्षा एवं निम्न जीवन स्तर अल्प नगरीकरण के लिए जिम्मेदार हैं।

1991-2001 के अन्तर्गत हुई दशकीय नगरीकरण वृद्धि दर अलग-अलग प्रदेशों में भिन्न-भिन्न दिखी। राज्यों में अरुणाचल प्रदेश ने अप्रत्याशित वृद्धि (101.3%) दर्ज की तो संघशासित प्रदेशों में दादरा व नगर हवेली इससे तीन गुने से भी अधिक (330.3%) वृद्धि प्राप्त कर ली। 50% से ऊपर दशकीय वृद्धि दर वाले अन्य राज्यों में क्रमशः नागालैण्ड (69.4%), सिक्किम (62.1%) एवं हरियाणा (50.8%) रहे, जबकि संघशासित प्रदेशों में अण्डमान व निकोबार द्वीप समूह (55.3%) तथा दिल्ली (51.3%) है। राज्यों/केन्द्रशासित प्रदेशों में ये समस्त पहलू निम्नवत आँकड़े से उभरकर सामने आ जाते हैं–

इस तरह स्पष्ट हो जाता है कि देश के राज्यों एवं संघशासित प्रदेशों में नगरीय जनसंख्या, नगरीकरण की दर एवं उनकी दशकीय वृद्धि क्या रही? जिस तरह इसमें अनवरत वृद्धि देखी गई है, लगता है कि आगामी जनगणना वर्ष (2011) में यह और अधिक प्रगति करेगी, क्योंकि राज्यों/संघशासित प्रदेशों को अत्यधिक मात्रा में विनिवेश की प्राप्ति हो रही है तथा नगरीय आकर्षण ग्रामीणों को पर्याप्त रूप से प्रभावित कर रहे हैं। ऐसे में ऊपर कही बातें भावी सत्य के अधिक करीब लगती हैं।

देश में जैसे-जैसे नगरीकरण की ओर तीव्र रूख हुआ है तैसे-तैसे नगरों की कोटि भी परिवर्तित होती गयी है। लघु नगरों ने अब वृहत् एवं व्यापक रूप धारण कर लिया है। ये नगर आज 35 की संख्या (2001) में पहुँच गए हैं, जिन प्रत्येक की जनसंख्या 10 लाख व्यक्तियों से अधिक है। विभिन्न प्रकार के आर्थिक

देश के राज्यों/संघशासित प्रदेशों में नगरीय जनसंख्या एवं नगरीकरण दर–2001

क्रमांक	राज्य/केन्द्रशासित प्रदेश का नाम	नगरीय जनसंख्या (हजार)	नगरीकरण दर (%)	दशकीय वृद्धि दर 1991-2001
	राज्य			
1.	आन्ध्र प्रदेश	20,504	27.1	14.6
2.	अरुणाचल प्रदेश	223	20.4	101.3
3.	असम	3389	12.7	36.8
4.	बिहार	8679	20.1	36.2
5.	छत्तीसगढ़	4175	20.1	36.2
6.	गोआ	669	49.8	39.4
7.	गुजरात	18899	37.4	32.7
8.	हरियाणा	6114	29.0	50.8
9.	हिमाचल प्रदेश	595	09.8	32.4
10.	जम्मू एवं कश्मीर	2505	24.9	41.0
11.	झारखण्ड	5987	22.2	29.0
12.	कर्नाटक	17920	34.0	28.8
13.	केरल	8267	36.0	07.6
14.	मध्य प्रदेश	16103	26.7	31.2
15.	महाराष्ट्र	41020	42.4	34.3
16.	मणिपुर	570	23.9	12.8
17.	मेघालय	453	19.6	37.1
18.	मिजोरम	441	49.5	38.7
19.	नागालैण्ड	353	17.7	69.4
20.	उड़ीसा	5496	15.0	29.8
21.	पंजाब	8,246	34.0	37.5
22.	राजस्थान	13,205	23.4	31.2
23.	सिक्किम	60	11.1	62.4
24.	तमिलनाडु	27,242	43.9	42.8
25.	त्रिपुरा	543	17.0	28.8
26.	उत्तर प्रदेश	34,513	20.8	32.9
27.	उत्तरांचल	2,170	25.6	32.8
28.	पश्चिम बंगाल	22,486	28.0	20.2
	संघशासित प्रदेश			
1.	अण्डमान-निकोबार द्वीप समूह	116	32.7	55.3
2.	चण्डीगढ़	809	89.8	40.5
3.	दादरा व नगर हवेली	50	22.9	330.3
4.	दमन एवं दीव	57	36.3	20.6
5.	दिल्ली	12,820	93.0	51.3
6.	लक्षद्वीप	27	44.5	–0.1
7.	पाण्डिचेरी	648	66.6	25.4
	भारत (सम्पूर्ण)	2,85,355	27.8	31.1

स्रोत : Census of India, 2001, by Man and Development : March 2006 p. 23.

क्रियाकलापों के साथ-साथ से बहुआयामी कार्मोपलक्षी हो गये हैं जहाँ एक ओर ये देश की तमाम आवश्यकताओं की पूर्ति करने के लिए उत्तरदायी है वहीं विभिन्न समस्याओं के पुञ्ज भी बनते जा रहे हैं। विभिन्न प्रकार के अवाञ्छित क्रियाकलापों सहित अधिकांश नगरों में सामान्य जीवन स्तर गिर रहा है। गन्दी बस्तियों का पिटारी लगभग सभी महानगरों को कुसांस्कृतिक सौगात के रूप में मिली है। बढ़ते यातायात, आवास एवं विविध प्रकार की आवश्यकताओं के चलते नगरीय स्वच्छता के सम्मुख प्रश्नचिन्ह सा लगने लगा है। बहुरूपी प्रदूषणों का उजागर होना इस बात को और स्पष्ट कर देता है। फिर भी इनकी आबादी नित्यप्रति बढ़ती ही जा रही है उदाहरणार्थ कलकत्ता (वर्तमान नाम कोलकाता) भारत का प्रथम दसलक्षी नगर (Million city) था, जिसकी जनसंख्या 1901 में 14 लाख हो गयी थी किन्तु अब (2001) यह लगभग दस गुनी वृद्धि करती हुई 1.32 करोड़ पहुँच गई है। और यही नहीं मुम्बई (जो कि इससे 1981 तक पीछे रहा) की जनसंख्या इससे भी अधिक 163.7 लाख या 1.637 करोड़ हो गई है। जैसा कि बताया जा चुका है कि वर्तमान में देश में 35 दसलक्षी नगर हो चुके हैं जिनमें देश की नगरीय आबादी का (38.78%) लगभग 2/5 भाग निवसित है। 1971 से लेकर 2001 तक इनमें संयुक्त हुए नवीन नगरों के नाम एवं 2001 में इनकी जनसंख्या तथा 1991–2001 के बीच हुई दशकीय वृद्धि का उल्लेख अग्रलिखित आँकड़े से स्पष्ट है–

रुचिकर तथ्य है कि भारत में 2001 में राज्यों संघशासित प्रदेशों की संयुक्त संख्या और उनके कुल दसलक्षी नगरों की संख्या 35 है, जो कि समान है। यद्यपि ऐसा नहीं है कि इनका अनुपात भी 1 : 1 है बल्कि कुछ ऐसे राज्य/प्रदेश है, जहाँ इनकी संख्या 6 तक है (उ. प्र.) एवं कुछ ऐसे भी है, जहाँ एक भी नहीं है। ज्ञात हो कि 1971 में मात्र 9 दसलक्षी नगर थे, जो 1981 में 2 बढ़कर 11 हो गये। कोलकाता, मुम्बई, दिल्ली, चेन्नई, हैदराबाद, अहमदाबाद, बैंगलोर एवं कानपुर तथा पुणे 1971 में विद्यमान थे, जबकि 81 में महाराष्ट्र का नागपुर और उत्तर प्रदेश की राजधानी लखनऊ नगर इस श्रेणी में समाहित हुए। 1991 में मध्य प्रदेश व राजस्थान के राजधानी नगर (क्रमशः भोपाल एवं जयपुर) के साथ-साथ तमिलनाडु का कोयम्बटूर एवं मध्य प्रदेश का ही इंदौर नगर इस कोटि में आ गया। इसके अतिरिक्त कोच्चि, लुधियाना, पटना, सूरत, वड़ोदरा, वाराणसी, विशाखापत्तनम तथा मदुरई भी इसी वर्ष इस कोटि में संयुक्त हुए। 1991–2001 के मध्य इनकी संख्या में जबरदस्त जुड़ाव हुआ एवं 12 नये महानगर और अस्तित्व में आ गये। उत्तर प्रदेश के 'KAVAL Cities' के 2 शेष नाम आगरा, अलाहाबाद और इसके अलावा मेरठ भी इस श्रेणी में जुड़ गए। इनके अतिरिक्त नासिक, जबलपुर, जमशेदपुर, आसनसोल, धनबाद, फरीदाबाद, अमृतसर, विजयवाड़ा

देश में दसलक्षी नगरों की प्रगति (1971-2001), जनसंख्या एवं दशकीय वृद्धि दर 2001

1971		1981		1991		2001		जनसंख्या : 2001	दशकीय
क.सं.	नाम	क.सं.	नाम	क.सं.	नाम	क.सं.	नाम	(लाख)	वृद्धि दर (1991-2001)
1.	कोलकाता	1.	कोलकाता	1.	वृहद् मुम्बई	1.	वृहद् मुम्बई	163.7	30.23
2.	वृहद् मुम्बई	2.	वृहद् मुम्बई	2.	कोलकाता	2.	कोलकाता	132.2	20.45
3.	दिल्ली	3.	दिल्ली	3.	दिल्ली	3.	दिल्ली	127.9	51.90
4.	चेन्नई	4.	चेन्नई	4.	चेन्नई	4.	चेन्नई	64.2	18.45
5.	हैदराबाद	5.	हैदराबाद	5.	हैदराबाद	5.	बैंगलोर	56.9	37.70
6.	अहमदाबार	6.	अहमदाबाद	6.	अहमदाबाद	6.	हैदराबाद	55.3	27.3
7.	बंगलौर	7.	बंगलौर	7.	बंगलौर	7.	अहमदाबाद	45.2	36.44
8.	कानपुर	8.	कानपुर	8.	कानपुर	8.	पुणे	37.6	50.58
9.	पुणे	9.	पुणे	9.	पुणे	9.	सूरत	28.1	85.09
		10.	नागपुर	10.	नागपुर	10.	कानपुर	26.9	32.54
		11.	लखनऊ	11.	लखनऊ	11.	जयपुर	23.2	53.09
				12.	जयपुर	12.	लखनऊ	22.7	35.81
				13.	भोपाल	13.	नागपुर	21.2	27.58
				14.	कोयम्बटूर	14.	पटना	17.1	55.27
				15.	इंदौर	15.	इंदौर	16.4	47.79
				16.	कोच्चि	16.	वड़ोदरा	14.9	32.44
				17.	लुधियाना	17.	भोपाल	14.5	36.89
				18.	पटना	18.	कोयम्बटूर	14.5	31.71
				19.	सूरत	19.	लुधियाना	13.8	33.79
				20.	बड़ोदरा	20.	कोच्चि	13.6	18.83
				21.	वाराणसी	21.	विशाखापट्टनम्	13.3	25.76
				22.	विशाखापत्तनम	22.	आगरा	13.2	39.38
				23.	मदुरई	23.	वाराणसी	12.1	17.55
						24.	मदुरई	11.8	10.01
						25.	मेरठ	11.7	37.37
						26.	नासिक	11.7	58.83
						27.	जबलपुर	11.2	25.68
						28.	जमशेदपुर	11.0	32.88
						29.	आसनसोल	10.9	42.70
						30.	धनबाद	10.6	30.60
						31.	फरीदाबाद	10.5	70.79
						32.	अलाहाबाद	10.5	24.28
						33.	अमृतसर	10.1	42.67
						34.	विजयवाड़ा	10.1	19.56
						35.	राजकोट	10.0	53.12
							कुल	1078.6	34.03

स्रोत : भारत की जनगणना, 2001, योजना, जुलाई 2006 पृष्ठ 7; Man & Development : March 2006 p. 31.

एवं राजकोट नगर भी महानगर बनकर इसके अन्तर्गत आ गए। दशकीय (1991–2001) नगरीय जनसंख्या वृद्धि के मसले में सूरत 85.09% के साथ अव्वल रहा। 1991 में इसकी जनसंख्या 15.2 लाख थी जो 12.9 लाख अतिरिक्त लोगों को जोड़ती हुई 2001 में 28.1 लाख पहुँच गई, यह ऐसी अतिशयतापूर्ण वृद्धि थी, जिसकी कोई आशा भी नहीं कर सकता। वस्तुत: यहाँ इतनी तीव्र वृद्धि का मूल कारण उत्तर भारत के लोगों सहित गुजरात के ग्रामीण लोगों का व्यापक स्तर पर प्रवास है। एक औद्योगिक केन्द्र के नाते यह अधिकांश गैर पूर्व अनुभवी लोगों को भी रोजगार प्रदान करने में सक्षम है जिससे प्रवास की गति बढ़ी। 50% से अधिक दशकीय वृद्धि करने वाले अन्य महानगरों में क्रमश: फरीदाबाद (70.79), नासिक (58.58%), पटना (55.27%), राजकोट (53.72%), जयपुर (53.09%), दिल्ली (51.93%) एवं पुणे (50.58%) आदि शामिल हैं। इन सभी महानगरों में दशकीय वृद्धि का वही कारण है जो सूरत के लिए जिम्मेदार है, भले ही इनमें प्रवास के उद्देश्य भिन्न-भिन्न हों। अपेक्षाकृत अधिक आसान जिन्दगी जीने की सुविधाएँ एवं जीवन स्तर बनाये रखने हेतु शिक्षा, चिकित्सा, रोजगार आदि की सुलभता इनकी आबादी में तीव्र वृद्धि कर रहा है।

इसके विपरीत कुछ ऐसे महानगर भी हैं जिनकी दशकीय वृद्धि दर न केवल औसत वृद्धि दर (34.03%) बल्कि 20% से भी कम है। आरोही क्रम में क्रमश: मदुरई (10.01%), वाराणसी (17.55%), चेन्नई (18.50%), कोच्चि (18.83%), विजयवाड़ा (19.56%) एवं कोलकाता (19.91%) आदि महानगर इसी प्रकार के हैं। कम नगरीय जनसंख्या वृद्धि दर का कारण अन्य महानगरों के प्रति लोगों को रोजगार प्राप्त होने के बढ़ते आसार एवं इन महानगरों का अपेक्षाकृत अल्प रोजगार प्रदायी होना रहा है। विशेषकर कोलकाता में पूर्व की अपेक्षा घटते रोजगार के अवसर एवं यहाँ से अन्य महानगरों की ओर प्रवास इसके अल्प जनसंख्या वृद्धि के कारण माने जा रहे हैं। इनके अतिरिक्त अन्य महानगरों में औसत दशकीय वृद्धि से लगभग 15% से ऊपर या 15% के नीचे वाली वृद्धि के नाम शामिल हैं।

नगरीय वृद्धि में इसके अवयवों का योगदान (Role in Urban Growth of its Components)

वर्तमान में नगरीयकरण में तीव्रता आयी है, जिसके लिए नगरीय वृद्धि के अवयवों का विशेष योगदान माना जा रहा है। इन अवयवों में कुल वृद्धि करने में सहयोगी समस्त कारकों को सम्मिलित किया जाता है। प्राकृतिक वृद्धि एवं प्रवास इसके प्रमुख कारक हैं। नये-नये कस्बों का निर्माण हो रहा है और पूर्वचिन्हित कस्बों का परिसीमन पुनर्सुधार किया जा रहा है। ऐसे में जनसंख्या का नगरीकृत

होते जाना स्वाभाविक सा लगता है। 1991–2001 के बीच भारतीय नगरों में 6.81 करोड़ नयी जनसंख्या जुड़ी, जिसमें प्राकृतिक वृद्धि 34.31 मिलियन या 3.43 करोड़ (कुल वृद्धि का 53.4%) है। अस्तित्व में आये नये कस्बों में यह 1.48 करोड़ है तथा शुद्ध ग्रामीण-नगरीय प्रवास के द्वारा 1.43 करोड़ जनसंख्या नगरों में जुड़ गयी। यह कुल नगरीय जनसंख्या वृद्धि (1991–2001) की क्रमश: 21.8% एवं 21.00% अर्थात् 1/5 के लगभग है। नगरपालिकाओं की सीमा में बढ़ोत्तरी/प्रसार होने से 25.9 लाख जनसंख्या (कुल की 3.8%) नगरों तले आ गयी। इस प्रकार देखा गया कि हाल की जनगणना रिपोर्ट यह साबित कर देती है कि नगरीकरण में न केवल प्राकृतिक वृद्धि बल्कि प्रवासों एवं नवनिर्माणों की भी बहुत बड़ी भूमिका जारी है। यह कथन निम्नलिखित आरेख से ओर अधिक स्पष्ट हो जाता है–

नगरीय वृद्धि में उनके अवयवों का योगदान : 2001

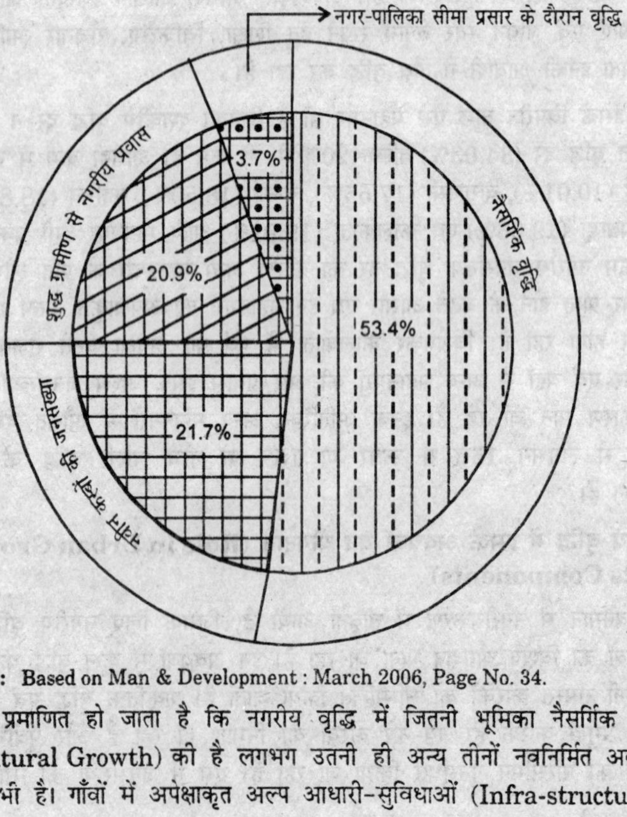

स्रोत : Based on Man & Development : March 2006, Page No. 34.

प्रमाणित हो जाता है कि नगरीय वृद्धि में जितनी भूमिका नैसर्गिक वृद्धि (Natural Growth) की है लगभग उतनी ही अन्य तीनों नवनिर्मित अवयवों की भी है। गाँवों में अपेक्षाकृत अल्प आधारी-सुविधाओं (Infra-structures)

के चलते जनसंख्या (ग्रामीण) का एक विशाल समूह प्रतिवर्ष कस्बों/नगरों/वृहनगरों से संयुक्त हो जाता है। किसी भी प्रकार का प्रवास नियंत्रण कानून न होने के कारण मनमाने ढंग से लोगों (ग्रामीण) का नगरीय पलायन बड़े पैमाने पर नित्यप्रति होता है। यही कारण है कि नगर-केन्द्र खस्ताहाल होते जा रहे हैं। जहाँ एक ओर बहुमंजिली इमारतें परिलक्षित होती हैं वहीं दूसरी ओर झुग्गी झोपड़ियाँ भी कम नजर नहीं आती। जहाँ एक तरफ वायुयान और कार की निजी सवारी करने वाले पूँजीपति/व्यवसायी दिखाई देते हैं वहीं दूसरी तरफ सड़कों पर वस्त्र-विहीन/सुविधाओं से हीन घूमन्तू भी दिखाई पड़ते हैं। इस प्रकार राष्ट्र का नगरीय स्वरूप द्वन्द्वात्मक प्रतीत/परिलक्षित होने लगा है।

अति उपयोगी प्रश्न शृंखला

1. भारत की जनगणना 2001 (अनन्तिम) के नियमानुसार न्यूनतम कितनी जनसंख्या वाले अधिवास को कस्बा कहा जायेगा?

   (अ) 2000 (ब) 5000 (स) 10,000 (द) 12,000

2. नगर की संज्ञा किस अधिवास को देंगे?

   (अ) जिसकी जनसंख्या अधिक हो

   (ब) जिसकी जनसंख्या 50,000 हो

   (स) जिसकी जनसंख्या 1,00,000 या इससे अधिक हो

   (द) ब और स दोनों

4. वृहन्नगर या विश्वनगरी को आंग्लभाषा में क्या कहते हैं?

   (अ) Large City (ब) Cosmopolis

   (स) Megalopolis (द) ब, स दोनों

5. भारत में निम्नलिखित में से कौन विश्वनगरी नहीं हैं?

   (अ) कोलकाता (ब) दिल्ली (स) चेन्नई (द) सभी हैं

6. निम्नलिखित में से कौन वृहन्नगर है?

   (अ) वाराणसी (ब) चेन्नई (स) अहमदाबाद (द) लखनऊ

7. सुमेलित कीजिए:

सूची (A) नगरीय आकार	सूची (B) 2001 में नगरों की संख्या
(i) 1,00,000 या अधिक	1. 1386
(ii) 50,000–99,999	2. 498
(iii) 10,000–19,999	3. 423
(iv) 5,000–9,999	4. 1560

कूट–

	I	II	III	IV
(अ)	1	2	3	4
(ब)	2	4	3	1
(स)	3	2	4	1
(द)	3	2	1	4

8. सन् 2001 की जनगणना में देश के नगरों की संख्या कितनी थी?
(अ) 5,000 (ब) 5,500 (स) 5,161 (द) 6,002
9. जनगणना वर्ष 2001 में किस वर्ग के आकार वाले नगरों की संख्या सर्वाधिक थी?
(अ) I (ब) II (स) III (द) IV
10. भारत के प्रथम श्रेणी वाले नगरों में कुल नगरीय जनसंख्या का कितना प्रतिशत है?
(अ) 62.2% (ब) 50% (स) 48% (द) 55%
11. 1991 में दसलाखी नगरों की संख्या कितनी थी?
(अ) 15 (ब) 23 (स) 28 (द) 35
12. 1991–2001 के मध्य कितने नये दसलक्षी नगर संयुक्त हुए?
(अ) 11 (ब) 12 (स) 14 (द) 15
13. 1991 की अपेक्षा 2001 में कितने नये प्रथम श्रेणी के नगर अस्तित्व में आये?
(अ) 100 (ब) 120 (स) 123 (द) 150
14. भारत की कुल नगरीय जनसंख्या किस देश की कुल जनसंख्या के लगभग बराबर है?
(अ) चीन (ब) संयुक्त राज्य अमेरिका
(स) पाकिस्तान (द) नाइजीरिया
15. सत्य का चयन कीजिए–
(अ) 1901 से लेकर 1931 तक जनसंख्या वृद्धि नगरों में मन्द थी।
(ब) 1941 से लेकर 1971 तक जनसंख्या वृद्धि नगरों में मध्यम किन्तु तीव्र थी।
(स) 1971 से लेकर 2001 के मध्य तीव्र नगरीय जनसंख्या वृद्धि हुई।
(द) सभी कथन सत्य हैं।
16. 2001 में ग्रामीण व शहरी अनुपात क्या था?
(अ) 60 : 40 (ब) 72 : 28 (स) 75 : 25 (द) 90 : 10
17. निम्नवत में से किस देश का नगरीकरण भारत से ऊँचा है?
(अ) चीन (ब) पाकिस्तान (स) ब्राजील (द) सभी का

18. दक्षेश (SAARC) देशों में अफगानिस्तान कब सम्मिलित होगा?

(अ) हो चुका है (ब) 3–4 अप्रैल 2007

(स) 26 जनवरी 2007 (द) 15 अगस्त 2007

19. दक्षेश देशों में दक्षिणी एशिया के औसत नगरीकरण से अधिक किस देश का प्रतिशत है?

(अ) भारत (ब) पाकिस्तान (स) भूटान (द) श्रीलंका

20. विश्व विकास प्रतिवेदन के अनुसार 2015 में भारत का नगरीकरण कितने प्रतिशत हो जाने की सम्भावना है?

(अ) 30% (ब) 32.2% (स) 35.7% (द) 50%

21. हाल ही में हुई जनगणना में सर्वाधिक नगरीय जनसंख्या वाला राज्य कौन है?

(अ) उत्तर प्रदेश (ब) बिहार (स) महाराष्ट्र (द) तमिलनाडु

22. न्यूनतम नगरीय जनसंख्या वाले राज्यों केन्द्रशासित प्रदेशों का कौन-सा आरोही कम सही है?

(अ) दादरा व नगर हवेली, लक्षद्वीप, दमन एवं दीव, सिक्किम

(ब) लक्षद्वीप, दादरा व नगर हवेली, दमन एवं द्वीव, सिक्किम

(स) दमन एवं दीव, सिक्किम, लक्षद्वीप, अण्डमान निकोबार द्वीप समूह

(द) इनमें से कोई नहीं।

23. सर्वोच्च नगरीकृत राज्य गोआ है, जहाँ नगरीकरण का प्रतिशत (2001) कितना है?

(अ) 50% (ब) 75% (स) 100% (द) 80%

24. संघशासित प्रदेशों में उच्च नगरीकृत प्रदेशों का आरोही क्रम क्या है?

(अ) दिल्ली, पाण्डिचेरी, लक्षद्वीप (ब) पाण्डिचेरी, दिल्ली, चण्डीगढ़

(स) पाण्डिचरी, चण्डीगढ़, दिल्ली (द) चण्डीगढ़, दिल्ली, पाण्डिचेरी

25. वह न्यूनतम नगरीकृत राज्य, जिसका नगरीकरण प्रतिशत मात्र 9.8% है?

(अ) बिहार (ब) असम (स) हिमाचल प्रदेश (द) मिजोरम

उत्तरदायी-सूची

1. ब	2. स	3. द	4. द	5. द
6. ब	7. द	8. स	9. द	10. अ
11. ब	12. ब	13. स	14. ब	15. द
16. ब	17. द	18. ब	19. ब	20. ब
21. स	22. ब	23. अ	24. स	25. स

8

भारत : मलिन बस्तियों की जनसंख्या
(INDIA : SLUM POPULATION)

मलिन बस्ती से तात्पर्य एवं परिभाषाएँ (Meaning & Definitions of Slum)

मलिन शब्द हिन्दी के ही 'मल' शब्द से निर्मित है, जिसका तात्पर्य मैला या गन्दा होता है। अत: मलिन बस्ती गन्दी बस्ती शब्द का पर्याय है। आंग्ल भाषा में इसे 'Slum' कहते हैं, जिसका पूर्ण नाम इस प्रकार हो सकता है–

S = Settlement (अधिवास या बस्ती)

L = Low living standard (घटिया जीवन स्तर)

U = Urban (नगरीय)

M = Malien (दूषित)

अर्थात् दूषित एवं घटिया जीवन स्तर वाली नगरीय बस्ती (An urban settlement of malien and low living standard) को मलिन बस्ती (Slum) की संज्ञा प्रदान की जाती है।

विभिन्न भूगोलवेत्ताओं/जनसांख्यिकीविदों/शब्दकोषों ने इसे अपने-अपने शब्दों में इस प्रकार परिभाषित किया है–

(*i*) "वह घना बसा नगरीय आवास क्षेत्र, जिसमें अस्वच्छ घर होते हैं तथा जिसके अन्तर्गत समाज के कमजोर वर्ग के वे लोग रहते हैं, जिनमें सामाजिक विघटन की प्रवृत्तियाँ पायी जाती हैं।"–भूगोल परिभाषा कोश, हिन्दी माध्यम क्रियान्वयन निदेशालय, दिल्ली विश्वविद्यालय 2005, P. 176.

(*ii*) "गन्दी बस्ती ऐसे आवासीय क्षेत्र को कहते हैं, जो मानव आवास के अयोग्य हो।"–डॉ. राव एवं शर्मा 'नगरीय भूगोल' 2003 पृ. 281.

(*iii*) "नगर का बेतरतीब रूप में अधिवासित, अव्यवस्थित तौर पर विकसित एवं सामान्यतया उपेक्षित ऐसा क्षेत्र मलिन बस्ती कहलाता है, जो

अत्यधिक प्रदूषित और अत्यधिक घना बसा होता है तथा जहाँ के मकान मरम्मत के बिना जीर्ण-शीर्ण अवस्था में पाये जाते हैं।''

–डॉ. रामचन्द्र तिवारी 'अधिवास भूगोल'–2003 पृष्ठ सं. 307.

(*iv*) ''मलिन बस्ती उसे कहते हैं, जहाँ ऐसे घटिया अधिवासों की प्रधानता हो जो सुरक्षा, सेहत एवं चारित्रिक मूल्यों हेतु हानिकारक हो।''–आर. ई. मरफी।

(A slum seems to be generally defined as an area where dwellings predominate which are so inferior as to be detrimental to safety, health or Morals)–Murphy R.E., The American City, op. cit., p. 380.

(*v*) ''किसी नगर की अतिभीड़ युक्त गन्दी-पिछड़ी गली या नगर केन्द्र, जो मानव निवास के लिए अनुपयुक्त आवास के रूप में होता है, मलिन बस्ती कहलाता है।''–ऑक्सफोड शब्दकोश –2006, पृ. 782.

(An over crowded & squalid backstreet, district in a city, a house or building unfit for human habitation)–Illustrated Oxford dictionary 2006, p. 782.

(*vi*) भारत की जनगणना 2001 के अनुसार : ''1991 की जनगणना में राज्य सरकारों द्वारा नामित 50,000 जनसंख्या या इससे अधिक वाले नगर/कस्बे के वे निवासी जो इनकी नगरीय मलिन बस्तियों में निवास करते हैं, मलिन जनसंख्या के अन्तर्गत आते हैं। 1956 के अधिनियम के तहत ये क्षेत्र राज्य/क्षेत्रीय सरकारों या संघशासित प्रदेश प्रशासनों द्वारा विधिपूर्वक घोषित होने चाहिए।''

नगरीय भारत में मलिन बस्तियों की पृष्ठभूमि (Background of Slums in Urban India)

देश के नगरीय क्षेत्रों में जहाँ एक ओर गगनचुम्बी आकर्षक इमारतें इनकी नगरीय-सांस्कृतिक भूदृश्यता की आधुनिक प्रतीक है वहीं दूसरी ओर इन्हीं क्षेत्रों के मध्य या तटवर्ती क्षेत्रों में ऐसी भी मानव बस्तियाँ दृष्टिगोचर होती हैं, जो बहुमंजिली इमारतों की बात तो दूर, बल्कि एक मंजिली इमारत की भी व्यवस्था से वाञ्छनीय रूप से युक्त नहीं हैं। कहना न होगा कि इस प्रकार बस्तियाँ आधारी सरंचनाओं (Infrastructures) की सुविधाओं को पर्याप्त रूप में नहीं पा रही हैं और ये नगरीय नासूर (Urban canser) बन गयी हैं। इनका आविर्भाव अकस्मात् कुछ ही समय का परिणाम नहीं हैं, अपितु इनकी ऐतिहासिक पृष्ठभूमि से जुड़ा है। आरंभ में नगर विशेषकर समृद्धि एवं सम्पन्नता के प्रतीक माने जाते थे, किन्तु

शनैः शनैः इनमें उन लोगों का भी जमाव होने लगा जो श्रमिक वर्ग के थे। स्वतन्त्रतोपरान्त अधिकाधिक जनसंख्या वृद्धि, उसकी गरीबी, अनपढ़, अप्रशिक्षित भोले-भाले लोग पारिवारिक-आर्थिक समस्याओं से तंग आकर नगरों में आ पड़े। कहाँ? कौन? कैसे? क्या? कार्य करना है, कोई पूर्व ज्ञान नहीं। बस रोजगार चाहिए। अल्प पारिश्रमिक, अधिक महँगाई दोनों कारणों ने घटिया जीवन स्तर में जीने के लिए विवश कर दिया। भोजन, वस्त्र और इससे भी बढ़कर आवास की समस्या सबसे अधिक खली। फलस्वरूप ऐसे लोगों ने धन की कमी के चलते नगरों के उपेक्षित हिस्सों पर अस्थायी रूप से खर-पतवार, बरसाती, टीने-टम्बर, कच्चे, एस्बेस्टस या कम गुण वाले मकानों को निर्मित कर डाला और रहने लगे। कुछ समय बाद जब उन्हें लगने लगा कि अब अकेले नहीं रहा जाता तो अर्द्धांगिनी को भी साथ ले आये। फलस्वरूप अतिशय सन्तानोत्पत्ति होती गई और जनसंख्या वृद्धि तीव्र हुई। आगे चलकर अभावों से ग्रस्त माता-पिता की बेकसूर संतानें अपराधी प्रवृत्तियों यथा-जुआ, चोरी, वेश्यावृत्ति, भिक्षावृत्ति एवं व्यभिचार/बलात्कार की कायल बन गई और आज ये सारी समस्याएँ नगरों के लिए क्षयरोग से कम नहीं है। ऐसा अधिकांश महानगरों/नगरीय केन्द्रों के आस-पास देखा जा सकता है।

नगरीय भारत में मलिन बस्तियों की जनसंख्या (Urban India's Slum Population)

सन् 2001 की जनगणना में 26 राज्यों/केन्द्रशासित प्रदेशों के 640 नगरों/कस्बों को मलिन बस्तियों के अन्तर्गत चिन्हित किया गया। इस वर्ष देश की कुल नगरीय जनसंख्या 28.34 करोड़ (कुल जनसंख्या की 27.8%) पायी गई है, जिसमें 4.26 करोड़ (कुल नगरीय जनसंख्या का 15%) जनसंख्या मलिन बस्तियों के तले है। इसमें पुरुषों की संख्या 2.27 करोड़ व महिलाओं की संख्या 1.99 करोड़ है। यौन अनुपात 876 है और साक्षरता दर 73.1%। पुरुषों की साक्षरता 80.7% एवं महिलाओं की 64.4% है। कार्य सहभागिता के मामले में कुल व्यक्तियों का योगदान 32.9% जिसमें पुरुष 51.3% एवं महिलाएँ 11.9% ही कार्यशील हैं। पुरुषों की अपेक्षा महिलाओं का कार्यशीलता प्रतिशत मात्र 1/4 है जो, कि बेहद कम है। इनमें मुख्य श्रमिकों का प्रतिशत 90.1 है जबकि सीमान्त श्रमिक मात्र 9.9% ही है। कुल श्रमिकों की श्रेणी के मामले में किसानों की संख्या मात्र 8.9%, कृषि श्रमिकों की 2.9%, घरेलू उद्योगों में संलग्न श्रमिकों की 5.1% है। अन्य श्रमिकों की प्रतिशतता सर्वाधिक 91.1% है। कृष्येतर कार्यों की प्रधानता के चलते अन्य श्रमिकों की संख्या सर्वाधिक पायी गई है। जबकि कृषि से संलग्न लोगों की बेहद कम।

मलिन बस्तियों में रहने वाले बच्चों की कुल संख्या (0–6 आयु वर्ग) 60.7 लाख पायी गई है, जो कि चेन्नई की कुल जनसंख्या (64.3 लाख) के

करीब है। इसमें 31.6 लाख बालक एवं 29.1 लाख बालिकाएँ शामिल हैं। इस आयु वर्ग में लिंगानुपात 919 है जो कि कुल आय वर्ग के यौनानुपात से 43 प्रति हजार पुरुष अधिक है।

इन मलिन बस्तियों की कुल जनसंख्या में सर्वाधिक योगदान अनुसूचित जातियों का है। इनकी (अनुसूचित जाति) नगरीय जनसंख्या का 22.1% हिस्सा इसी बस्ती तले है। इसके अतिरिक्त अनुसूचित जनजातियों तथा अन्य जातियों की उनकी कुल नगरीय जनसंख्या का क्रमशः 16.5% एवं 14.0% भाग इन बस्तियों में बस रहा है।

नगरीय भारत की मलिन बस्तियों में बसने वाली जनसंख्या (4.26 करोड़) देश के शीर्ष तीन वृहन्नगरों वृहद् मुम्बई, कोलकाता एवं दिल्ली की संयुक्त जनसंख्या (423.8 करोड़) से भी अधिक है। गैर मलिन बस्तियों की नगरीय जनसंख्या 243.5 मिलियन (85%) एवं मलिन बस्तियों की जनसंख्या 42.6 मिलियन है। और अधिक रोचकता के लिए निम्नवत आरेख प्रस्तुत है–

नगरीय भारत में मलिन एवं गैर मलिन बस्तियों की जनसंख्या-2001

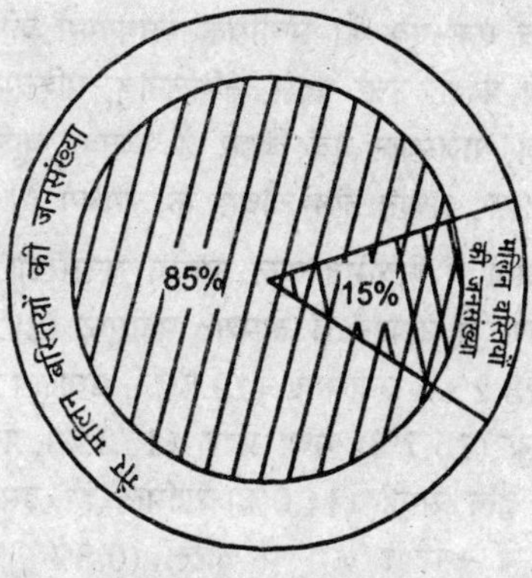

स्रोत : Based on Sensus of India, Series 1 Slum-Population Vol. I. P. 4.

राज्य/केन्द्रशासित प्रदेशवार स्लम जनसंख्या वितरण (India : Stateswise and U.Ts. wise Slum Population Distribution)

यद्यपि देश की कुल नगरीय जनसंख्या का 15% अंश स्लम पापुलेशन (मलिन बस्तियों की जनसंख्या) तले है, तथापि राज्यों/केन्द्रशासित प्रदेशों को लेकर इनमें पर्याप्त अन्तर पाया जाता है। कुछ राज्य ऐसे हैं, जहाँ स्लम नगरों की बहुतायतता पायी जाती है और कुछ ऐसे भी हैं, जहाँ एक भी स्लम नगर सूचित नहीं है। हिमाचल प्रदेश, अरुणाचल प्रदेश, सिक्किम, नागालैण्ड, मणिपुर, मिजोरम जैसे पर्वतीय राज्यों एवं लक्षद्वीप, दादरा व नगर हवेली तथा दमन एवं दीव जैसे

केन्द्रशासित प्रदेशों के अन्तर्गत स्लम नगरों की एक भी संख्या अब तक सूचीगत नहीं है। अर्थात् ये स्लम जनसंख्या से मुक्त राज्य/संघशासित प्रदेश है।

देश की जनगणना 2001 में कुल 26 राज्यों/संघशासित क्षेत्रों में स्लम नगरों कस्बों की सूचित संख्या 640 प्राप्त की गई है जिसमें 4 राज्य क्रमशः आन्ध्र प्रदेश (77), उत्तर प्रदेश (69), तमिलनाडु (63), पश्चिम बंगाल (59) ऐसे हैं जो कुल स्लम नगरों के 42% का प्रतिनिधित्व करते हैं। ज्ञात हो कि ये सभी राज्य प्रमुख औद्योगिक नगरों के अड्डे हैं, जहाँ श्रमिक जनसंख्या की बहुलता पायी जाती है। साथ ही साथ जनसंख्या के मामले में भी ये 'टॉप 6' अन्तर्गत आते हैं। इनके अतिरिक्त 7 राज्य ऐसे हैं जहाँ स्लम जनसंख्या वाले नगरों की संख्या 20 से अधिक किन्तु 50 से कम है। इनमें क्रमशः मध्य प्रदेश (43), गुजरात (41), कर्नाटक (35), पंजाब (27), राजस्थान (26), बिहार (23) एवं हरियाणा (22) है। त्रिपुरा और मेघालय न्यूनतम स्लम नगर संख्या (दोनों एक-एक) वाले राज्य हैं। शेष राज्यों में 1 से अधिक किन्तु 20 से कम स्लम नगर पाये गए है।

संघशासित प्रदेशों में स्लम नगरों/कस्बों की सर्वाधिक संख्या दिल्ली (16) में है। इसके अतिरिक्त पाण्डिचेरी में 3 और चण्डीगढ़ तथा अण्डमान निकोबार द्वीप समूह में यह संख्या मात्र एक-एक है। सर्वाधिक स्लमनगरों की संख्या रखने वाले टॉप टेन राज्यों में आन्ध्र प्रदेश, उत्तर प्रदेश, तमिलनाडु, पश्चिम बंगाल, एम. पी., गुजरात, कर्नाटक, पंजाब, राजस्थान एवं बिहार है जिनका कुल योगदान (सम्पूर्ण नगरीय संख्या में) 72.3%, अर्थात् तीन-चौथाई के लगभग हैं।

राज्यों/संघशासित क्षेत्रों में निवसित कुल नगरीय जनसंख्या में स्लम जनसंख्या के प्रतिशत के दृष्टिकोण से टॉपटेन में क्रमशः महाराष्ट्र (27.3%), आन्ध्र प्रदेश (24.9%), हरियाणा (23.2%), छत्तीसगढ़ (19.5%), मेघालय (19.0%), पश्चिम बंगाल (18.4%), दिल्ली (15.7%), मध्य प्रदेश (15.1%), पंजाब (14.0%) एवं अण्डमान व निकोबार द्वीप समूह (14.0%) शामिल हैं। इस मामले में कमतर राज्यों/संघशासित क्षेत्रों में आरोही क्रम में केरल (0.8%), गोआ (2.2%) एवं असम (2.4%) आते हैं। स्लम जनसंख्या के राष्ट्रीय औसत (15%) की तुलना में 7 राज्य एवं एक संघशासित प्रदेश (दिल्ली) आगे है, जबकि अन्य 15 राज्यों एवं 3 केन्द्रशासित प्रदेशों में यह औसत उससे कम है। इन सभी तथ्यों को प्रमाणित करता अग्रिम आँकड़ा आपके अध्ययनार्थ प्रस्तुत है।

उच्च स्लम जनसंख्या वाले राज्यों की जो विशेषता पायी जाती है वह यह है कि वे औद्योगिक राज्यों अथवा अधिकतम जनसंख्या वितरण वाले हैं। हालाँकि गरीब जनसंख्या का पाया जाना इसका मूल कारण है। केरल में मात्र 0.8% स्लम जनसंख्या का पाया जाना इस बात का प्रमाण है कि उच्च जीवन स्तर और स्लम

जनसंख्या में विरोधाभास पाया जाता है। जहाँ जीवन स्तर ऊँचा होगा वहाँ गन्दी बस्तियों की बात ही नहीं आती।

भारत : राज्यों/केन्द्रशासित प्रदेशों में स्लम नगरों व स्लम जनसंख्या का वितरण–2001

क्रमांक	राज्य/केन्द्रशासित प्रदेश का नाम	सूचीबद्ध स्लम नगरों/कस्बों की संख्या	राज्य/केन्द्रशासित प्रदेश की कुल नगरीय जनसंख्या (लाख)	कुल स्लम जनसंख्या (लाख)	राज्य/केन्द्रशासित प्रदेश की नगरीय जनसंख्या (%)
*	भारत	640	28.3741	425.78	15.0
1.	जम्मू एवं कश्मीर	05	25.16	2.69	10.7
2.	पंजाब	27	82.62	11.59	14.0
3.	चण्डीगढ़	01	8.08	1.07	13.2
4.	उत्तरांचल	06	21.79	1.95	19.3
5.	हरियाणा	22	61.15	14.20	33.1
6.	दिल्ली[u]	16	129.05	20.29	18.0
7.	राजस्थान	26	132.14	12.94	16.9
8.	उत्तर प्रदेश	69	345.39	43.95	20.7
9.	बिहार	23	86.81	5.31	11.0
10.	त्रिपुरा	01	5.45	0.29	15.8
11.	मेघालय	01	4.54	0.86	65.0
12.	असम	07	34.39	0.82	6.0
13.	पश्चिम बंगाल	59	224.27	41.15	27.1
14.	झारखंड	11	59.93	3.01	12.4
15.	उड़ीसा	15	55.17	6.30	22.2
16.	छत्तीसगढ़	12	41.85	8.18	31.4
17.	मध्य प्रदेश	43	159.67	24.17	25.2
18.	गुजरात	41	189.30	18.67	14.7
19.	महाराष्ट्र	61	411.00	112.03	33.3
20.	आन्ध्र प्रदेश	77	208.08	51.87	32.2
21.	कर्नाटक	35	197.61	14.03	12.7
22.	गोआ	02	6.70	0.15	8.3
23.	केरल	13	82.67	0.65	2.0
24.	तमिलनाडु	63	274.83	28.67	20.0
25.	पाण्डिचेरी	03	6.48	0.73	14.3
26.	अण्डमान व निकोबार द्वीप समूह	01	1.16	0.16	16.2

U = Union Territories

टिप्पणी: अरुणाचल प्रदेश, हिमाचल प्रदेश, सिक्किम, नागालैण्ड, मणिपुर, मिजोरम, दमन एवं दीव, लक्षद्वीप तथा दादरा व नगर हवेली राज्य/केन्द्रशासित प्रदेश स्लम जनसंख्या–2001 में सूचित नहीं है।

स्रोत : Census of India, 2001, Series I, Slum Population Vol. I, P. 21.

राज्यों संघशासित/प्रदेशों में स्लम जनसंख्या का प्रतिशतता वितरण (Percentage Distribution of Slum Population in States/ UTs)

ज्ञात हो चुका है कि देश के 26 राज्यों/संघशासित प्रदेशों में कुल मिलाकर 640 स्लम नगर/कस्बे हैं, जिनके तहत देश की 4.26 करोड़ या 42.6 मिलियन जनसंख्या निवास करती है। यह जनसंख्या कुल नगरीय जनसंख्या की ठीक 15% या 1/7 के लगभग है। स्लम जनसंख्या का प्रतिशतता वितरण से अभिप्राय है देश की कुल स्लम जनसंख्या में से राज्यों/संघशासित प्रदेशों के अन्तर्गत निहित जनसंख्या का अंश या प्रतिशत का वितरण ज्ञान।

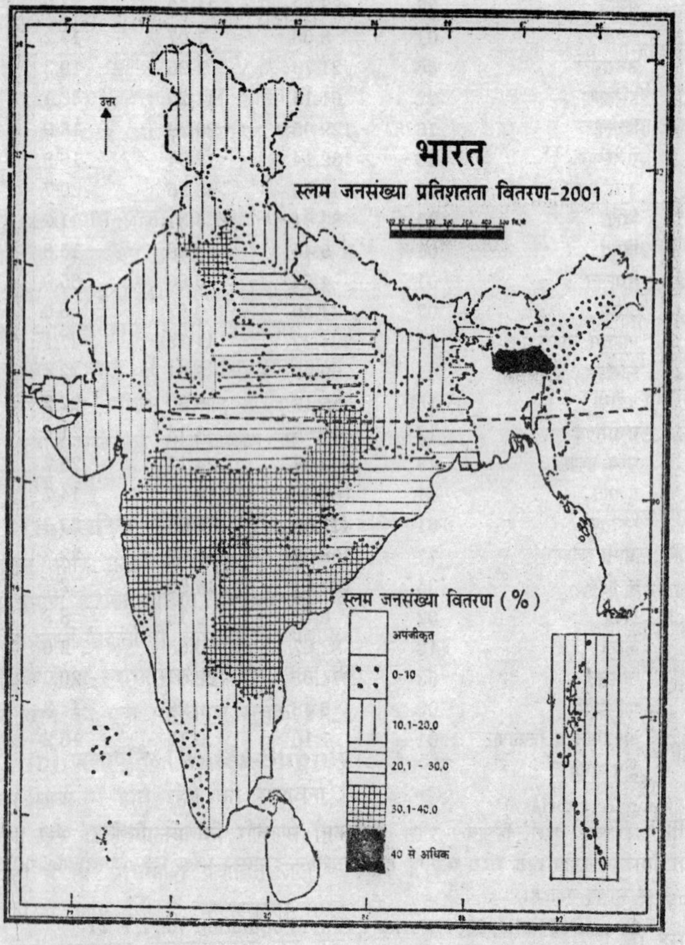

इस दृष्टि से शीर्ष दस (Top ten) राज्यों/संघ शासित प्रदेशों में महाराष्ट्र, आन्ध्रप्रदेश, उत्तरप्रदेश, पश्चिम बंगाल, मध्य प्रदेश, दिल्ली, गुजरात, हरियाणा, कर्नाटक एवं राजस्थान शामिल हैं। आश्चर्यजनक/रुचिकर है कि इन 10 राज्यों में ही देश की कुल स्लम जनसंख्या का 90% पाया जाता है, शेष सभी 16 राज्यों/संघ शासित प्रदेशों में यह मात्र 10% है। कहना न होगा कि ये प्रमुख 10 प्रदेश जनसंख्या आकार में भी विशाल हैं भले ही ये सभी आकार की दृष्टि से शीर्षतम् नहीं है।

न्यूनतम स्लम जनसंख्या वाले राज्यों/संघ शासित प्रदेशों में गोआ और अण्डमान-निकोबार द्वीप समूह का स्थान, नगण्य है। जबकि 0.1% से लेकर 3.0% तक योगदान देने वाले प्रदेशों में सभी सम्मिलित हैं। अध्ययन को रोचक बनाता यह आरेख दर्शनीय है–

भारत: 10 शीर्ष स्लम जनसंख्या वितरण वाले राज्य/संघशसित प्रदेश–2001

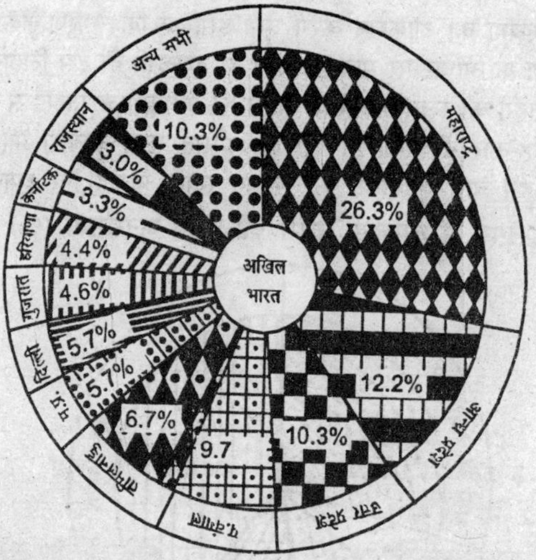

स्रोत: Based on Census of India, 2001 Series 1, Slum-Population Vol. I. P. 5.

शीर्ष 10 राज्यों/संघशासित प्रदेशों के अलावा पंजाब (2.7%), छत्तीसगढ़ (1.9%), उड़ीसा (1.5%), बिहार (1.2%), झारखण्ड (0.7%) वाले मुख्य राज्य हैं जबकि उत्तरांचल, मेघालय, चण्डीगढ़, असम, पाण्डिचेरी, केरल, त्रिपुरा, जम्मू एवं कश्मीर, गोआ और अण्डमान निकोबार गौण है। इन राज्यों/ संघशासित प्रदेशों में अत्यल्प स्लम जनसंख्या का पाया जाना इनके सुन्दर बसाव या अल्पजन बसाव के कारण है। चूँकि इनमें अधिकांशतया पर्वतीय राज्य शामिल हैं, जिनमें जनसंख्या वितरण कम होने के साथ-साथ अतिशय घनत्व एवं संकेन्द्रण नहीं पाया जाता है, अत: इनके नगर छोटे होते हैं जो कम ही स्लम नगर की श्रेणी में आते हैं।

चण्डीगढ़ और पाण्डिचेरी का अपेक्षाकृत नियोजित ढंग से सुन्दर बसाव इसका मूल रहस्य है।

देश के वृहन्नगरों की मलिन बस्तियों में जनसंख्या वितरण (Distribution of Slum Population of India's Megalopolises)

वृहत्तर मुम्बई, कोलकाता, दिल्ली एवं चेन्नई देश के मेगालोपोलिस या वृहन्नगर कहे जाते हैं। 2001 की अनन्तिम जनगणना प्रतिवेदन के अनुसार वृहत्तर मुम्बई की जनसंख्या 163.7 लाख या 1.64 करोड़ है यह देश का सबसे बड़ा वृहन्नगर है। इसके बाद क्रमश: कोलकाता 1.32 करोड़, दिल्ली 127.9 करोड़ एवं चेन्नई 6.42 करोड़ जनसंख्या को पनाह दिये हुए हैं। ज्ञातव्य है कि मुम्बई (वृहत्तर) न केवल देश का सर्वाधिक विशाल वृहन्नगर है प्रत्युत् सर्वाधिक स्लम जनसंख्या वाला महानगर भी है। दस लाखी नगरों (Million plus cities) में देश की स्लम जनसंख्या का 41.6% अंश पाया जाता है। ध्यान देने योग्य बात यह है कि 2001 की जनगणना में 35 दस लाखी नगर देश में विद्यमान हैं किन्तु इनमें से मात्र 27 को ही दसलक्षी नगर मानते हुए स्लम जनसंख्यया का आकलन करेंगे ऐसा इसलिए कि नगरपालिका संगठनों में जनसंख्या वितरण के आधार पर मात्र 27 नगर ही दसलक्षी हैं। इस लिहाज से सम्पूर्ण मिलियन प्लस शहरों की स्लम जनसंख्या का 37% अर्थात् एक तिहाई से अधिक भाग अकेले मुम्बई वृहन्नगर में बसता है। देश की औसत स्लम आबादी का यहाँ 15% बसता है। यदि हम चारों वृहन्नगरों की संयुक्त स्लम आबादी पर ध्यान दें तो यह

देश के वृहन्नगरों में दसलक्षी नगरों की स्लम जनसंख्या (%) : 2001

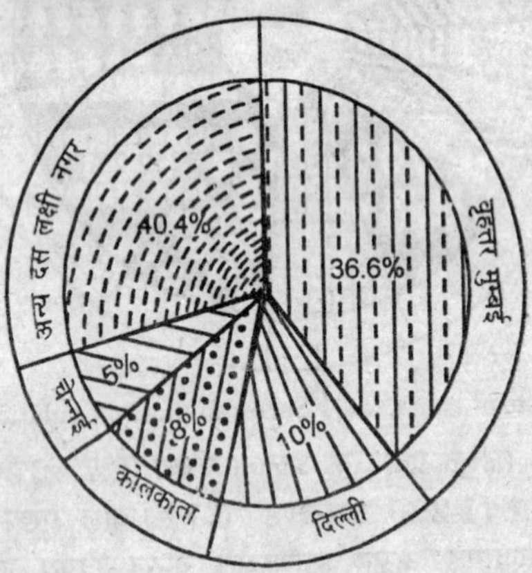

स्रोत: Based on Slum Population, Census of India, Series I, Vol. I. P. 7.

देश की स्लम आबादी की एक चौथाई है तथा कुल दसलक्षी नगरों की स्लम आबादी का 3/5 है। अर्थात् मात्र चार वृहन्नगरों में कुल दसलक्षी नगरों की स्लम आबादी में बसने वाले हर 10 व्यक्ति में से 6 बसा हुआ है। यह अध्ययन उपर्युक्त आरेख को आमंत्रित करता है।

दसलक्षी नगरों में स्लम जनसंख्या का वितरण (Distribution of Slum Population in Million Plus Cities)

दसलक्षी या दसलाखी नगर को आंग्लभाषा में 'Million City', 'Million Plus City' एवं 'Millionaire City' की संज्ञा से सम्बोधित करते हैं जिससे आशय है न्यूनतम 10 लाख जनसंख्या से बसा हुआ शहर। नगरपालिका/नगर निगमों के अन्तर्गत सन् 2001 में 27 दसलक्षी नगर थे जिनमें अलग-अलग मात्रा में स्लम जनसंख्या की उपस्थिति पायी गई है। इस प्रकार के सभी नगरों में मुम्बई, दिल्ली कोलकाता एवं चेन्नई क्रमशः शीर्ष स्लम जनसंख्या वाले नगर हैं जिनके बारे में अध्ययन किया जा चुका है। इनके उपरान्त नागपुर, हैदराबाद, सूरत, पुणे, फरीदाबाद एवं अहमदाबाद हैं। मेरठ की स्लम जनसंख्या भी उतनी ही है, जितनी कि टॉप टेन में दसवें नम्बर वाले नगर अहमदाबाद (5 लाख) की है। चार लाख की स्लम जनसंख्या वाले नगरों में बैंगलोर, जयपुर, कानपुर और थाने शामिल हैं जबकि 3 लाख वाले दसलक्षी नगरों में लुधियाना का नाम आता है। शेष में इससे कम जनसंख्या (स्लम) पायी गई है, वाकई आश्चर्य की बात है। इन महानगरों में विद्यमान स्लम एवं गैर स्लम जनसंख्य का अध्ययन कराता यह आँकड़ा प्रस्तुत है–

भारत : दसलक्षी नगरों में स्लम एवं गैरस्लम जनसंख्या : 2001

क्रमांक	दसलक्षी और उपरिदसलक्षी नगर का नाम	स्लम जनसंख्या (मिलियन)	गैर स्लम जनसंख्या (मिलियन)	क्रमांक	दसलक्षी और उपरिदसलक्षी नगर का नाम	स्लम जनसंख्या (मिलियन)	गैर स्लम जनसंख्या (मिलियन)
1.	वृहद् मुम्बई	6.5	5.5	14.	कानपुर	0.4	2.2
2.	दिल्ली	1.9	8.0	15.	थाणे	0.4	0.9
3.	कोलकाता	1.5	3.1	16.	लुधियाना	0.3	1.1
4.	चेन्नई	0.8	3.5	17.	इन्दौर	0.3	1.2
5.	नागपुर	0.7	1.3	18.	वड़ोदरा	0.2	1.1
6.	हैदराबाद	0.6	3.0	19.	लखनऊ	0.2	2.0
7.	सूरत	0.5	1.9	20.	नासिक	0.1	0.9
8.	पुणे	0.5	2.0	21.	वाराणसी	0.1	1.0
9.	फरीदाबाद	0.5	1.9	22.	भोपाल	0.1	1.3
10.	अहमदाबाद	0.5	3.0	23.	पिम्परीचिकवाद	0.1	0.9
11.	मेरठ	0.5	0.6	24.	आगरा	0.1	1.2
12.	बंगलौर	0.4	3.9	25.	हावड़ा	0.1	0.9
13.	जयपुर	0.4	2.0	26.	कल्यान डोम्बिवली	0.0	1.2
				27.	पटना	0.0	1.4

स्रोतः भारत की जनगणना 2001, स्लम जनसंख्या, सीरीज 1, खण्ड 1 पृ. 6

स्पष्ट है कि देश के किन शीर्ष महानगरों में कितनी स्लम जनसंख्या है। मुम्बई में जहाँ गैर स्लम जनसंख्या 55 लाख है वहीं स्लम जनसंख्या 65 लाख। अर्थात् मुम्बई (वृहत्तर) के म्युनिसिपल कार्पोरेशनों (नगर-निगम) के अन्तर्गत बसी जनसंख्या का 59% स्लम जनसंख्या तले आता है। यह वाकई चौंकाने वाली बात है। देश के भिन्न-भिन्न कोने से आये प्रवासी रोजगारियों की मार बुरी तरह

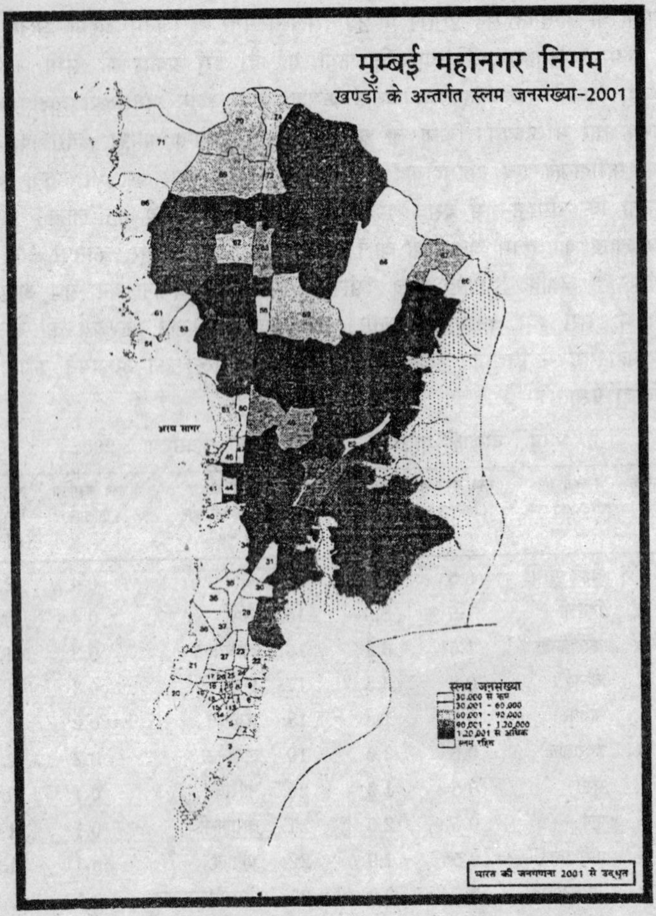

मुम्बई को खानी पड़ रही है। कई बार इस नगर को देश का भ्रष्टतम नगर घोषित किया जा चुका है क्योंकि मलिन बस्तियों में रहने वाले लोग (विशेषकर अभावग्रस्त अवारा बच्चे) नाना प्रकार के भ्रष्ट कुकर्मों को अंजाम देते रहते हैं। यहाँ की मलिन बस्ती को स्थानीय भाषा में झोपड़पट्टी कहते हैं। यहाँ की झोपड़पट्टी

एशिया महाद्वीप की विशालतम झोपड़पट्टियों में से एक है। हमें ध्यान है कि जब अमेरिकी राष्ट्रपति बिल क्लिंटन 2001 में भारत आये थे तो उनका विमान मुम्बई होकर इसलिए नहीं गुजारा गया क्योंकि वहाँ झुग्गी झोपड़ियों के दृश्य अशोभनीय लगते। बिडम्बना ही है कि जिस नगर में एक ओर बालीवुड (फिल्म नगरी) के सितारों की बहुमंजिली चमचमाती करोड़ों/अरबों रुपयों की इमारते हैं वहीं उसी नगर में दूसरी ओर झुग्गी-झोपड़ियों की एक लम्बी शृंखला भी है।

देश की दिल कही जाने वाली दिल्ली राजधानी भी मलिन बस्तियों से कराह रही है। नाना प्रकार की राज्य एवं केन्द्रस्तरीय सुविधाएँ एवं छूट का इन पर कोई भी सकारात्मक प्रभाव नहीं पड़ता, सब तेजी से लील ली जाती हैं। इन बस्तियों में

राष्ट्रीय राजधानी दिल्ली (महानगर निगम)

खण्डों के अन्तर्गत स्लम जनसंख्या-2001

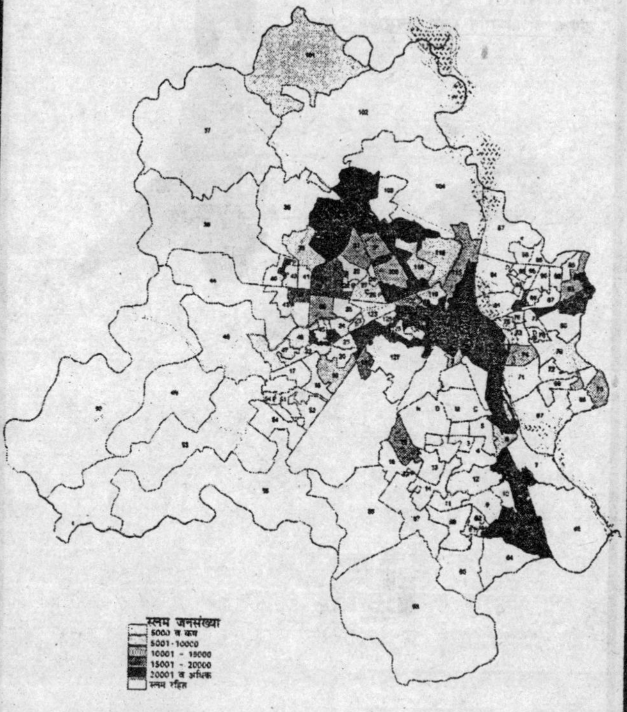

भारत की जनगणना 2001 से उद्धृत

लेखक पाण्डेय ने नजदीकी दृश्यानुभव किया है और उसे लगा है कि आधारी सुविधाएँ भी इन्हें सच्चे अर्थों में प्राप्त नहीं हैं। कहीं पानी की समस्या है तो कहीं बिजली की। कहीं राशन की असुविधा तो कहीं चिकित्सा और शिक्षा की। इस प्रकार यदि इन मलिन बस्तियों की वस्तु-स्थिति पर ध्यान दिया जाय तो आँखों में आँसू आ जाना स्वाभाविक हो जाता है। यहाँ 19 लाख आबादी इसके तले है, जो अभावों में जीवन गुजार रही है तथा समस्याओं से ग्रस्त होकर समस्याओं को जन्म दे रही है। यह कुल नगरीय आबादी की 19.2% है।

कभी देश का सबसे बड़ा रह चुका महानगर कोलकाता (जो अब दूसरे स्थान पर है) भी गन्दी बस्तियों से ग्रस्त है। यहाँ 15 लाख आबादी इसके तले है।

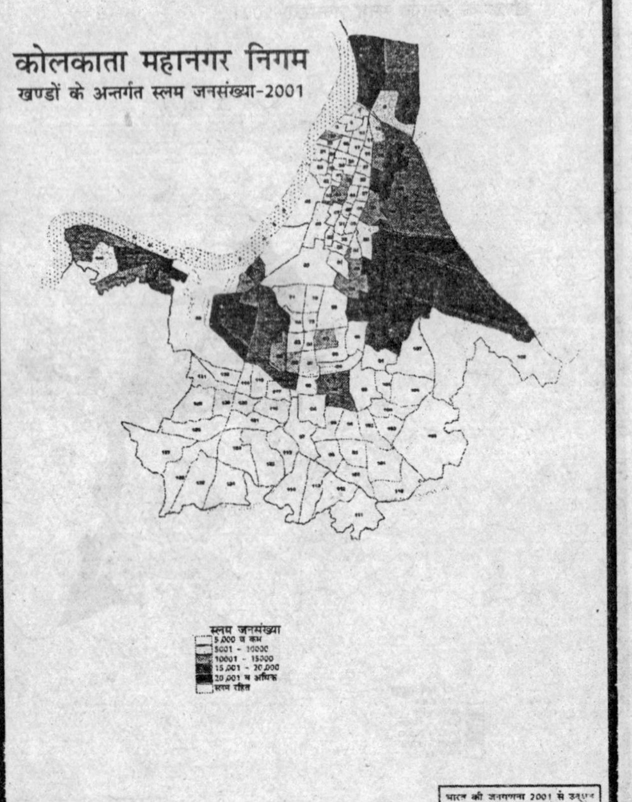

यहाँ इस प्रकार की मलिन बस्ती को 'बस्ती' की ही संज्ञा दी जाती है। गगनचुम्बी इमारतों वाले शहर में फुटपाथों पर लाखों जनसंख्या का गुजर-बसर करना रोज की आदत में शामिल हो गया है। कभी ब्रिटिश भारत की राजधानी रह चुके इस शहर में हालाँकि अब रोजगार के अवसरों में अपेक्षाकृत ह्रास हुआ है, किन्तु अभी भी यहाँ तीव्र गति से जनसंख्या प्रवसित होती है और इनमें से अधिकांश का अड्डा यही मलिन बस्तियाँ ही बनती हैं।

चेन्नई देश का चतुर्थ बड़ा महानगर ही नहीं है बल्कि इसके साथ-साथ मलिन जनसंख्या को पनाह देने में भी चतुर्थ स्थान रखता है। यहाँ मलिन बस्तियों

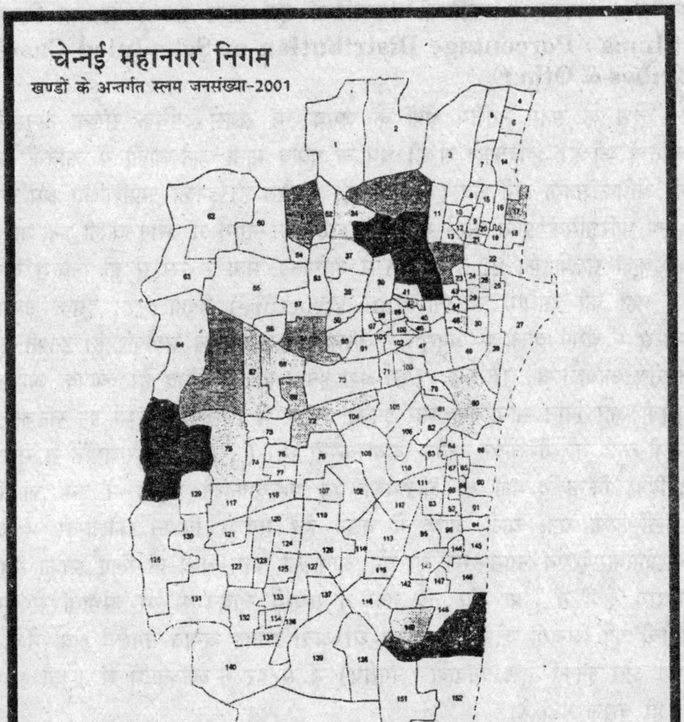

को चेरीज (Cheries) नाम से जानते हैं। आठ लाख स्लम आबादी को पनाह दिये यह महानगर अब विविध प्रकार के प्रदूषणों से मुक्ति पाने की जद्दोजहद कर रहा है। यहाँ की कुल नगरीय आबादी का 18% स्लम्स में निवास करता है।

इनके अतिरिक्त अन्य तेईसों दसलाखी नगरों (कल्यान दोम्बिवली एवं पटना को छोड़कर) में भी स्लम्स में रहने वाली जनसंख्या का प्रतिशत कम नहीं है। फरीदाबाद और मेरठ में ही यह 45% तक हैं, जहाँ ये बस्तियाँ शहरी सौन्दर्य को धूमिल कर रही हैं।

स्लम्स : अनुसूचित जातियों/जनजातियों एवं अन्य का प्रतिशतता वितरण (Slums : Percentage Distribution of Scheduled Castes/ Tribes & Other)

देश के स्लम नगरीय क्षेत्रों के जमघट में सबसे अधिक संख्या अनुसूचित जातियों की है। आदिकाल से ही श्रम के पर्याय मानी जाने वाली ये जातियाँ आज भी अधिकांशतया इसी क्षेत्र (श्रम) में ही कार्यरत हैं। इनका अप्रशिक्षित श्रम इनके अल्प पारिश्रमिक प्राप्त करने का मूल कारण है। नगरों में बसने वाली इन जातियों की कुल संख्या का 22.5% (1/5 से अधिक) भाग स्लम्स में ही निवास करता है, जहाँ की आधारी संरचना (Infrastructure) बदहाल है। इसके उपरान्त स्लम्स में बसने वालों में अनुसूचित जनजातियों का स्थान सर्वोपरि है। इनकी कुल नगरीय आबादी का 16.5% (1/6) अंश इनके तले निवसित है। व्यापक अशिक्षा, गरीबी और निम्न सामाजिक स्तर इनको धरोहर में मिली है। कभी इन जनजातियों में से कुछ राजसी जीवन यापन किया करती थी। (उदाहरणार्थ–राजगोंड व राजभर आदि), किन्तु दुश्मनों के आक्रमणों एवं महत्वाकांक्षी प्रवृत्ति ने इन्हें गोपनीय स्थलों यथा वन, घाटी आदि में बसने हेतु मजबूर किया। कालान्तर में जब औद्योगीकरण एवं नगरीकरण का युग आया तो काम-धन्धे के लिए इनका प्रवास नगरीय क्षेत्रों में हुआ और तब तक ये राजसी जीवन से परे अभावों से युक्त गरीबी की जिन्दगी जीने को विवश थे। अतः इनका जमाव नगरीय क्षेत्रों में होता गया और इनकी कुल आबादी (नगरीय) में से हर 6 व्यक्ति में से 1 को स्लम्स में ही बसना पड़ा है।

अन्य लोगों के अन्तर्गत वे सभी स्लम नगरवासी आ जाते हैं जो इन दोनों के अलावा हैं। इनमें उच्च एवं मध्यम जातियों के लोगों का योगदान है। अन्य वर्गों की कुल नगरीय जनसंख्या का 14.0% भाग स्लम्स में और 86.0% गैर स्लम्स जनसंख्या के अन्तर्गत आता है। यह अनुसूचित जातियों (1/5), अनुसूचित जनजातियों (1/6) की अपेक्षा थोड़ा कम (1/7) है। इनमें हर 7 में से 1 व्यक्ति स्लम्स में बस रहा है।

इन तथ्यों को स्पष्ट करते ये आरेख प्रदर्शनीय हैं–

भारत : स्लम्स एवं गैर स्लम्स अनुसूचित जातियों/जनजातियों व अन्य का नगरीय वितरण (%)

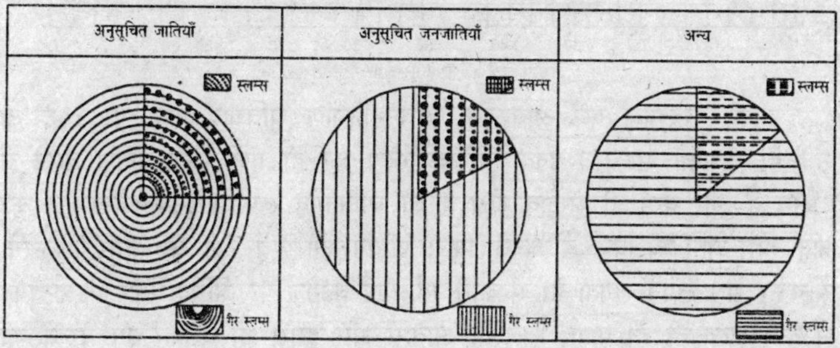

स्रोत: Census of India, 2001 Series 1, Slum Population Vol. I. Page No. 8 पर आधारित

उल्लेखनीय है कि इनकी संख्या छोटे नगरों की अपेक्षा वृहन्नगरों में बहुत अधिक है। विशेषकर उत्तर प्रदेश और बिहार के अनुसूचित जाति/अनुसूचित जनजाति एवं अन्य लोगों का देश के किसी भी वृहन्नगर में बसाव देखा जा सकता है। दिल्ली अपेक्षाकृत नजदीक होने के कारण इनके प्रवास के लिए सर्वथा अनुकूल है। यातायात के साधनों की तीव्र सुविधाएँ इसे और अधिक ऊर्जा प्रदान करती हैं। हाल ही में रेलमंत्री लालू प्रसाद यादव ने 'गरीब रथ' जैसी रेलगाड़ियों की शुरुआत बिहार के ही 'सहरसा' से की है जिसमें अत्याधुनिक वातानुकूलित सेवाएँ कम किराये पर उपलब्ध कराई गयी हैं। इन प्रोत्साहनों से जहाँ एक ओर गरीब नागरिकों को सुविधा होगी वहीं दूसरी ओर ग्रामीण क्षेत्रों से नगरीय प्रवास को तीव्र प्रोत्साहन मिलेगा तथा मलिन बस्तियों में और अधिक जनसंख्या प्रवास द्वारा बढ़ेगी। मुम्बई और कोलकाता जैसे वृहन्नगरों में भी इनकी विपुल संख्या देखी जा सकती है।

नगरीय गन्दी बस्तियों में बच्चों की दशा (Condition of Children in Urban Slums)

हाल की जनगणना में देश की नगरीय गन्दी बस्तियों में बच्चों की संख्या नगरीय बच्चों की कुल आबादी की 16% है। इन बच्चों का आयु वर्ग 0 से लेकर 6 वर्ष तक माना गया है। देश की नगरीय बाल-जनसंख्या का 1/6 अंश गन्दी बस्तियों में रह रहा है। दूसरे शब्दों में यह भी कहा जा सकते हैं कि हर 7 नगरीय बच्चों में से 1 बच्चा स्लम्स में निवास कर रहा है (आरेख देखें)। इन बच्चों की संख्या में लगातार बढ़ोत्तरी हो रही है।

कुल नगरीय बाल जनसंख्या में स्लम एवं गैरस्लम में बसने वाले बच्चों का प्रतिशत

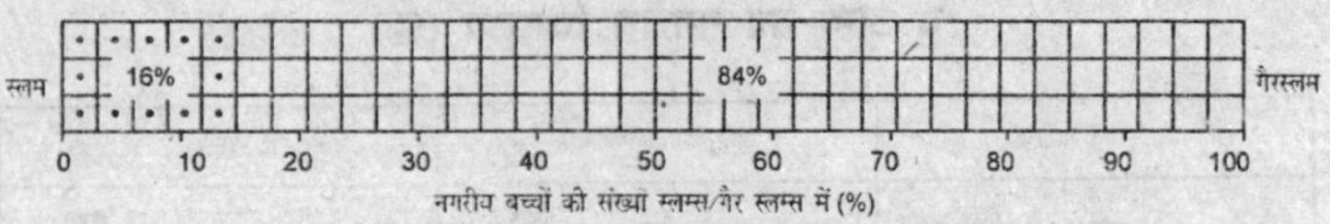

इनकी देखभाल एवं आवश्यक जीवन-निर्माण सुविधाएँ ताक पर रखी जा रही हैं। अभावों से ग्रस्त इनके संरक्षक स्वयं का ही पूर्ण भरण-पोषण करने में अक्षम हैं और कम ही संरक्षक ऐसे हैं जो व्यक्तिगत रूप से इनकी देखभाल कर पाते हों। आगे चलकर ये बच्चे किस जीवनशैली एवं देश का निर्माण करेंगे, सोचकर भय लगने लगता है। सरकारी सुविधाएँ कागज़ पर अधिक और क्रियान्वयन में कम झलकती हैं। पानी, बिजली, आवास और इससे भी बढ़कर इन बच्चों की शिक्षा और चिकित्सा के लिए पर्याप्त सरकारी बन्दोबस्त नहीं है। ऐसी दशा में ये नगरीय गन्दी बस्तियाँ के बच्चे आपराधिक एवं गैरकानूनी धंधों की ओर अग्रसर होते हैं क्योंकि इनमें से कुछेक को ही (जैसे–कीचड़ में ही कमल खिलता है जैसा अपवाद) उबरने का और आगे बढ़ने का अवसर मिल पाता है, शेष अन्य निम्न जीवन स्तर पर जीवन जीने के लिए बाध्य होते हैं, विवश होते हैं। कुपोषण इनका साथ नहीं छोड़ता और आगे चलकर वयस्कता में भी कुपोषण-जनित विविध प्रकार के रोगों का इन्हें सामना करना पड़ता है/पड़ सकता है। इनके लिए नये सिरे से चिन्तन, मनन एवं नीति नियोजन तथा क्रियान्वयन (ईमानदारीपूर्वक) करने की महती आवश्यकता है।

मलिन बस्तियों के उन्मूलन के उपाय (Remedies of Slum Uprooting)

मलिन बस्तियाँ नगरीय शरीर में कुष्ठ रोग की भाँति हैं, जिनका समय रहते ही उन्मूलन कर लेना सरकारों, नीति-नियोजकों, प्रशासनों, स्वयंसेवी संगठनों एवं इससे संयुक्त जनसंख्या (जनता) का परमदायित्व है, अन्यथा भविष्य में विकराल परिस्थितियों का सामना करना पड़ सकता है। इनके उन्मूलन के सहायक उपाय इस प्रकार हो सकते हैं–

1. ग्रामीण क्षेत्रों से होने वाले नगरीय प्रवासों पर नियंत्रण लगाया जाय। इसके लिए वर्तमान राष्ट्रपति डॉ. ए.पी.जे. अब्दुल कलाम की 'पुरा' विचारधारा पर क्रियान्वयन की आवश्यकता है। पुरा (PURA-Providing urban aminities in Rural Areas) से आशय है नगरों की सारी सुविधाएँ गाँवों में। इसके क्रियान्वयन से ग्रामीण और नगरीय क्षेत्रों में अन्तर नहीं रह जायेगा तथा गाँवों में बहुकर्मोपलक्षी व्यावसायिक स्वरूप स्थापित होंगे, फलस्वरूप नगरों की ओर होने वाला पलायन

रुकेगा तथा मलिन बस्तियों में जनसंख्या की प्रवासजनित वृद्धि नहीं होगी। अत: मलिन बस्तियों में सुविधाएँ प्रदान की जा सकेंगी।

2. नगरीय गन्दी बस्तियों की आधारी संरचनाओं (Infrastructure) पर न केवल नीति-निर्माण बल्कि ईमानदारीपूर्वक विवेकपूर्ण ढंग से क्रियान्वयन किया जाय। भोजन, आवास, पानी, बिजली, सड़क, सफाई, जल निकासी, कूड़ा कचरा निपटान की बेहतर व्यवस्था की जाय। इसके लिए सरकार को साहसिक कदम उठाना पड़ेगा, क्योंकि यह सब कुछ भारी व्यय साध्य है।

3. शिक्षा, चिकित्सा एवं मनोरंजन की उत्तम सुविधा प्रदान की जाय ताकि इन बस्तियों में निवास करने वाले बच्चों/व्यक्तियों को मनोवैज्ञानिक रूप से उन्नत किया जाय/प्रोत्साहित किया जा सके। शिक्षा की बेहतर सुविधा के लिए राष्ट्रीय साक्षरता मिशन एवं सर्वशिक्षा अभियान की योजनाओं के साथ-साथ माध्यमिक एवं उच्च शिक्षा की प्राप्ति की बुनियादी सुविधा में परिष्कार किया जाय तथा गरीबी रेखा के नीचे वाले बच्चों को नि:शुल्क शिक्षा-व्यवस्था का सपारितोषिक प्रबन्ध किया जायं। निजी शिक्षण संस्थानों को भी इस पहल हेतु निर्देश जारी किये जाय। चिकित्सा की तात्कालिक सुविधा प्राप्ति हेतु औषधालय के साथ-साथ कुशल चिकित्सकों की उपस्थिति अनिवार्य की जाय तथा नये निर्मित चिकित्सकों को अनिवार्य रूप से इन क्षेत्रों में पूर्व के दो वर्ष सेवाएँ प्रदान करने को निर्देशित किया जाय। मनोरंजन के लिए पार्को एवं क्रीड़ास्थलों की व्यवस्था प्रत्येक वार्ड में की जाय।

4. रोजगार सृजन किये जायें। महिलाओं के लिए घरेलू उद्यम अपनाने हेतु छोटे-छोटे किन्तु अर्थार्जन्य काम-धन्धों के प्रशिक्षण की व्यवस्था की जानी चाहिए। पुरुषों को श्रम उपलब्ध कराने के लिए वार्षिक योजनाएँ बनायी जाय ताकि वे बेरोजगार न रह सकें।

5. स्वयमेव व्यवसाय सृजन हेतु सरकारी वित्तीय प्रतिष्ठानों/बैंको द्वारा ऋण उपलब्ध कराया जाय। यह ऋण भले ही क्रेडिट के आधार पर क्यों न हो? लेकिन इससे भी आगे बढ़कर ऋण सम्बन्धी नियमों में लचीलापन लाना होगा। इसके लिए सरकारी योजनाएँ जमीनी स्तर की बनानी होंगी। प्रत्येक स्लम क्षेत्र का सर्वेक्षण हो और समीप जाकर समस्याओं को चिन्हित करते हुए वित्तीय नीतियाँ (लचीली) बनायी जाएं।

6. संचार एवं तकनीकी ज्ञान के लिए इन बस्तियों के लोगों को प्रोत्साहित किया जाय। इसके लिए सबसे पहले इन्हें गरीबी रेखा से ऊपर लाना होगा और फिर इनकी स्तरीय स्थिति पर ध्यान देते हुए संचार की सुविधाएँ दी जायें और बच्चों की पढ़ाई पर ध्यान देते हुए उन्हें तकनीकी शिक्षा के लिए तैयार किया जाए।

7. राष्ट्रीय शहरी नवीकरण मिशन के तहत इन बस्तियों के सर्वांगीण सुधार पर ध्यान दिया जाय तथा इनकी जनसंख्या को उच्च मनोवैज्ञानिक विकास के लिए विविध प्रकार की नगरीय सुविधाओं/सेवाओं से लैश करते हुए स्वर्णिम भारत के लिए तैयार किया जाए।

अतिउपयोगी प्रश्न शृंखला

1. गन्दी बस्ती को आंग्ल भाषा में किस भौगोलिक शब्द से जाना जाता है?
(अ) Bold Settlement (ब) Dirty Settlement
(स) Slum (द) कोई नहीं

2. न्यूनतम कितनी जनसंख्या वाले नगर को मलिन बस्ती के अधीन माना जाता है?
(अ) 10,000 (ब) 50,000
(स) 1,00,000 (द) 2,00,000

3. स्लम नगरों का निर्धारण किस जनगणना द्वारा माना जाता है?
(अ) 1981 (ब) 1971
(स) 1991 (द) 2001

4. स्लम जनसंख्या की क्या विशेषता/विशेषताएँ होती हैं?
(अ) गरीबी (ब) अभावग्रस्तता
(स) आपराधिक वृत्ति (द) ये सभी

5. 2001 की जनगणना में कितने राज्यों को मिलाकर 640 स्लम नगरों को चिन्हित किया गया?
(अ) 35 (अ) 28
(स) 26 (द) 20

6. देश की नगरीय जनसंख्या (2001) कितनी है?
(अ) 28.34 करोड़ (ब) 25.28 करोड़
(स) 20 करोड़ (द) 29.98 करोड़

7. सन् 2001 की जनगणना में कुल नगरीय जनसंख्या में कितनी जनसंख्या गन्दी बस्तियों में रहती थी?
(अ) 10% (ब) 15%
(स) 20% (द) 25%

8. मलिन बस्तियों में रहने वाले देश के कुल बच्चों (0–6 वर्ष) की संख्या किस महानगर की कुल जनसंख्या के बराबर है?
(अ) दिल्ली (ब) चेन्नई
(स) कोलकाता (द) मुम्बई

9. गन्दी बस्तियों में किस वर्ग की नगरीय जनसंख्या की अधिकांश जनसंख्या है?
(अ) अनुसूचित जाति
(ब) अनुसूचित जनजाति
(स) अन्य
(द) इनमें से कोई नहीं

10. देश की गैर मलिन बस्ती की शहरी आबादी कितने प्रतिशत है?
(अ) 50%
(ब) 60%
(स) 75%
(द) 85%

11. पटना में कितने प्रतिशत जनसंख्या गन्दी बस्तियों में रहती है?
(अ) 40%
(ब) 30%
(स) 10%
(द) 0%

12. सर्वाधिक स्लम नगर किस राज्य में हैं?
(अ) आन्ध्र प्रदेश
(ब) उत्तर प्रदेश
(स) बिहार
(द) तमिलनाडु

13. संघशासित प्रदेशों में सर्वाधिक स्लम कस्बे/नगर कहाँ हैं?
(अ) दिल्ली
(ब) पाण्डिचेरी
(स) चण्डीगढ़
(द) दादरा व नगर हवेली

14. किस राज्य की कुल नगरीय जनसंख्या का सर्वाधिक प्रतिशत स्लम में है?
(अ) उत्तर प्रदेश
(ब) मेघालय
(स) त्रिपुरा
(द) राजस्थान

15. सर्वाधिक स्लम जनसंख्या किस राज्य में है?
(अ) उत्तर प्रदेश
(ब) महाराष्ट्र
(स) तमिलनाडु
(द) मध्य प्रदेश

16. छब्बीसों चिन्हित स्लम राज्यों संघशासित प्रदेशों में से किसमें सबसे कम स्लम जनसंख्या है?
(अ) दिल्ली
(ब) बिहार
(स) अण्डमान व निकोबार द्वीप समूह
(द) पाण्डिचेरी

17. देश के सबसे बड़े शहर मुम्बई की जनसंख्या कितनी है?
(अ) 1.50 करोड़
(ब) 1.64 करोड़
(स) 1.85 करोड़
(द) 2.0 करोड़

18. मिलियन प्लस (दसलक्षी) शहरों में कहाँ सर्वाधिक स्लम जनसंख्या बसती है?
(अ) दिल्ली
(ब) मुम्बई
(स) लखनऊ
(द) अहमदाबाद

19. 2001 की जनगणना में स्लम जनसंख्या वाले कितने दसलक्षी नगर चयनित हैं?

(अ) 15 (ब) 35

(स) 27 (द) 10

20. मुम्बई की कुल नगरीय जनसंख्या का कितना अंश स्लम तले है?

(अ) 35% (ब) 40%

(स) 55% (द) 59%

22. 0–6 वर्ष तक के कुल नगरीय बच्चों का कितना हिस्सा स्लम्स तले है?

(अ) 10% (ब) 16%

(स) 26% (द) 30.5%

23. राष्ट्रपति डॉ. कलाम ने शहर की तरह गाँवों को भी सुविधाएँ प्रदान करने की जो संकल्पना विकसित की है, उसे किस लघु नाम से जानते हैं?

(अ) पुरा (ब) सतर्क

(स) इन्वा (द) डूडा

24. अनुसूचित जनजातियों की कुल नगरीय जनसंख्या का कितना प्रतिशत अंश स्लम में बसता है?

(अ) 20% (ब) 25%

(स) 19% (द) 16.5%

25. राष्ट्र के शहरों की हालत सुधारने के लिए सरकार ने कौन-सी योजना बनायी है?

(अ) शहरी प्रगति स्कीम (ब) राष्ट्रीय शहरी नवीकरण मिशन

(स) नगरीय समायोजन कार्यक्रम (द) इनमें से कोई नहीं

उत्तरदायी-सूची

1. स	2. ब	3. स	4. द	5. स
6. अ	7. ब	8. ब	9. अ	10. द
11. द	12. अ	13. अ	14. ब	15. ब
16. स	17. ब	18. ब	19. स	20. द
21. स	22. ब	23. अ	24. द	25. ब

9

भारत : जनसंख्या समस्याएँ
(INDIA : POPULATION PROBLEMS)

प्रस्तावना (Introduction)

भारतवर्ष जनसंख्या की दृष्टि से अरबपति का दर्जा हासिल कर चुका है। जनसंख्या के मामले में 16.7 प्रतिशत एवं क्षेत्रफल के मामले में केवल 2.4% वैश्विक अंश हम धारण किये हुए हैं। दूसरे शब्दों में, हम विश्व क्षेत्रफल के प्रतिशत की तुलना में सात गुना जनसंख्या प्रतिशत वहन किये हुए हैं। अल्प क्षेत्रफल और अधिकतम् जनसंख्या का पाया जाना जनसंख्या समस्या का आधारभूत भौगोलिक कारण है। जनसंख्या-समस्या (Population Problems) जनसंख्या की विस्फोटक वृद्धि का परिणाम है।

वर्तमान विश्व अर्थप्रधान है। विकसित देशों की अर्थव्यवस्थाएँ आसमान छू रही हैं। उनकी प्रतिव्यक्ति आय और उच्चतम जीवन स्तर से जब हम अपनी तुलना करते हैं तो निराशा ही हाथ आती है, क्योंकि अचानक चाह लेने मात्र से ही हम उनकी बराबरी नहीं कर सकते इसके लिए हमें अपना राष्ट्रीय आधार मजबूत करना होगा। किन्तु विविध प्रकार की जनसंख्या समस्याएँ हमारा आर्थिक, सामाजिक, सांस्कृतिक, राजनीतिक एवं अन्य सभी प्रगति को अवरोधित कर रही हैं। हम यह चाहते हुए भी कि देश की प्रगति को यथाशीघ्र अन्जाम दिया जाय, उसे विश्व शक्तियों में शामिल किया जाय तत्काल नहीं कर सकते, क्योंकि राष्ट्र-प्रगति एक सतत प्रक्रिया है, जो सुनामी की भाँति अकस्मात् नहीं हो/घट जाती। समग्र विकास के लिए राष्ट्र के नागरिक, राष्ट्र की सरकारें उनकी गृह एवं विदेशी नीतियाँ, नीति-नियोजकों व प्रशासकों की ईमानदारीपूर्ण प्रगति-रणनीति सब कुछ उत्तरदायी होते हैं। देश की भौगोलिक परिस्थितियों की अनुकूलता इसे ऊर्जा प्रदान करती है। किन्तु प्रगति हेतु न केवल भौगोलिक/भौतिक परिस्थितियों की अनुकूलता ही पर्याप्त है वरन मानवीय प्रक्रियाओं का सापेक्ष्य योगदान भी अपेक्षित होता है।

जनसंख्या समस्याएँ (Population Problems)

देश विश्व का एकमात्र ऐसा आदर्श राष्ट्र है, जो कि एक उपमहाद्वीप के रूप में एक ही समय और एक ही वर्ष के भीतर सभी प्रकार की ऋतुओं को प्रकृति प्रदत्त उपहार-स्वरूप प्राप्त किये है। ऐसे में यदि यहाँ की जनसंख्या चाहे तो वह असीमित विकास को जन्म दे सकती है, किन्तु वह अपनी मात्रात्मक वृद्धि (Quantitative growth) ही कर रही है न कि उस अनुपात में गुणात्मक (Qualitative)। ऐसे में नाना प्रकार की समस्याएँ इसके समक्ष उपस्थित हैं, जिनका वर्णन अग्रवत बिन्दुओं के आधार पर किया जा रहा है–

1. जनसांख्यिकीय समस्या (Demographic-problems)
2. खाद्यान्न एवं कुपोषण की समस्या (Food and malnutrition-problems)
3. जल की समस्या (Water-problems)
4. आवास की समस्या (Residential-problems)
5. ऊर्जा की समस्या (Energy-problems)
6. निर्धनता की समस्या (Poverty-problems)
7. बेरोजगारी की समस्या (Employment-problems)
8. निरक्षरता/अशिक्षा की समस्या (Illiteracy/uneducation-problems)
9. चिकित्सा की समस्या (Medical-problems)
10. यातायात की समस्या (Transport-problems)
11. प्रशासनिक व सुरक्षात्मक समस्या (Administrative and security-problems)
12. नैतिक एवं सामाजिक अपराध की समस्या (Moral and social crime-problems)
13. प्रदूषण की समस्या (Pollution-problems)

1. जनसांख्यिकीय समस्या (Demographic-problems) : देश में तीव्र जन्मदर (26 प्रतिहजार 2001) एवं ह्रासमान मृत्युदर (9 प्रतिहजार 2001) प्राकृतिक वृद्धि दर (17 प्रतिहजार 2001) को तीव्र गति से पल्लवित कर रही है फलस्वरूप जनाधिक्य जनित विविध समस्याओं का जन्म हो रहा है। इसके अतिरिक्त अतिशय जनसंख्या घनत्व (दिल्ली में 9294 व्यक्ति/वर्ग किलोमीटर), विषम लिंगानुपात (933 : 1000), शिशु मृत्युदर (79 प्रति सहस्र जन्म पर) बाल मृत्युदर (58 बालक प्रति सहस्र) व मातृमृत्युदर (1,00,000 पर 540) में वृद्धि, विकसित

देशों की अपेक्षा कम जीवन प्रत्याशा (65 वर्ष) आदि ऐसी जनसांख्यिकीय समस्याएँ हैं जिन्हें नियंत्रित करने हेतु ढेरों सरकारी मुद्रायें खपती जा रही हैं, किन्तु लक्षित प्रतिफल प्राप्त नहीं हो रहे हैं। ये सारी समस्याएँ तीव्र गति से बढ़ती जनसंख्या के कारण सामने आई हैं। 1961 से लेकर 2001 तक मात्र चालीस वर्षों में यह ढाई गुनी के लगभग बढ़ गयी (आरेख देखें)

भारत : अतिशय जनसंख्या वृद्धि 1961–2001

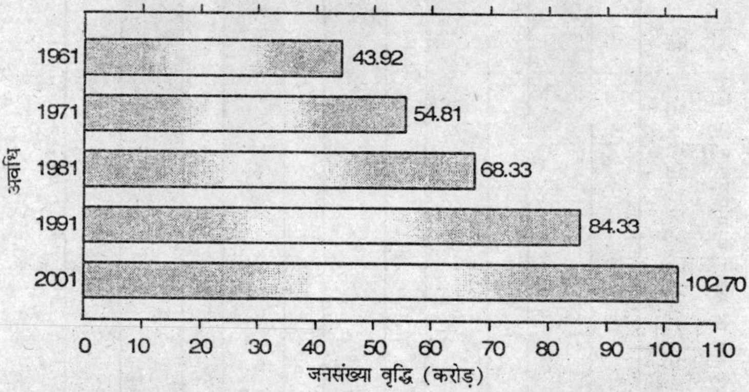

स्रोत: भारत की जनगणना 2001 पर आधारित।

2. खाद्यान्न एवं कुपोषण की समस्या (Food and malnutrition-problems) : इतने विशाल जनसमूह (1 अरब से अधिक) को समुचित भोजन उपलब्ध कराना देश के लिए चुनौती बन गई है। आवासीय विस्तार एवं रासायनिक खादों के परिणामस्वरुप कृष्य भूमि के सीमित एवं अनुर्वर होते जाने से खाद्यान्न उत्पादकता पर व्यापक कुप्रभाव पड़ा है। हरियाणा, पंजाब एवं उत्तर प्रदेश इससे अधिक प्रभावित हैं। वर्ष 2006 में आस्ट्रेलिया से व्यापक पैमाने पर गेहूँ का आयात इस बात की पुष्टि कर देता है। इन सबके कारण खाद्यान्न की समस्या उजागर होती है, फलस्वरुप कुपोषणता में वृद्धि आती है। कुपोषण के शिकार विश्व के कुल बच्चों में से एक तिहाई से अधिक (39%) अकेले भारत में ही है। यह संख्या 5.7 करोड़ (यूनिसेफ प्रतिवेदन 2006 के अनुसार) है। देश में कुपोषणता के चलते प्रतिवर्ष 6 लाख (5 वर्ष से कम आयु वाले) बच्चे काल कवलित होते हैं। माँ का स्वास्थ्य बेहतर न होने की वजह से अनेक बच्चे गर्भ या प्रसूति के दौरान ही समाप्त हो जाते हैं और कभी-कभी माँ की भी मृत्यु हो जाती है। यूनिसेफ के प्रतिनिधि सिसीलियो एडोर्ना का कहना है कि "भारत में आज बच्चों में हो रही 21 लाख मौतों में 50% का कारण कुपोषण है।" देश में कुपोषण की दर (47%) चीन (8%) से 6 गुना अधिक एवं नेपाल (48%), व

बांग्लादेश (48%) के समान ही है, जो कि बहुत जटिल जनसंख्या समस्या है। इसके 5 प्रदेशों में यह 50% से भी अधिक है। (आरेख देखें)

भारत : प्रमुख कुपोषित राज्य : 2006

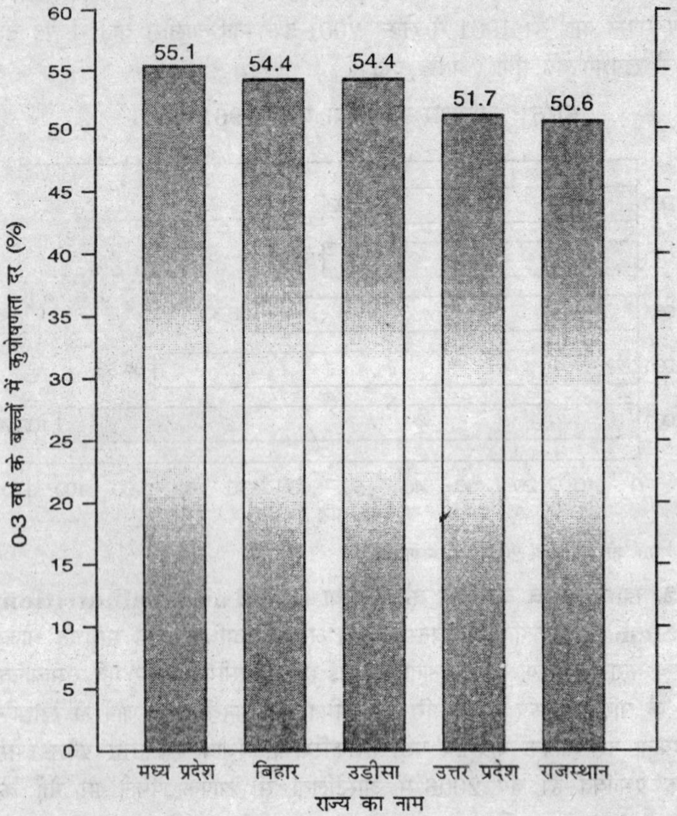

स्रोत: हिन्दुस्तान दैनिक, नई दिल्ली, गुरुवार 04 मई 2006 पृ. 7 पर आधारित।

इन राज्यों में कुपोषित बच्चों की खान सी पायी जाती है। विशेषकर अनुसूचित जातियों/जनजातियों में यह प्रतिशतता बहुत अधिक है, जो कि एक निर्बल परिवार के निर्माण के लिए उत्तरदायी है। बच्चों को अन्य चीजें तो दूर, स्तनपान भी सुचारु रूप से नहीं मिल पाता, क्योंकि माएँ भी कमजोर हुआ करती हैं।

3. जल की समस्या (Water-problems) : जल जीवन का सर्वप्रथम आधार है। जहाँ जल नहीं वहाँ जीवन असम्भव है। भारत में प्रतिवर्ष औसत वर्षा की मात्रा 98 सेन्टीमीटर है, किन्तु विगत वर्षों में यह मात्रा कम हुई है, जिसका

मूल कारण वैश्विक तापीयता (global warming) बताया जा रहा है, क्योंकि इससे मानसून हल्का हो जा रहा है। फलस्वरूप कृषि फसलों के लिए सिंचाई की समस्या के साथ-साथ भूगर्भिक जल स्तर का नीचे गिरना सम्भव हुआ है। एक तो अल्प वर्षा के कारण और दूसरे अतिशय विदोहन का परिणाम जल स्तर का नीचे गिरना है। अत: पेयजल संकट विद्यमान है। ये विशेषकर नगरों/महानगरों में अधिक विद्यमान है। जल पेटी कहे जाने वाले गंगा के मैदान में बसे नगरों/महानगरों को भी इस संकट का सामना करना पड़ रहा है। जैसे–कानपुर और वाराणसी जैसे महानगरों में जल स्तर नीचे जा रहा है।

देश की हृदय नगरी दिल्ली में तीव्र जल संकट विद्यमान है। यहाँ की सवा करोड़ आबादी को जल–आपूर्ति कर पाना नगर–निगमों का सिरदर्द बन गया है। 'सोनिया विहार जल संकट की चपेट में' की खबर नई दिल्ली में प्रकाशित समाचार पत्रों में आये दिन गूँजा करती है। पूरी नगरी में दिन भर में 4–6 घण्टे जलापूर्ति ही सम्भव हो पाती है। इस प्रकार अनेक महानगर ऐसे हैं जो जलाभाव से ग्रस्त हैं। पूरे देश में प्रतिव्यक्ति उपलब्धता (जल) में कमी को सूचित करता यह आरेख जल संकट को सूचित करता है–

भारत : बढ़ती आबादी घटता जल औसत : 1947–2050

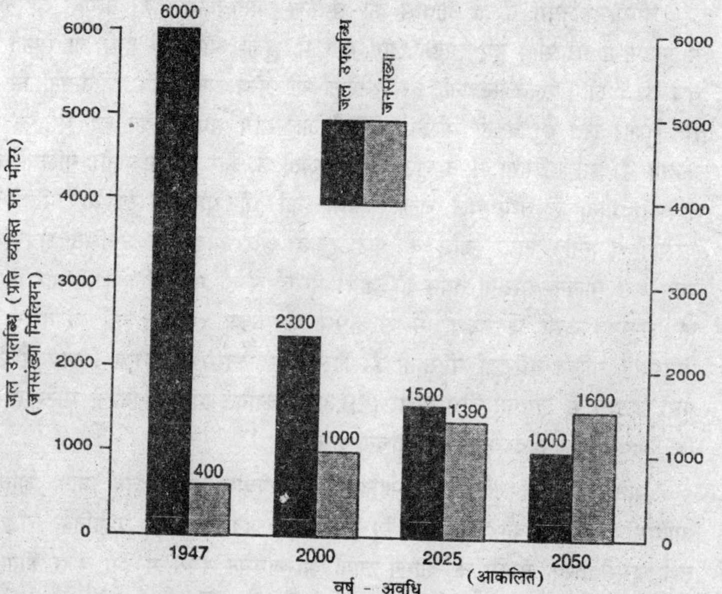

स्रोत: भूगोल और आप 'विश्व जल दिवस' विशेष लेख मार्च, अप्रैल 2006 पृ. 18 पर आधारित।

4. आवास की समस्या (Residential problems) : जनसंख्या की तीन आधारी आवश्यकताओं में भोजन एवं वस्त्र के साथ-साथ आवास भी महत्त्वपूर्ण है। बिना आवास के हम सुरक्षित बसाव की कल्पना नहीं कर सकते। देश के 10% लोगों के पास 90% और 90% लोगों के पास 10% भूमि है। वे 90% लोग जिनके पास मात्र 10% ही जमीन है उनमें भी अधिकांश के पास अत्यल्प भूमि है, जिनमें कृषि की बात छोड़िये वे आवास भी अच्छे मानक का नहीं बना सकते। उत्तर प्रदेश एवं बिहार राज्यों के ग्रामीण क्षेत्रों में यह समस्या सबसे ज्यादा अनुसूचित जातियों/अनुसूचित जनजातियों के पास है। पक्के मकान तो दूर इनमें से अधिकांश को छप्पर वाले शुद्ध मकान भी मुनासिब नहीं है। वर्षा और ठण्डी की अवधि इनके लिए कितनी कष्टकर होती होगी, एक संवेदनशील मनुष्य सोच सकता है। सरकारी योजनाओं में कालोनियों का वितरण खासकर उन्हीं को किया जाता है, जो ग्राम प्रधान या सरपंचों के पिछलग्गू होते हैं। ऐसे में वांछनीय व्यक्ति के पास तक कम ही मामलों में यह पहुँच पाती हैं। गर्मी की तेज लू में अग्निकाण्ड की दुर्घटनाएँ आये दिन ग्रामीण क्षेत्रों के घास-फूस वाले छप्पर युक्त मकानों को ग्रास बना लेती हैं। ठण्डी की ऋतु में ठण्ड हवाओं का इन घरों में आवारा प्रवेश और बरसात के मासों में टप-टप करके इनकी छतों या छप्परों की चुअन इन ग्रामीण गरीब लोगों की सच्ची दास्तां बयां करती है।

नगरों/महानगरों में तो आवास की समस्या अतिविकराल है। प्रत्येक वृहन्नगरों में फुटपाथों पर सोये हुए लाखों लोग रातों में खुली आँखों से देखे जा सकते हैं। बचे-खुचे लोग रेलवे स्टेशनों, बस स्टेशनों या अन्य सार्वजनिक प्रतिष्ठानों पर ही रात गुजार लेते हैं। बढ़ती मलिन बस्तियाँ आवासीय समस्या की दर्द भरी कहानी कहती हैं। इन बस्तियों में न शुद्ध हवा मिलती है और न ही पानी। गलियाँ कूड़े से पटी होती हैं तथा मल जल निकासी की भी समस्या मुँह बाये रहती है। बरसाती (पन्नी) टायर, बाँस के फटे टुकड़े और थोड़ा सा उपेक्षित क्षेत्र मिल जाय बस मलिन बस्तियाँ तैयार हो जायें। मुम्बई में तो नगरपालिकाओं/नगर निगमों के अन्तर्गत बसी जनसंख्या में से 59% जनसंख्या (2001 की जनगणना के अनुसार) मलिन बस्तियों में रहती है। दिल्ली में जनसंख्या घनत्व विशेषकर उत्तर पूर्वी दिल्ली में लगभग तीस हजार (29,395) व्यक्ति प्रतिवर्ग किलो मीटर है, जो कि आवास की तीव्र कमी को सूचित करता है।

प्रतिवर्ष लाखों लोगों का महानगरों में (प्रवास द्वारा) जुड़ जाना अतिशय आवासीय समस्या को जन्म देता है। एक तरफ जनसंख्या की प्राकृतिक वृद्धि दर तथा दूसरी तरफ प्रवास के कारण लोगों का जमघट नगरों में इस कदर होता जा रहा है कि आवासीय सुविधाएँ सामान्य लोगों की पहुँच से दूर होती जा रही हैं।

यहाँ भूमि की कीमत आसमान छू रही है, जो कि केवल पूँजीपतियों की ही थैली भर रही है। 1981 में कुछ प्रमुख भारतीय नगरों में प्रति परिवार मात्र एक कमरा की आवासीय व्यवस्था कितने प्रतिशत शहरी परिवारों के पास रही? निम्नवत आरेख से स्पष्ट है–

भारत के नगरों में एक कमरे में बसर करने वाले परिवार

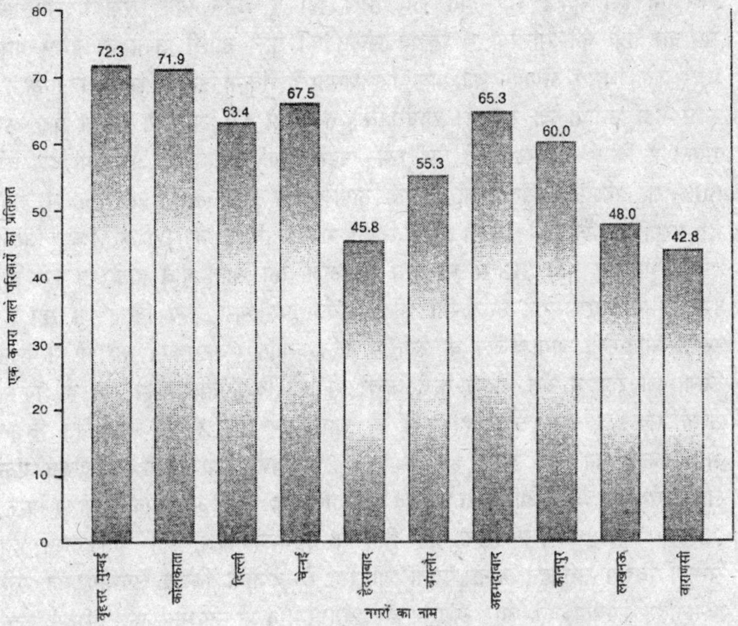

स्रोत: नगरीय भूगोल, डॉ. राव व शर्मा, 2003 पृष्ठ 277 पर आधारित।

मुम्बई में आधार वर्ष में ऐसे सर्वाधिक परिवार रहे, जिनके पास मात्र एक कमरे की ही आवासीय व्यवस्था विद्यमान है। इन परिवारों का प्रतिशत यहाँ 72 के लगभग रहा। इनके अतिरिक्त कोलकाता, दिल्ली एवं चेन्नई में भी इस प्रकार के परिवारों का प्रतिशत 60 से ऊपर था। इस प्रकार नगरों में आवासीय अव्यवस्था की समस्या मौजूद है जो कि जनसंख्या वृद्धि का परिणाम है।

5. ऊर्जा की समस्या (Energy-problems) : जनसंख्या की विविध आवश्यकताओं (घरेलू, औद्योगिक, वाणिज्यिक) को पूर्ण करने हेतु ऊर्जा या ईंधन की आवश्यकता होती है। देश में सभी ऊर्जा स्रोतों से उत्पादित ऊर्जा 1947 में मात्र 1400 मेगावाट थी जो 31 मार्च 2005 के अंत तक बढ़ती हुई 1, 18, 419.09 मेगावाट तक हो गयी। यह वृद्धि 1947 की तुलना में 85 गुनी अधिक

है, जबकि इसी अवधि में जनसंख्या की बढ़ोत्तरी 3 गुनी हुई है। इतना कुछ होने के बावजूद भी आज हम ऊर्जा संकट (Energy Crisis) का सामना करते हैं। और स्थानों की बात छोड़ दीजिए भारत की राजधानी दिल्ली के हिस्सों में भी विद्युत कटौती अनिवार्य रूप से प्रतिदिन की जाती है। सवा करोड़ आबादी को बिजली की सुविधा देने के लिए इसे पड़ोसी राज्यों पर निर्भर करना पड़ रहा है, फिर भी इस संकट से मुक्ति नहीं मिल रही है, आये दिन धरना प्रदर्शन एवं समाचार पत्रों की सुर्खियों में विद्युत संकट की पोल खोली जाती है। हमारे पास प्रचुर जल विद्युत उत्पादन की प्राकृतिक क्षमता है, किन्तु उसका समुचित तकनीकी लाभ नहीं उठाया जा रहा है। सागरों की तरंगों से हम अतिशय विद्युत पैदा कर सकते हैं किन्तु उन पर अभी पूर्ण ध्यान नहीं दिया जा रहा है। अभी भी देश की 60% से अधिक विद्युत/ऊर्जा आपूर्ति तापीय क्षेत्र (thermal sector) से होता है। परमाणु ऊर्जा को विद्युत आपूर्ति का मसीहा कहा जा रहा है, किन्तु अभी इसका योगदान मात्र 2% से भी कम है। ऊर्जा की सतत पूर्ति होती रहे इस हेतु इसलिए गैर परम्परागत ऊर्जा/सौर ऊर्जा संयंत्रों पर भारी व्यय किया जा रहा है। इसके अतिरिक्त बायोडीजल के रूप में रतन ज्योति (जटरोफा) का भी उत्पादन किया जा रहा है एवं शहरी-कूड़े-कचरे से भी विद्युतोत्पादन हो रहा है, किन्तु ऊर्जा संकट है कि खत्म ही नहीं हो रहा। सन् 2012 की अनुमानित विद्युत आवश्यकता को पूर्ण करने हेतु आगामी 2 पंचवर्षीय योजनाओं के दौरान एक लाख मेगावाट की अतिरिक्त विद्युत क्षमता वृद्धि की आवश्यकता है (भारत, 2006)। देश की जनसंख्या की विभिन्न आवश्यकताओं की पूर्ति करने हेतु सम्पूर्ण विद्युत उत्पादन बौना पड़ता जा रहा है क्योंकि विद्युत उपभोग का स्तर दिनानुदिन शीर्षता की ओर अग्रसर है। 2003–04 के उपभोग के विभिन्न क्षेत्रों का प्रतिशत इस प्रकार है (आरेख देखें)

देश के कुल विद्युत उपभोग का सर्वाधिक योगदान उद्योग, घरेलू व कृषि (संयुक्त रूप से 84%) कार्यों तले है। तीव्र जनसंख्या वृद्धि के चलते इन तीनों क्षेत्रों के लिए अतिरिक्त विद्युत की और अधिक आवश्यकता होगी। वह कहाँ से आयेगी? अभी भी संशयपूर्ण है। हालाँकि कई क्षेत्रों में खोजें/आविष्कार चल रहे हैं किन्तु यह निर्विवाद सत्य है कि आवश्यकता और आविष्कार में सामयिक अन्तराल होता है।

6. निर्धनता की समस्या (Poverty-problems) : जनसंख्या की अतिशयता से उपजी समस्याओं में निर्धनता प्रमुख है। निर्धनता एक अभिशाप है। एक प्रचलित पंक्ति है 'हे मालिक! किसी को गरीबी न दे'। यह पंक्ति गरीबी की भयावहता प्रकट करती है। देश में अधिकांश ऐसे क्षेत्र हैं जहाँ यह अधिक और

देश में विद्युत उपभोग 2003–04

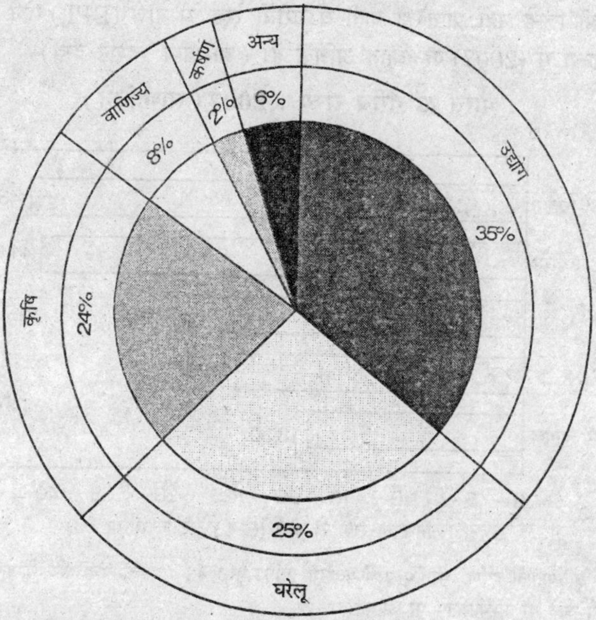

स्रोत: विद्युत मंत्रालय, आर्थिक समीक्षा 2004–05 पर आधारित।

कम ही ऐसे क्षेत्र हैं, जहाँ यह कम है। पंजाब, गुजरात, तमिलनाडु, केरल में जहाँ यह कम है वहीं उत्तर प्रदेश, बिहार, मध्य प्रदेश और उड़ीसा राज्यों में सिर चढ़कर बोल रही है। बिहार (43.18%) और उड़ीसा (41.04%) देश के सर्वाधिक गरीब राज्य हैं। अनुसूचित जातियों/जनजातियों में यह अधिक है किन्तु सभी वर्ग के कुछ न कुछ लोगों में यह अवश्य घर कर गयी है। साधन सम्पन्न दिनों-दिन लक्ष्मी-संग्रह करता जा रहा है और निर्धन दिनानुदिन गरीब बनता जा रहा है। न पर्याप्त सुविधाएँ हैं न ही रोजगार के साधन। ऐसे में गरीबी रेखा के ऊपर आ पाना लोगों को भगीरथ प्रयत्न करने जैसा लग रहा है। अभी भी देश में 22.01 करोड़ जनसंख्या गरीबी से जूझ रही है (2007), जिसमें 17.05 करोड़ व्यक्ति ग्रामीण तथा 4.96 करोड़ लोग नगरीय हैं। दूसरे शब्दों में, देश में 19.3% लोग निर्धनता रेखा से नीचे हैं जिसमें 21.1% ग्रामीण (कुल ग्रामीण जनसंख्या में) तथा 15.1% लोग (कुल नगरीय जनसंख्या में) शहरी क्षेत्रों से है। राष्ट्रीय नमूना सर्वेक्षण संगठन (NSSO) प्रतिवर्ष निर्धनों की संख्या की गणना कर रहा है और उसका मानना है कि गरीबी की दर ग्रामीण-क्षेत्रों की अपेक्षा शहरों क्षेत्रों में कम है। न्यूनतम आवश्यकताएँ एवं प्रभावी उपभोग माँग (Minimum needs and Effective Consumption Demand) के प्रतिवेदनानुसार ग्रामीण क्षेत्र में प्रतिव्यक्ति 2400 कैलोरी प्रतिदिन तथा नगरीय क्षेत्रों में 2100 कैलोरी प्रतिदिन ऊर्जा भी जिन्हें नहीं प्राप्त हो पाती वे गरीबी रेखा से नीचे (BPL) माने जाते हैं। कुछ राज्यों में (2007) यह बहुत अधिक है। (आरेखीय प्रदर्शन देखें)–

भारत के गरीब राज्य : 2007 (सम्भावित)

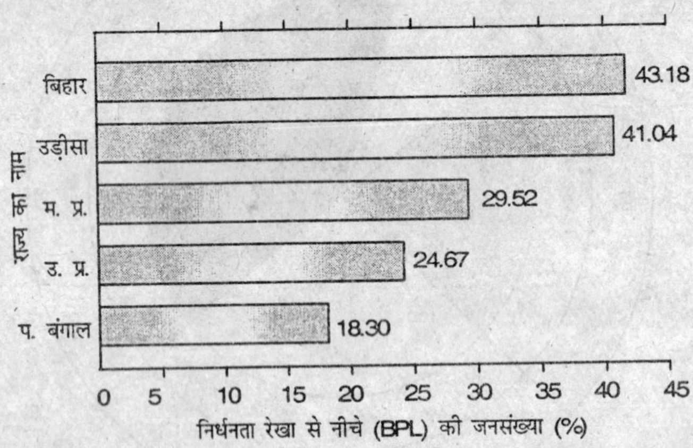

स्रोतः प्रतियोगिता दर्पण, भरतीय अर्थव्यवस्था 2007 पृष्ठ 49 (दसवीं पंचवर्षीय योजना के लक्ष्य प्राप्त हो जाने पर सम्भावित) पर आधारित।

अन्तर्राष्ट्रीय खाद्य नीति अनुसंधान संस्थान के प्रतिवेदन के वाशिंगटन में जारी होने के बाद इस बात का खुलासा हो गया है कि विश्व के सबसे ज्यादा कुपोषित/गरीब श्रेणी के देशों में भारत का 24वाँ स्थान है। यह तथ्य देश के उन दावों की पोल खोल रहा है, जिसमें देश को शक्तिशाली देशों में गिनाने का प्रयास किया जा रहा है (हिन्दुस्तान, नई दिल्ली, 15 अक्टूबर पृ. 7)।

7. बेरोजगारी की समस्या (Employment-problems) : दरअसल बेरोजगारी और गरीबी सगी डायन बहनें हैं। जहाँ बेरोजगारी है वहाँ गरीबी होगी ही। यद्यपि कि यह सत्य है कि रोजगार सृजन हेतु सरकार की कई ग्रामीण–शहरी योजनाएँ चल रही हैं। मसलन रोजगार गारन्टी योजना (RGY), सम्पूर्ण ग्रामीण रोजगार योजना (SGRY), राष्ट्रीय सामाजिक सहायता कार्यक्रम (NASP), प्रधानमंत्री ग्रामीण योजना (PMGY), मरुविकास योजना (DDP) आदि, किन्तु इनके सही क्रियान्वयन न हो पाने तथा अपेक्षित मात्रा की दृष्टि से कमतर होने के कारण बेरोजगारी की स्थिति चरम पर है। शहरों में तो यह और अधिक है। सबसे बड़ी समस्या तो अब शिक्षित बेरोजगारों की है। एक विश्वसनीय प्रतिवेदन के अनुसार विश्व के सर्वाधिक स्नातक बेरोजगार भारत में ही हैं। इनसे लाचार होकर उत्तर प्रदेश की सरकार अप्रैल, 2006 से 500 रुपये प्रतिमाह का बेरोजगारी

भत्ता भी देने के लिए विवश है। सर्वाधिक स्नातक बेरोजगार उ.प्र. में ही हैं जिनकी पंजीकृत संख्या लगभग 8 लाख है। कुछ लोगों का मानना है कि यह भत्ता राजनीतिक लाभ के लिए दिया जा रहा है।

राष्ट्रीय प्रतिदर्श सर्वेक्षण संगठन के जनवरी-जून 2004 के प्रतिवेदन अनुसार रोजगार प्राप्त पुरुषों और स्त्रियों की पारिश्रमिक में बेहद अन्तर पाया गया है। यह बेरोजगारी जनित समस्या ही है। ग्रामीण भारत में दिहाड़ी पुरुष मजदूरी 56.53 रु. के औसत में है जबकि वहीं महिला मजदूरी (दैनिक) मात्र 36.15 रु. है जो कि 20.38 रु. कम है। शहरी भारत में पुरुषों व महिलाओं की दैनिक औसत मजदूरी क्रमशः 75.51 एवं 44.28 रुपये आँकी गई, यह और अधिक विषम है। पुरुषों की बेरोजगारी महिलाओं की दैनिक मजदूरी कम होने का मूल कारण है, क्योंकि जब माँग की अपेक्षा पुरुष-मजदूरों की संख्या अधिक है तो लोग महिला मजदूरों को क्यों रोजगार देंगे? हाँ यदि देंगे तो मजदूरी घटा देंगे। ऐसे में जनसंख्या-समस्या का बढ़ जाना अवश्यम्भावी हो जाता है। बिहार, उत्तर प्रदेश, झारखण्ड एवं उड़ीसा में बढ़ती बेरोजगारी एवं अल्प पारिश्रमिक के कारण प्रतिव्यक्ति आय बेहद कम है (देखें आरेखीय प्रदर्शन)

भारत : न्यूनतम प्रतिव्यक्ति आय वाले राज्य : 2004

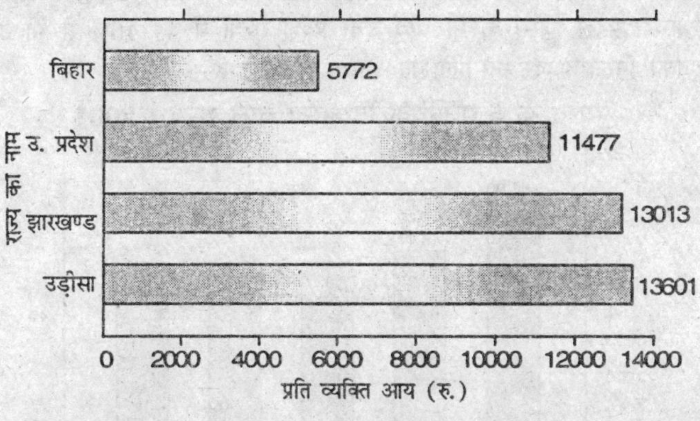

स्रोत : केन्द्रीय सांख्यिकी संगठन, योजना अक्टूबर 2006, पृष्ठ 59 पर आधारित।

यह आय चण्डीगढ़ (67,370 रु., सर्वाधिक), पाण्डिचेरी (56034 रु.), दिल्ली (53976 रु.) एवं हरियाणा (32,712 रु.) की अपेक्षा बेहद कम है। इसमें बिहार की आय चण्डीगढ़ की अपेक्षा मात्र ग्यारहवाँ हिस्सा (1/11) है। इसके अतिरिक्त देश में 14.8% की दर से युवा बेरोजगारी बढ़ रही है (हिन्दुस्तान दैनिक, नई दिल्ली, 31 अक्टूबर पृ. 13)।

8. निरक्षरता/अशिक्षा की समस्या (Illiteracy/uneducation-problems) : अभी भी देश में 1/3 से अधिक जनसंख्या निरक्षर है (2001)।

विडम्बना ही है कि कुछ लोग तो एक साथ तमाम सारी शैक्षिक डिग्रियों/डिप्लोमों से लैश हैं और अधिकांश को एक अक्षर का ज्ञान भी मुनासिब नहीं है। देश में हर 20 व्यक्तियों में से 7 निरक्षर हैं। निरक्षरता से जीवन की सभी समस्याएँ स्वत: जुड़ती चली जाती हैं। साक्षरता और शिक्षा के कारण ही व्यक्ति अपनी सामाजिक-सांस्कृतिक पहचान बनाता है निरक्षरों की तुलना में त्वरित निर्णय लेने की क्षमता रखता है लेकिन देश की अधिसंख्य आबादी अब भी अक्षर ज्ञान से हीन है। यह सचमुच एक राष्ट्रीय समस्या है। देश में राष्ट्रीय साक्षरता मिशन तथा सर्वशिक्षा अभियान जैसी सार्वभौमिक शैक्षिक योजनाएँ चल रही हैं, प्रौढ़ शिक्षा-कार्यक्रमों की भी भरमार है किन्तु इतना कुछ होने के बावजूद भी एक विशाल जन समूह निरक्षरों की पंक्ति में शामिल है।

गरीब परिवारों में लोग साक्षरता एवं शिक्षा को व्यर्थ-सा समझते हैं उनका मानना है कि शिक्षा से क्या मिलने वाला है। ऐसी गलत धारणा उनके व उनके बच्चों के लिए आत्मघातक सिद्ध होती है। एक तरफ तो इनका पारिवारिक उन्नयन नहीं हो पाता और दूसरी ओर राष्ट्रीय सरकारी प्रयासों की धज्जियाँ उड़ती नजर आती हैं। शिक्षा पर कुल घरेलू उत्पाद (G.D.P.) का लगभग 4% प्रतिवर्ष खर्च किया जा रहा है फिर भी देश में 35.16% निरक्षरता विद्यमान है। बिहार, झारखण्ड, अरुणाचल प्रदेश, जम्मू कश्मीर एवं उत्तर प्रदेश राज्यों में यह 40% से भी अधिक है इनकी निरक्षरता दर निम्नलिखित आरेख से स्पष्ट है–

भारत के 5 सर्वाधिक निरक्षरता वाले राज्य : 2001

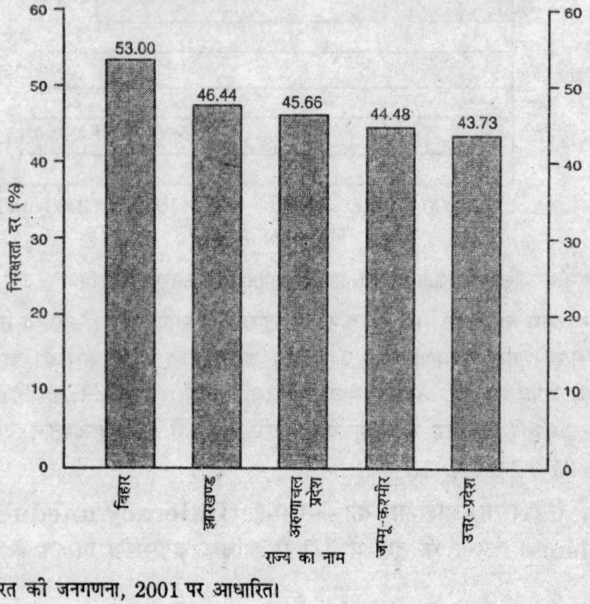

स्रोत: भारत की जनगणना, 2001 पर आधारित।

देश की 36 करोड़ निरक्षर आबादी राष्ट्र का जीवन स्तर एवं मानव विकास सूचकांक गिरा देती है। विश्व स्तर पर भी हमारी पहचान उच्च मानव विकास वाले देशों में नहीं होती) सन् 2005 में संयुक्त राष्ट्र संघ की विश्व विकास प्रतिवेदन (World development report) में देश को 127वाँ स्थान का मिलना इस बात की पुष्टि करता है।

9. चिकित्सा की समस्या (Medical problems) : जिस प्रकार जीने के लिए भोजन जरुरी है, उसी प्रकार रोगग्रस्त शरीर के लिए चिकित्सा अनिवार्य है। कुपोषणता के मामले में दुनिया की सबसे अधिक आबादी भारत में ही है। कुपोषणता न केवल अल्प पोषणता को कहते हैं बल्कि अतिपोषणता भी कुपोषणता है। वस्तुतः कुपोषणता ही रोगों का मूल कारण है। दूषित अन्न, प्रदूषित जल, अशुद्ध जीवन वृत्ति रोगों को निमंत्रण देते हैं। दूषित अनाज में कीटनाशकों की मात्रा बहुत अधिक होती है। डी.डी.टी. जैसी कीटनाशी (घातक) दवाओं पर रोक के बावजूद चोरी छिपे अभी भी प्रयुक्त हो रही है। 'अधिक अन्न उपजाओ' की लालचपूर्ण सरकारी योजनाओं ने विविध प्रकार की रासायनिक उर्वरकों का प्रयोग किया, फलस्वरुप आज अनाज खाद्यान्न नहीं बल्कि खादान्न-सा बन गया है। उनमें मौजूद रसायन सीधे शरीर में पहुँच जाते हैं, दूध एवं तालाबों की मछलियों से भी इनकी पहुँच मानव शरीर में आसान हो जाती है। फलतः शरीर की प्रतिरक्षा प्रणाली पर कुठाराघात हो रहा है एवं विविध प्रकार की नयी-नयी बीमारियाँ बरोकटोक मानव शरीर पर हावी होती जा रही है। साँस से सम्बन्धित बीमारियाँ विशेषकर इन्हीं कारणों से हो रही हैं। शरीर की विविध संयुक्त अस्थियाँ दर्द की शिकार हो रही है। मधुमेह, ब्लड प्रेशर, क्षय रोग, कैंसर और कैंसर में भी नाना प्रकार के कैंसर (यथा-रक्त कैंसर, अस्थि कैंसर, हृदय/फेफड़े/मस्तिष्क) अस्तित्व में हैं। 12 अक्टूबर, 2006 (विश्व दृष्टि दिवस) को नई दिल्ली में प्रकाशित एक राष्ट्रीय विज्ञापन में लिखा है कि भारत में 2 करोड़ 10 लाख मधुमेह रोगी हैं। वर्ष 2020 तक इनकी संख्या 5 करोड़ 40 लाख होगी। मधुमेह से रैटिनोपैथी (दृष्टिपटल) जैसे गम्भीर रोग हो सकते हैं तथा रक्तचाप (Blood pressure) अधिक या कम होने से हृदयाघात भी हो सकता है। प्रख्यात वैज्ञानिक एम.एस. स्वामीनाथन के अनुसार कुपोषणता से 8 प्रकार की प्रमुख समस्याएँ सामने आयी हैं, जिसमें जन्म के समय बच्चे का भार कम होना, शैशवावस्था में अल्प पोषण का आँकलन, अर्द्धपोषित वयस्क, सार्वभौम रक्तक्षीणता, विटामिन 'ए' की कमी, प्रारम्भिक अल्प पोषण के चलते प्रौढ़ावस्था में बीमारियाँ, मोटापा एवं आयोडीन की कमी आदि शामिल हैं। देश में प्रति लाख 193 व्यक्ति मलेरिया एवं 1230 व्यक्ति क्षयरोग से ग्रसित हैं जबकि 46 प्रतिशत भारतीय बच्चों की लम्बाई उनके आयु के हिसाब से

कम है (कुरुक्षेत्र, जुलाई, 2005 पृ. 14)। इन सबसे भी भयंकर बीमारी एड्स की है, जो लगभग 0.9% वयस्क जनसंख्या में मौजूद है। अर्थात् लगभग 40 लाख भारतीय लोग एड्स के असाध्य रोग से ग्रसित हैं, जो कि एक बहुत बड़ी समस्या का विषय है। वयस्क आबादी में एच.आई.वी. पाजिटिव लोगों की दर (2001) नेपाल, मलेशिया, पाकिस्तान और नेपाल की तुलना में बहुत अधिक है। आरेख प्रदर्शनीय है–

कुछ एशियाई देशों में भारत की एड्स दर की तुलना

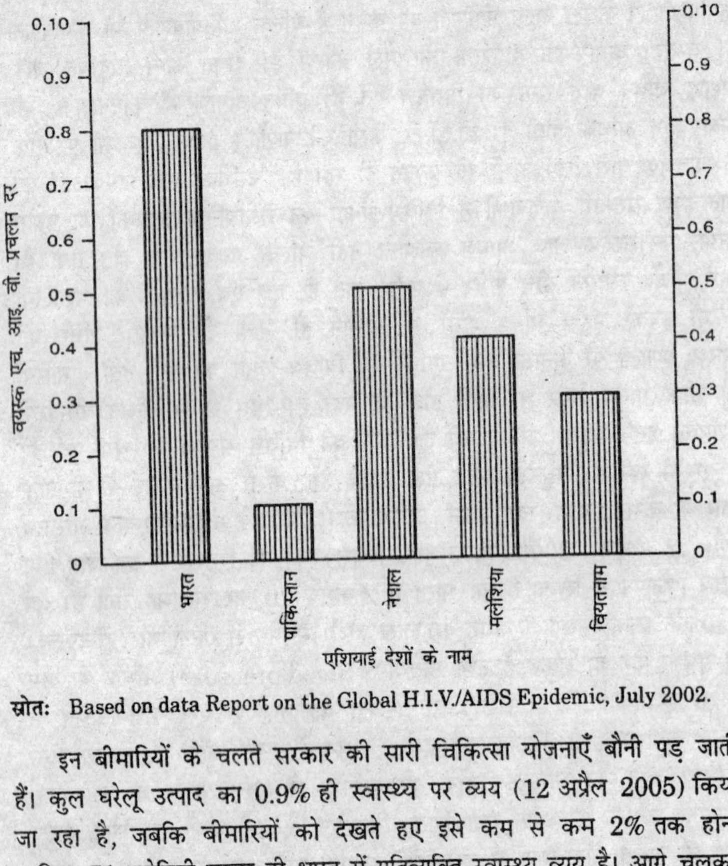

स्रोत: Based on data Report on the Global H.I.V./AIDS Epidemic, July 2002.

इन बीमारियों के चलते सरकार की सारी चिकित्सा योजनाएँ बौनी पड़ जाती हैं। कुल घरेलू उत्पाद का 0.9% ही स्वास्थ्य पर व्यय (12 अप्रैल 2005) किया जा रहा है, जबकि बीमारियों को देखते हुए इसे कम से कम 2% तक होना चाहिए। 71 अमेरिकी डालर ही भारत में प्रतिव्यक्ति स्वास्थ्य व्यय है। आगे चलकर यह लगातार बढ़ते जाने की उम्मीद है। डॉ. डी. सत्यमाला का मानना है कि "अग्रिम कुछ वर्षों में देश की चिकित्सा सेवा अमेरिकी मॉडल से प्रभावित होगी, जो निहायत महंगी, प्रौद्योगिकी आधारित, अन्यायपूर्ण एवं असमानता से भरपूर है"

(कुरुक्षेत्र, जुलाई 2005 पृ. 14)। इस प्रकार देश स्वास्थ्य समस्याओं से जूझ रहा है।

10. यातायात की समस्या (Transport problems) : जनसंख्या के समक्ष यातायात की अधिकता और अल्पता दोनों के ही कारण समस्याएँ व्याप्त हैं। जहाँ महानगरों/नगरों में अतिशय वाहनों के चलते पैदल चलना दूभर है वहीं धुर ग्रामीण एवं पर्वतांचलीय क्षेत्रों में इसकी अतिअल्पता के कारण एक स्थान से दूसरे स्थान पर जाने की सुविधाएँ पर्याप्त नहीं है। समतल भूमि यातायात की सुविधा को पोषित करती है। यही कारण है कि मैदानी क्षेत्रों में अतिशय सड़कों का जाल बिछा हुआ है और सड़कों पर भीड़ ही भीड़ दृष्टिगत होती है। देश में प्रति किलोमीटर सड़क पर हमेशा 2 वाहनों की उपस्थिति का औसत आँका गया है। किन्तु शहरी क्षेत्रों में यह आवृत्ति बहुत अधिक है। मुम्बई, दिल्ली एवं कोलकाता में अतिसघन वाहनों के चलते जाम की समस्या के साथ-साथ उनसे होने वाली दुर्घटनाओं और मौतों की खबरें प्रतिदिन स्थानीय समाचार पत्रों में प्रकाशित हुआ करती हैं। इन वाहनों से वायु, ध्वनि एवं ठोस अपशिष्ट प्रदूषणों में तीव्र वृद्धि हुई है। अन्य महानगर भी इस दृष्टि से पीछे नहीं हैं। अकेले लखनऊ महानगर में 1991 और 2003 के वर्षों में पंजीकृत वाहनों की संख्या की तुलना करने के उपरान्त भारी अन्तराल पाया गया है आँकड़ा प्रदर्शित है–

लखनऊ महानगर में बढ़ती वाहनों की संख्या : 1991 एवं 2003

वाहनों के प्रकार	पंजीकरण वर्ष	
	1991	2003
बहुध्रुवीय	–	107
भारी वाहन (भार)	554	536
हल्के वाहन (भार)	121	930
चार पहिया	2103	8197
तिपहिया	674	931
दुपहिया	18400	48901
ट्रैक्टर्स	336	652
ट्रेलर्स	–	911
अन्य	58	374
कुल	22246	61539

स्रोत: Based on Regional Transport Office Lucknow, by G & Y Vol. 6 No. 3 & 4 2006, Page–24.

इन वाहनों की संख्या में 1991 की अपेक्षा 2003 में लगभग तीन गुने का अन्तर पाया गया। नगरों की सड़कों पर दुपहिया वाहनों और कारों की बढ़ती

लम्बी फौज के कारण कार्बन डाई ऑक्साइड और कार्बन मोनो ऑक्साइड का उत्सर्जन दम घुटा रहा है।

दूसरी ओर ग्रामीण क्षेत्रों में तमाम सारे ऐसे उपेक्षित क्षेत्र देखे गए हैं, जहाँ आज भी केवल ताँगे और रिक्शे/बैलगाड़ियाँ ही आवागमन के साधन हैं और इससे भी बढ़कर कुछ क्षेत्रों में ही पैदल चलने के सिवा कोई दूसरा चारा ही नहीं है। ऐसे में जनसंख्या की यातायात समस्या स्वत: उद्घाटित होती है।

11. प्रशासनिक व सुरक्षात्मक समस्या (Administrative and security problems) : प्रशासन और सुरक्षा हर स्वस्थ एवं पूर्ण समाज की स्थापना के लिए आवश्यक है। आज देश में आये दिन आततायी दु:शक्तियों द्वारा बम विस्फोट या सामान्य हमले हुआ करते हैं। यह कुछ राज्यों में तो इतनी अधिक आवृत्ति में होते हैं कि प्रशासन पूरी तरह परेशान है। खास बात तो यह है कि प्रशासन तभी चौंकता है जब हमले हो गए होते हैं। यहाँ यह कह देना उचित होगा कि इतनी विशाल जनसंख्या की सुरक्षा के लिए प्रशासन भी सिरदर्द नहीं लेना चाहता। गोल्डमेडलिस्ट प्रशासनिक अधिकारियों की संख्या बहुत अधिक है किन्तु सही पुरस्कारों की प्राप्ति कम ही ऐसे अधिकारियों को होती है जो वाकई कर्तव्यनिष्ठ है बाकी अधिकांश को राजनीतिक दाँवपेंच से यह सब मिल जाता है। राजनेताओं से सम्बन्ध स्थापित कर लेने पर चूँकि प्रशासनिक अधिकारियों को सेवा सुरक्षा मिल ही जाती है तो वे जनता की सुरक्षा क्या करेंगे? दूरदर्शन/रेडियो/समाचार पत्रों की सुर्खियों में आये दिन सुरक्षा व्यवस्था की पोल खोली जाती है। भारत के पड़ोसी, किन्तु कुछ हद तक दुश्मन देशों की योजना देश में आतंकवाद मचाने की होती है, जिससे जनमानस को सुरक्षा की और व्यवस्था अनुभूत होने लगती है। जम्मू-कश्मीर की 2 करोड़ जनसंख्या आतंक के साये में निवास कर रही है, जिससे मुक्ति दिलाने हेतु सरकार (भारत) ने बीड़ा उठाया है, फिर भी आतंकी हमलों की वारदातें सुनायी देती हैं। कभी-कभी आन्तरिक सुरक्षा पर भी प्रश्न चिन्ह खड़ा होता है। गोधरा काण्ड (गुजरात) इस बात की पुष्टि करता है।

देश की व्यावसायिक राजधानी मुम्बई में केवल 3 वर्षों में 5 बड़े विस्फोट हुए जिसमें से 11 जुलाई 2006 को होने वाला विस्फोट अतिभयावह रहा। इन वर्षों में हुए विस्फोटों से मरने वालों व घायलों की संख्या इस प्रकार थी (आरेख दर्शनीय है)–

इसके अलावा संसद, अक्षरधाम मंदिर (गुजरात), अयोध्या (रामजन्म भूमि), संकटमोचन मन्दिर (वाराणसी) व जामा मस्जिद पर हुए हमले भी ऐसे थे जिनके घटित होने से जनसंख्या को सुरक्षा की आवश्यकता अनुभूत होने लगी है यही

कारण है कि देश अपनी विदेशी वार्ताओं में आये दिन आतंकवाद के खिलाफ समर्थन प्राप्त करने की/प्रदान करने की बात करता है।

मुम्बई महानगर में हुए बम विस्फोट 2003–06

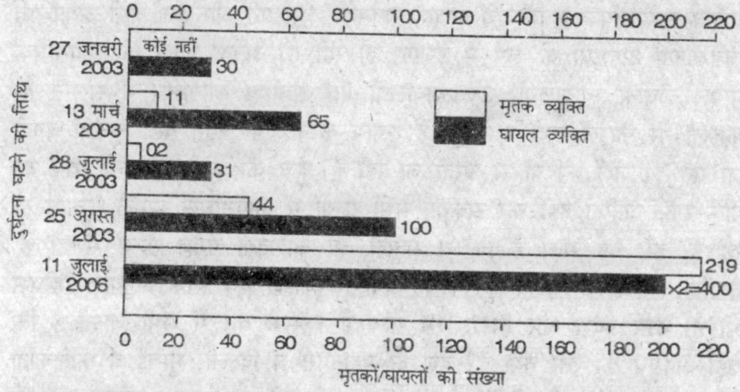

स्रोतः डॉ. सूर्यनारायण सिंह, प्रतियोगिता दर्पण, अक्टूबर 2006, पृ. 464 पर आधारित।

12. नैतिक एवं सामाजिक अपराध की समस्या (Moral and social crime-problems) : देश अपनी नैतिक एवं सामाजिक स्वस्थता के बारे में भुवनख्यात था, किन्तु अब पाश्चात्य एवं अन्य संस्कृतियों के प्रभाव तथा स्वयम् में अवाञ्छित परिवर्तन कर यहाँ के कुछ लोगों ने इसे बदनाम करने की कोशिश की है। 'प्रयोग करो और पूजा करो' ('use and worship') की ओर से हम 'प्रयोग करो और फेंक दो' ('use and through') की धारणा स्वीकार करते जा रहे हैं। प्रेम, सद्भाव, सहानुभूति, परोपकार, निर्मल मन, विशुद्ध आत्मा आदि की बातें हमें पौराणिक-सी लगने लगी हैं, जिनकी वर्तमान युग में जैसे प्रासंगिकता ही नहीं रह जा रही है। धनगर्व में सना हुआ व्यक्ति इन सभी संवेदी गुणों को बकवास समझता है। फलस्वरुप विलासितापूर्ण जीवनशैली अपनाते हुए विभिन्न प्रकार के दुष्कर्मों को अंजाम देना अपनी शौक और जगत की सत्यता मानता है। यह सब वास्तव में एक चिन्तनीय मुद्दा है, जिस पर बहँस होनी ही चाहिए।

आज नगरों में ही नहीं प्रत्युत गाँवों में भी मात्र आर्थिक विकास पर ही विशेष बल दिया जा रहा है। आर्थिक विकास उच्च सामाजिक स्तर प्राप्त करने का एक हिस्सा है न कि एकमात्र माध्यम। इसके अतिरिक्त भी नाना प्रकार के मानवीय गुण हैं, जिनके परिरक्षण एवं आत्मसातीकरण की आवश्यकता सामाजिक प्रतिष्ठा के लिए अनिवार्य है। यदि अर्थ ही सब कुछ होता तो आज देवी-देवताओं, की पूजा न होती बल्कि पूँजीपति ही पूजे जाते। ऐसे में हमें अपनी नैतिक एवं सामाजिक जिम्मेदारी समझनी होगी, उसका भान करना होगा, अन्यथा हम उन

आपराधिक प्रवृत्तियों के बेतहाशा शिकार होते जाएंगे, जो कि हमारे सभी विकासों को रोककर रख देगी, जैसा कि आज घटित हो रहा है। आतंकवाद, भ्रष्टाचार, चोरी-डकैती-लूट, वेश्यावृत्ति, बलात्कार, द्युत क्रीड़ा, मद्यपान, भिक्षावृत्ति, धार्मिक/साम्प्रदायिक कुतर्क एवं कलह, मानमर्दन, घूसखोरी और छल जैसी अवाञ्छित बिडम्बनाएँ अपराधों के रूप में उजागर हो रही हैं। अनेक प्रकार के आपराधिक मामले दीवानी न्यायालयों, उच्चन्यायालयों एवं सर्वोच्च न्यायालय में संलग्न हैं। फाइलों पर फाइलें लदी पड़ी हुई हैं, न्याय करना एक बहुत बड़ी चुनौती बनती जा रही है। जेलें कैदियों से भरती जा रही हैं। देश का कोई भी राज्य स्वयं को पाक-साफ घोषित नहीं कर सकता, सभी राज्यों में आपराधिक मामले उजागर हो रहें हैं। हाँ, यह सत्य है कि ये मामले अधिकांशतया गरीब राज्यों में ही हैं, क्योंकि वहाँ इनके फलने-फूलने की पर्याप्त गुंजाइशें एवं इनके अनुकूल परिवेश भी है। उत्तर प्रदेश और बिहार ऐसे राज्य हैं जिसके बारे में सभी जानते हैं कि वहाँ अपराध का स्तर क्या है? देश के महानगरों में दिल्ली, मुम्बई व कोलकाता ऐसे वृहन्नगर हैं जहाँ प्रतिदिन किस्म-किस्म के भ्रष्टाचार/अपराध प्रकाश में आते हैं। दिल्ली में प्रकाशित 'हिन्दुस्तान' दैनिक समाचार पत्र ने 16 अगस्त 2006 को पृष्ठ सं. 5 पर एक जघन्य अपराध 'बलात्कार' का खुलासा किया जो वास्तव में सनसनीखेज था। सन् 2000 से लेकर 2005 तक दिल्ली महानगर में घटित (पंजीकृत) इस मामले में अनजानों ने कम और अपनों ने अधिक शर्मसार किया है। आँकड़ा निम्नवत है–

दिल्ली महानगर में घटित बलात्कार की घटनाएँ 2000–06

निकट सम्बन्धी	सम्बद्ध वर्ष एवं बलात्कार की शिकार					
	2000	2001	2002	2003	2004	2005
पिता	6	6	3	11	14	14
सौतेला पिता	4	4	3	3	6	5
दादा	–	–	–	2	–	–
भाई	1	–	3	–	–	1
पूर्व पति	1	–	2	3	2	1
अंकल	5	2	5	8	2	12
कजिन	3	9	4	4	3	6
देवर/बहनोई	8	11	9	18	7	11
ससुर	3	1	3	1	4	6
सौतेला बेटा	–	–	–	–	1	–

स्रोतः हिन्दुस्तान, बुधवार, 16 अगस्त 2006, पृष्ठ 5 (द्वारा परिवर्तन विजन 2006–11 दिल्ली पुलिस)

यही नहीं अपनों के बाद इस मामले में सर्वाधिक मामले पड़ोसियों के सन्दर्भ में उजागर हुए। यह नैतिक अपराध की चरम परिणति है, जिस पर अतिशीघ्र काबू पाना होगा अन्यथा अखिल समाज में इन कुकृत्यों का अधिक प्रभाव पड़ सकता है। रिश्तों में पूर्ण ईमानदारी रखना एक स्वस्थ एवं उच्च समाज का परमदायित्व होता है। हम आज इक्कीसवीं सदीं में पहुँच गए हैं, अतः समय के साथ-साथ हमें उन सारी दुष्ट प्रवृत्तियों को सिरे से समाप्त करना होगा जो आज किसी न किसी रूप में समाज में व्याप्त हैं, अन्यथा सामाजिक समस्याएँ और बढ़ती जायेंगी।

13. प्रदूषण की समस्या (Pollution-problems) : तीव्र औद्योगिक विकास, अनियोजित नगरीकरण एवं आर्थिक प्रवृत्तियों के पूर्णतया हावी होने का प्रभाव अब प्रदूषण के रूप में साफ जाहिर हो रहा है। यह एक ऐसी सामयिक समस्या है जिससे सम्पूर्ण जनसंख्या प्रभावित है। विलासिता की कोई सीमा नहीं होती इस वजह से हम लगातार विलासी चीजों को अपनाते गए और उनकी परिणति आज इस रूप में समक्ष प्रस्तुत हुई है। इसकी मार सम्पूर्ण पार्थिव-तन्त्र पर पड़ रही है। अधिक अन्न उपजाओ के प्रलोभन भरे नारे तले आकर हमने अपनी बहुमूल्य भूमियों की नैसर्गिक गुणवत्ता खो दी है। पंजाब और हरियाणा में अतिशय उत्पादन लेने के चक्कर में वहाँ की कृष्य भूमियाँ अब मरुस्थलीकरण की ओर अग्रसर होती जा रही हैं। मृदा में लवणता का प्रसार होता जा रहा है। यदि प्रतिवर्ष रासायनिक उर्वरकों (Chemical Fertilizers) की मात्रा इन खेतों में न बढ़ाई जाय, तो निश्चय ही उनकी उत्पादकता न्यूनता को प्राप्त होगी। फसलों पर कीटनाशकों का प्रयोग भारी पड़ रहा है। आश्चर्यजनक है कि ये कीटनाशक/खरपतवारनाशक केवल मृदा तक ही सीमित नहीं होते बल्कि वर्षा जल के साथ रिसकर भूगर्भिक जल में प्रविष्ट होकर पेयजल में नलों/कुओं के माध्यम से आकर विभिन्न प्रकार की शारीरिक व्याधियों को जन्म देते हैं। एक वैज्ञानिक शोध के अनुसार सर्वाधिक सुरक्षित माने जाने वाले इण्डिया मार्का-2 नलों के जल में अपेक्षाकृत कम गहरी बोरिंग वाले नलों की तुलना में कीटनाशकों की मात्रा अधिक होती है, क्योंकि इन कीटनाशकों की सूक्ष्म परत जल की निचली सतह पर जमा होती है, जिस पर अधिक गहरी बोरिंग वाले नल के संचालन से दोलन होता है और वे पानी में शीघ्र घुलकर पात्र में पहुँच जाते हैं।

अम्ल वर्षा, हरित गृह प्रभाव से वैश्विक तापन, ओजोन परत के पतले होते जाने का प्रभाव अब न केवल विश्व बल्कि भारत में भी महसूस किया जा सकता है। वायु प्रदूषण के विभिन्न स्रोतों का इजाफा हो रहा है। शुद्ध ऑक्सीजन के लिए 'ऑक्सीजन मास्क' का प्रचलन अब देश के महानगरों में शुरु हो गया है।

ध्वनियों की अतिशयता ने महानगरों/नगरों में अपना प्रभुत्व स्थापित कर लिया है। यातायात के साधनों के ध्वनि विस्तारक ध्वनि प्रदूषण के बड़े स्रोत माने जा रहे हैं। सामान्य श्रवणता मानक से ऊपर ध्वनि विस्तार हो रहा है फलस्वरुप चिड़चिड़ापन, बहरापन, पागलपन (असंतुलित मस्तिष्क) जैसे रोग अस्तित्व में आ रहे हैं।

ठोस अपशिष्टों के निपटान की समस्या सर्वाधिक भयावह है। दिल्ली के ठोस अपशिष्टों में धूल एवं राख अपशिष्ट, भोजन अपशिष्ट, पशुगृह से त्यजित अपशिष्ट, प्लास्टिक अपशिष्ट एवं कागजों (रद्दी) का ढेर नगरपालिकाओं/नगर निगमों के लिए सिरदर्द से कम नहीं है। 2003 में यहाँ ठोस अपशिष्टों में निम्नलिखित 5 प्रमुख अवयवों का योगदान देखा गया (आरेख देखें)–

दिल्ली महानगर के ठोस अपशिष्ट में विभिन्न प्रदूषक अवयवों का अंश : 2003

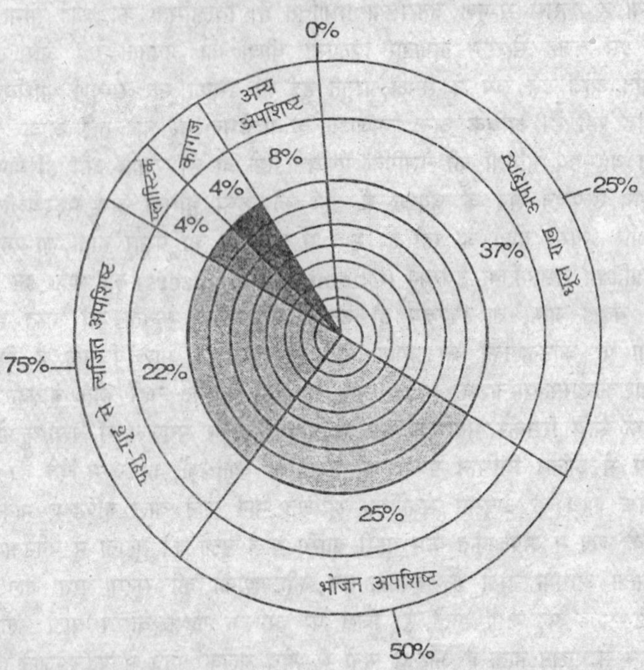

स्रोत: Based on Compedium of Environment Statistics, India, 2003 P. 247.

विभिन्न प्रकार के प्रदूषण प्रकारों के प्रसार के चलते मानव स्वास्थ्य एवं पर्यावरणीय जीवन पर जो भी प्रभाव पड़ रहे हैं उनकी कहानी कहती निम्नलिखित भौगोलिक-काव्यात्मक पंक्तियाँ बोधगम्य हैं–

वायु, जल, ध्वनि और मृदा।
सबकी गुणवत्ता हो रही विदा।।
बढ़ती आबादी, बढ़ती भूख,
जल स्रोत, रहे हैं सूख।
सदियों से पावन पवित्र गंगाजल,
आज हो चला अति गंदा-जल।
जल का असंतुलित पी.एच.मान,
अम्ल, क्षार पा रहा स्थान।
प्यास जेहन में, पानी बोतल में,
भूख पेट में, खाना होटल में। 1।
बढ़ते वाहन, बढ़ता जाम,
शुद्ध ऑक्सीजन हुई हराम।
अंधाधुंध औद्योगिक विस्तार,
वायुमंडल हो गया बीमार।
अतिशय गर्मी, ओजोन छेद,
यह अनिष्टकारी, भावी खेद।
शुरु हो चली अम्ल बरसात,
यह वायु प्रदूषण की सौगात। 2।
बढ़ती अशान्ति, बढ़ता ध्वनि स्तर,
मानसिक स्वास्थ्य हो रहा है बदतर।
अल्प श्रवणता, स्थायी बहरापन,
यहीं नहीं, बढ़ रहा पागलपन।
चाहे हो सड़क या हो थियेटर,
हर जगह अब लाउडस्पीकर।
मानसिक रोग और दुबलापन,
कारण स्पष्ट, तीव्र ध्वनि प्रचलन। 3।
बढ़ता मरुस्थल, बढ़ती अनुर्वरता
कहावत भली, मरता क्या न करता।
अधिक अन्नोत्पादन के लिए,

हमने धरती से बैर लिए।
जहरीले उर्वरक और कीटनाशक,
प्रमाणित हो चुके मृदा गुणनाशक।
मृदा जीवन के लिए खर-दूषण,
बन चुका अब, मृदा प्रदूषण। **4**।
बढ़ते कूड़े, बढ़ता अवशिष्ट,
प्रसर रहा प्रदूषण अपशिष्ट।
कागज, प्लास्टिक राख व धूल,
पकड़ा रही हैं इसे तूल।
टायर, कम्प्यूटर मोबाइली कचरे,
लगभग सभी नगर में प्रसरे।
प्रदूषण बढ़ चला ठोस अपशिष्ट,
पर्यावरण रह सका न शिष्ट। **5**।

अनुपम पी.एस. पाण्डेय की डायरी से,
15 अक्टूबर 2006, नई दिल्ली।

अतिउपयोगी प्रश्न श्रृंखला

1. विश्व की कुल जनसंख्या एवं कुल क्षेत्रफल का क्रमशः कितना हिस्सा भारत में पाया जाता है?
   (अ) 16.7% एवं 2.4% (ब) 17.4% एवं 2.4%
   (स) 20.2% एवं 5.4% (द) इनमें से कोई नहीं
2. 2001 की जनगणना में प्रतिसहस्र जन्मदर एवं मृत्युदर क्रमशः कितनी रही है?
   (अ) 26 एवं 9 (ब) 20 व 10
   (स) 26 व 26 (द) 26 व 11
3. देश की प्राकृतिक वृद्धि दर कितनी है?
   (अ) 17 प्रति हजार (ब) 27 प्रतिहजार
   (स) 37 प्रतिहजार (द) 50 प्रतिहजार
4. हाल ही में हुई जनगणना में शिशु मृत्युदर क्या थी?
   (अ) 50 प्रतिसहस्र (ब) 79 प्रतिसहस्र
   (स) 75 प्रतिसहस्र (द) 99 प्रतिसहस्र
5. इस समय मातृमृत्यु दर कितनी है?
   (अ) 540 प्रतिलक्ष (ब) 450 प्रतिलक्ष
   (स) 580 प्रतिलक्ष (द) 1200 प्रतिलक्ष

6. किस वर्ष खाद्यान्न की कमी के चलते आस्ट्रेलिया से गेहूँ आयात करना पड़ा?
(अ) 2002 (ब) 2004
(स) 2006 (द) कभी नहीं

7. सर्वाधिक कुपोषित बच्चों का प्रतिशत (0–3 वर्ष) किस राज्य में हैं?
(अ) मध्य प्रदेश (ब) उत्तर प्रदेश
(स) बिहार (द) झारखण्ड

8. कुपोषण के शिकार विश्व के कुल बच्चों का कितना प्रतिशत भारत में है?
(अ) 25 (ब) 39
(स) 49 (द) 51

9. देश में जल की प्रतिव्यक्ति उपलब्धता लगभग कितनी है?
(अ) 1000 घनमीटर (ब) 1300 घनमीटर
(स) 2000 घनमीटर (द) 2300 घनमीटर

10. वृहत्तर मुम्बई की कितनी जनसंख्या गन्दी बस्तियों में रहती है?
(अ) 30% (ब) 38%
(स) 59% (द) 72%

11. उत्तर पूर्वी दिल्ली में जनसंख्या घनत्व लगभग कितना है?
(अ) 10 हजार व्यक्ति/वर्ग किमी. (ब) 20 हजार व्यक्ति/वर्ग किमी.
(स) 30 हजार व्यक्ति/वर्ग किमी. (द) 40 हजार व्यक्ति/वर्ग किमी.

12. किस महानगर में 1 कमरे में ही सर्वाधिक परिवारों का निवास होता है?
(अ) मुम्बई (ब) दिल्ली
(स) कोलकाता (द) चेन्नई

13. 31 मार्च 2005 के अंत तक देश की विद्युत उत्पादन क्षमता कितनी हो गई।
(अ) 1,18,419 मेगावाट (ब) 2,22,687 मेगावाट
(स) 3,33,243 मेगावाट (द) 4,44,435 मेगावाट

14. किस ऊर्जा को विद्युत का नया मसीहा कहा जाने लगा है?
(अ) तापीय ऊर्जा (ब) जल विद्युत ऊर्जा
(स) परमाणु ऊर्जा (द) पवन ऊर्जा

15. बिहार देश का सबसे गरीब राज्य है जिसकी कितनी जनसंख्या गरीबी रेखा से नीचे (BPL) जीवनयापन कर रही है?
(अ) 43.18% (ब) 54.41%
(स) 25.51% (द) 35.49%

16. 2007 के अनुमान में देश की कितनी जनसंख्या अभी गरीबी से जूझ रही है?

(अ) 22 करोड़ (ब) 30 करोड़

(स) 54 करोड़ (द) 60 करोड़

17. 'गरीबी रेखा के नीचे (BPL)' वाली जनसंख्या के मानक में क्रमशः ग्रामीण व शहरी क्षेत्रों के लिए न्यूनतम कितनी कैलोरी निर्धारित है?

(अ) 3000 एवं 2500 (ब) 2400 एवं 2100

(स) 2800 एवं 2400 (द) 2000 एवं 2500

18. देश के किस राज्य ने स्नातक बेरोजगारों को बेरोजगारी भत्ता देने की पहल की है?

(अ) बिहार (ब) उत्तर प्रदेश

(स) हरियाणा (द) गुजरात

19. 'SGRY' का पूरा नाम क्या है?

(अ) स्वयं ग्रामीण रोजगार योजना (ब) सम्पूर्ण गरीबी रोक योजना

(स) सम्पूर्ण ग्रामीण रोजगार योजना (द) सर्वग्राम रोजगार योजना

20. राष्ट्रीय प्रतिदर्श सर्वेक्षण संगठन के अनुसार ग्रामीण भारत में पुरुष मजदूरी 56.53 रु. (औसत दैनिक) है जबकि महिलाओं की मजदूरी कितनी है?

(अ) 45.20 रु. (ब) 36.15 रु.

(स) 27.45 रु. (द) 22.0 रु.

21. विश्व के सर्वाधिक क्षयरोगी किस देश में हैं?

(अ) भारत (ब) चीन

(स) संयुक्त राज्य अमेरिका (द) फ्रांस

22. मुम्बई बम विस्फोट, जो हाल ही में हुआ था, जिसमें 200 से अधिक लोग मारे गए थे। किस तिथि को घटित हुआ?

(अ) 10 जनवरी 2006 (ब) 24 फरवरी 2006

(स) 11 जुलाई 2006 (द) 4 सितम्बर 2006

23. नगरों में बढ़ रही मुख्य समस्याएँ क्या-क्या है?

(अ) प्रदूषण (ब) नैतिक अनाचार

(स) बेरोजगारी (द) सभी

24. जल शुद्धि का मानक क्या है?

(अ) डेसिबेल (ब) थर्मामीटर

(स) पी.एच. मान (द) एनीमामीटर

25. इस समय सबसे अधिक ठोस अपशिष्ट प्रदूषण किससे बढ़ रहा है?

(अ) राख (ब) धूल

(स) प्लास्टिक अपशिष्ट (द) फलों के छिलके से

उत्तरदायी-सूची

1. अ	2. अ	3. अ	4. ब	5. अ
6. स	7. अ	8. ब	9. द	10. स
11. स	12. अ	13. अ	14. स	15. अ
16. अ	17. ब	18. ब	19. स	20. ब
21. अ	22. स	23. द	24. स	25. स

10

भारत : जनसंख्या एवं संसाधन
(INDIA : POPULATION & RESOURCE)

जनसंख्या का अर्थ एवं परिभाषा (Meaning & Definitions of Population)

सामान्य अर्थों में जनसंख्या शब्द, जन+संख्या दो शब्दों का संयुक्त रूप है, जिसमें जन का तात्पर्य मानव से तथा संख्या से आशय है मात्रा, परिमाण या गिनती। आँग्ल भाषा में इसका रूपान्तर Population है जो लातीनी (लैटिन) भाषा के Populosus अथवा Populus (जिसका अर्थ होता है People या लोग) का परिष्कृत शब्द है। अर्थात् जनसंख्या से आशय है लोगों की संख्या। भूगोल विषय में जनसंख्या को कुछ अलग ढंग से परिभाषित किया जाता है। डॉ. आर.एन. सिंह एवं डॉ.एस.डी. मौर्य (भौगोलिक पारिभाषिक शब्दकोष-2003 पृष्ठ 125) के अनुसार "किसी प्रदेश में निवसित व्यक्तियों की संख्या जनसंख्या कहलाती है। पौधों या पशुओं की संख्या के लिए भी इस शब्द का प्रयोग किया जाता है।" किन्तु जनसंख्या भूगोल में इसे लोगों की संख्या तक ही सीमित किया जायेगा। हिन्दी माध्यम कार्यान्वयन निदेशालय, दि.वि.वि. के भूगोल परिभाषा कोश के अनुसार ''जनसंख्या किसी क्षेत्रीय इकाई में रहने वाले समस्त निवासी को कहते है।" इस प्रकार भूगोल में जनसंख्या से आशय है किसी भौगोलिक क्षेत्रीय/प्रादेशिक इकाई में बसने वाले निवासियों की संख्या।

संसाधन का अर्थ एवं परिभाषा (Meaning & Definitions of Resource)

संसाधन शब्द आंग्ल भाषा के Resource शब्द का हिन्दी रूपान्तर है जो कि फ्रांसीसी भाषा के Ressource शब्द का परिष्कृत रूप है। 'Resource' दो शब्दों Re + Source से निर्मित है, जिसमें Re का अर्थ है दीर्घकाल एवं Source का आशय है साधन। अर्थात् संसाधन वे स्रोत होते हैं जिन पर मानव समुदाय की निर्भरता दीर्घकाल तक निश्चित होती है। भौगोलिक शब्द कोष-2003 (आर.पी. चतुर्वेदी) के अनुसार "आपूर्ति अथवा भरण पोषण का स्रोत, आवश्यकता तथा अपूर्णता का पूरा करने का साधन, विशेषकर एक आर्थिक एवं सामाजिक आवश्यकता

संसाधन कहलाती है।" भौगोलिक परिभाषिक शब्दकोष-2003 (डॉ. सिंह व डॉ. मौर्य) के अनुसार "पृथ्वी पर या अन्य ग्रहों एवं उपग्रहों पर पाया जाने वाला प्रत्येक पदार्थ, जो मानवोपयोगी है संसाधन कहलाता है।" कुछ अन्य प्रमुख परिभाषाएँ निम्नवत हैं–

(1) "नैसर्गिक संसाधन (Natural resources) वे संसाधन होते हैं, जो प्रकृतिप्रदायी तथा मानवोपयोगी होते हैं।" (Natural resources may be defined as those résources which are provided by nature & which are useful to man.)--मेकनाल (Mcnall P.E.).

(2) "मानव की विरासत एवं पर्यावरण के तात्विक पक्ष, जिन पर मानव सहारा एवं सहायता हेतु निर्भर करता है, संसाधन है।" (Those aspects of man's endowment & environment upon which people are dependent for aid & supports)–जिम्मरमैन (Zimmerman E.W.).

(3) "संसाधन पदार्थ या द्रव्य (Material or Money) तक ही सीमित नहीं है, संसाधन का वास्तविक अर्थ है मानव हेतु महत्वपूर्ण तत्व (a phenomenon of value to mankind)।"

–प्रो. जगदीश सिंह 'संसाधन भूगोल 2000, पृष्ठ 1.

इस प्रकार स्पष्ट हो जाता है कि संसाधन मानव के कल्याणार्थ प्रकृतिप्रदत्त उपहार के रूप में हैं, जिनका दीर्घ अवधि तक उपयोग करने की प्रवृत्ति अपनानी आवश्यक है, ताकि वे अस्तित्व में बने रहकर मानवीय आवश्यकताओं को पूर्ण करते रहें।

जनसंख्या (मानव) संसाधनों के संसाधन के रूप में (Population (Human) in the role of Resource of resources)

मानव समस्त संसाधनों का नामप्रदाता, सृजनकर्ता एवं उपभोक्ता तीनों है, अतः वह संसाधनों का संसाधन है। वह न केवल भौगोलिक तत्व या कारक ही है प्रत्युत भौगोलिक परिस्थितियों का निर्माणक एवं नियंत्रक भी है। वह समस्याएँ पैदा करता है या समस्याओं से घिरता है तो उसका समाधान भी करता है। परिस्थितियाँ/समस्याएँ ही विकास को जन्म देती हैं। आदि काल में मानव अन्य प्राणियों से बहुत हटकर नहीं था, किन्तु अनन्त समस्याओं का जाल उसके मार्ग में अन्य प्राणियों की अपेक्षा अधिक फैला था। उस जाल से बाहर निकलने के सतत प्रयत्न में वह बहुत कुछ सीखता गया, फलस्वरूप उसके मस्तिष्क का तीव्र विकास हुआ तथा वह विभिन्न प्रजातीय रूपों से परिष्कृत होता हुआ होमो सेपियन्स (Homo-Sapiens) अर्थात् 'बुद्धिमान मनुष्य' के रूप को प्राप्त हुआ। आज वह यही है।

विविध प्रकार के संसाधन, जिनका आज के समय में विकास मार्ग में शीर्ष वर्चस्व है पहले ज्ञात नहीं थे तथा उन्हें तब संसाधनों के रूप में नहीं पुकारते थे। ऐसा इसलिए कि वे मानव के हस्तक्षेप से परे थे आज हम इस कथन के निष्कर्ष पर पहुँच चुके हैं कि 'प्रकृति के पास कुछ भी ऐसा नहीं है, जो कि अनुपयोगी हो' (Nature does nothing uselessly)। अर्थात् मानव ने अपने विवेकपूर्ण मस्तिष्क का बेहतर उपयोग करके प्रकृति में विद्यमान अखिल संसाधनों को उपयोगी बना दिया है।

मृदा, वनस्पति, जीव-जन्तु, जल, खनिज एवं विविध प्रकार के ऊर्जा स्रोतों का उसने बेहतर ढंग से उपयोग किया है। वर्तमान में इनका उपयोग तकनीकी रूप में किया जा रहा है ताकि संरक्षण को मूर्तरूप प्रदान किया जा सके तथा वे संसाधन जिनका संवर्द्धन किया जा सकता है, को बढ़ाया जा सके। संसाधनों के पुनर्उपयोग (re-utilisation) पर व्यापक बल दिया जा रहा है। विविध प्रकार के खनिजों का पुनर्उपयोग एवं पुनर्नवीनीकरण (Renewation) इसका उदाहरण है। यही नहीं वैज्ञानिक खोजों/आविष्कारों के बलबूते मानव अन्य प्राणियों के ही नहीं स्वयं का भी क्लोन (कृत्रिम हमशक्ल) तैयार कर लिया है। मानव सतत संभव वाद की ओर अग्रसर है, जिस विचारधारा में मानव को प्रकृति विजेता कहा जाता है तथा प्रकृति को उसकी दासी। किन्तु यह सही नहीं है। मानव एवं प्रकृति के मध्य बेहतर सम्बन्ध बने रहना ही मानवता के लिए हितकारी है। प्रकृति ने मानव को अपनी श्रेष्ठ संतान के रूप में उत्पन्न किया है तो इसका आशय यह नहीं कि मानव अपनी प्रकृति माँ (जो कि उसकी जन्मदात्री की भी माँ है) को ही भूल जाय और उसके मौलिक नियमों (स्वमूल्यन, स्वसंतुलन) के साथ खिलवाड़ करे, ताकि उसके नियम बिगड़ें। बेहतर यह है कि मानव अपने साथ-साथ प्रकृति के अन्य घटकों का भी अस्तित्व बनाये रखे ताकि एक संतुलित संसार/देश की समस्त प्रणालियाँ सुचारू रूप से चलती रहें। ऐसा इसलिए कि मानव संसाधनों का संसाधन है तथा संसाधनों का परिरक्षणकर्ता भी है। यह कथन जितना उपयुक्त विश्व के लिए है उतना ही भारत के लिए भी।

देश में वर्तमान में एक अरब से अधिक की आबादी है और इसमें अधिकांश संख्या में युवा एवं कार्य-कुशल जनसंख्या है, अतः आज देश को आत्म-विकास पर ध्यान देना चाहिए। चीन बूढ़ी हो रही है और हम जवान। आगामी कुछ वर्षों में यदि हम विश्व की द्वितीय या तृतीय अर्थव्यवस्था बनना चाहते हैं तो निश्चय ही हमें अपने मानव संसाधन का बेहतर ढंग से उपयोग करना होगा। देश विश्वव्यापी अर्थव्यवस्था के चतुर्दिक प्रगति परिक्रमा कर रहा है। किन्तु जहाँ एक ओर देश में पूँजीपतियों का विशाल झुण्ड तैयार हो रहा है वहीं दूसरी ओर अभावों से ग्रस्त गरीबों की एक बहुत बड़ी आबादी भी है, जिसे नजर अंदाज करना एक आँख बंद करने जैसा होगा। यह असंतुलन का प्रतीक है।

भौगोलिक सत्य है कि जब संसाधनों की तुलना में जनसंख्या अत्यधिक हो जाती है तो विकास की प्रक्रिया मंद पड़ जाती है। जनसंख्या एवं संसाधन का समानुपाती सम्बन्ध होना चाहिए। कम जनसंख्या एवं अधिक संसाधन अथवा अधिक जनसंख्या एवं कम संसाधन दोनों ही उत्तम स्थिति नहीं पैदा करते। अतः जरूरी है कि जनसंख्या एवं संसाधन का संतुलन बनया जाय, ताकि देश का कल्याण होता चले।

जनसंख्या एवं संसाधन अंतर्सम्बन्ध (Population & resource Interrelation)

जनसंख्या एवं संसाधनों का अन्योन्याश्रित सम्बन्ध है। बिना जनसंख्या के संसाधनों की कोई मानवीय उपयोगिता नहीं है और न ही बिना संसाधन के मानव का अस्तित्व संभव है। मानव कल्याण हेतु समस्त संसाधन समर्पित हैं और संसाधनों के उपयोगार्थ मानव तैयार है। वायु, सौर-ऊर्जा (Solar energy), धरातल, मृदा, जल, वनस्पति, जीव जन्तु एवं खनिज संबों का उपयोग मानवीय क्रियाकलापों में बड़े पैमाने पर हो रहा है। वायु का उपयोग न केवल श्वसन, अपितु धरा को उष्ण करने, मौसम परिवर्तन, उर्वरक निर्माण में महत्वपूर्ण है। मानव को सुख पहुँचाने हेतु कृत्रिम साधनों यथा-पंख, प्रशीतक, वातानुकूलित यन्त्रादि में भी इसका प्रयोग जारी है। पौध पालन हेतु हरित गृह गैसों का प्रयोग भी हो रहा है। इसी प्रकार अन्य सभी संसाधन मानव हितार्थ समर्पित हैं एवं मानव भी किसी न किसी रूप में उनपर समर्पित है। प्रतिमान देखें–

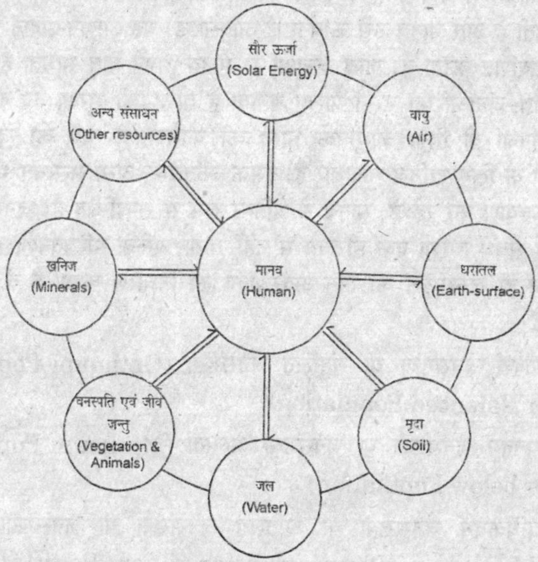

मानव-संसाधन अन्तर्सम्बन्ध

धरातल, जो कि अस्तित्व का आधार है, समस्त मानवीय क्रियाएँ-प्रतिक्रियाएँ इसी पर सम्पादित एवं सम्पन्न होती है। अधिवास से लेकर यातायात, व्यावसायिक और अन्य तमाम सारी गतिविधियों को मानव इसी के सहारे अंजाम देता है। सौर ऊर्जा तो सम्पूर्ण जैविक एवं अजैविक तत्वों की निर्मात्री एवं नियंत्रक है। यह एक ऐसी ऊर्जा है जो अक्षयशील तथा सार्वभौमिक है। भूतल पर सौर ऊर्जा का मात्र 2 अरबवाँ भाग ही प्राप्त होता है किन्तु इतना पृथ्वी के लिए पर्याप्त है। आज देश में परम्परागत ऊर्जा संसाधनों की किल्लत ने सौर ऊर्जा को आमंत्रित किया है, जिसका प्रसार होता जा रहा है।

मृदा कृषि का आधार है एवं कृषि एक अरब की आबादी के लिए भोजनार्थ आधार है। सच्चे अर्थों में मानव की संस्कृति मृदा से ही शुरू होती है। मनुष्य मिट्टी से ही पैदा होता है और मिट्टी में ही मिल जाता है। अर्थात् मानव का अस्तित्व मृदा पर टिका हुआ है। जहाँ मृदा मृत है वहाँ प्राकृतिक तौर पर मानव निवास न के बराबर है। जल जीवन जीने के लिए भोजन से भी अधिक अनिवार्य तत्व है। इसका प्रयोग कृषि, उद्योग, घरेलू जरूरतों सभी में होता है। 'बिन पानी सब सून' यह कहावत भौगोलिक रूप में भी सत्य प्रमाणित होती है। हम मंगल ग्रह पर जाने के लिए इसलिए बेताब हैं कि वहाँ संभवत: जलराशि उपस्थित है। पृथ्वी अकेला ऐसा ग्रह है जहाँ जल है और यहाँ जल है इसलिए जीवन है। देश में भी जल की विपुल सम्पदा निहित है, किन्तु अतिशय प्रयोग इसके लिए घातक सिद्ध हो रहा है। वनस्पतियों एवं जीव जन्तुओं का मानव से घनिष्ठ सम्बन्ध है। वनस्पतियाँ मानव को श्वसनार्थ ऑक्सीजन उपलब्ध कराती हैं और मानव उसे कार्बनडाई ऑक्साइड। यह आदान-प्रदान पारस्परिक सम्बन्ध हो प्रदर्शित करता है। जीव जन्तुओं से मानव अपने हित साधता है। विभिन्न प्रकार के जीव-जन्तुओं को उसने पालतू बनाया है तो उनकी सुरक्षा का दायित्व भी लेता है। खनिजों के बिना आधुनिक भारत की कामना ही नहीं की जा सकती। औद्योगीकरण के लिए खनिज मूलाधार है। इसके अतिरिक्त अन्य संसाधन भी, जो कि मानव का कल्याण कर रहे हैं, मानव से घनिष्ठ रूप से सम्बन्धित है। जनसंख्या एवं संसाधनों का संबंध हमेशा एक ही लय में नहीं रहता, बल्कि परिवर्तनशील रहता है। यही परिवर्तन ही जनसंख्या की तीन अवस्थाओं का निर्धारण करता है वे अवस्थाएँ इस प्रकार हैं–

(1) आदर्श जनसंख्या या संतुलित जनसंख्या (Optimum Population or Balanced Population)

(2) न्यूनतम जनसंख्या या जनसंख्या अल्पता (Minimum Population or below Population)

(3) अधिकतम् जनसंख्या या अतिशय जनसंख्या या जनसंख्या विस्फोट (Maximum Population or Over Population or Population Explosion)

आदर्श जनसंख्या या संतुलित जनसंख्या (Optimum Population or Balanced Population)

जब संसाधन और जनसंख्या की मात्रा में संतुलन होता है तो वह अवस्था आदर्श जनसंख्या या संतुलित जनसंख्या की होती है। अर्थशास्त्रियों ने अधिकतम लाभ (प्रति व्यक्ति आय) प्राप्त करने की स्थिति को आदर्श जनसंख्या की अवस्था कहा है। किसी भौगोलिक क्षेत्र में जब संसाधन की मात्रा के सापेक्ष जनसंख्या होती है तो वह क्षेत्र उस क्षेत्र की जनसंख्या को अधिकतम लाभ प्रदान करने में सक्षम होता है। जनसंख्या का जीवनस्तर निम्नता की ओर नहीं वरन उच्चता की ओर अग्रसर होता है। दूसरे शब्दों में उन्नति का मार्ग प्रशस्त होता है। यहाँ उन्नति से आशय इच्छित मानवीय आवश्यकताओं की पूर्ति से है। समुचित आहार, पर्याप्त ऊर्जा, शुद्ध ऑक्सीजन, शुद्ध पेयजल, उत्तम स्वास्थ्य एवं शिक्षा सुविधाएँ, मनोरंजन एवं सांस्कृतिक परिवेश तथा विविध प्रकार के उद्यमों हेतु नाना प्रकार के कच्चे माल की वाञ्छित प्राप्ति इन आवश्यकताओं तले आ जाती है। सामाजिक संतुलन

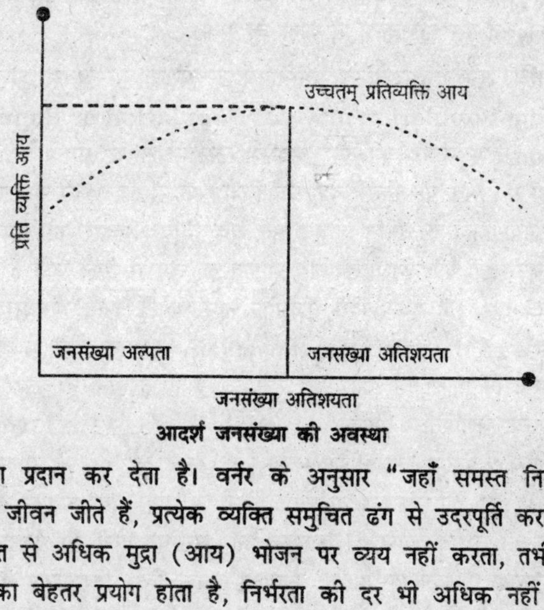

आदर्श जनसंख्या की अवस्था

इन्हें पूर्णता प्रदान कर देता है। वर्नर के अनुसार "जहाँ समस्त निवासी एक संतुष्टिपूर्ण जीवन जीते हैं, प्रत्येक व्यक्ति समुचित ढंग से उदरपूर्ति करता है तथा 50 प्रतिशत से अधिक मुद्रा (आय) भोजन पर व्यय नहीं करता, तभी उपलब्ध संसाधनों का बेहतर प्रयोग होता है, निर्भरता की दर भी अधिक नहीं होती एवं हरेक के लिए रोजगार का प्रावधान होता है तथा जहाँ पर बौद्धिक क्रियाएँ अवरोधित न हो बल्कि वे फल-फूल सकें वह आदर्श जनसंख्या का प्रतीक क्षेत्र होता है।" इस प्रकार के क्षेत्र में जीवन बेहतर ढंग से स्तरानुकूल चलता रहे, इस बात पर विशेष बल दिया जाता है। यद्यपि कि देश में पंजाब, गुजरात, केरल एवं

तमिलनाडु में प्रति व्यक्ति आय एवं जीवनस्तर उच्च है, फिर भी जनाधिक्य होने एवं संसाधन पर्याप्तता न होने के चलते यहाँ की भी जनसंख्या आदर्श जनसंख्या नहीं है। अत: भारत आदर्श जनसंख्या का देश नहीं है।

(2) न्यूनतम जनसंख्या या अल्प जनसंख्या (Minimum Population or Below Population): न्यूनतम जनसंख्या वह जनसंख्या अवस्था है, जिसमें किसी क्षेत्र में विद्यमान संसाधनों की मात्रा की अपेक्षा कम जनसंख्या पायी जाती है। क्षेत्र में व्याप्त संसाधनों का समुचित दोहन नहीं हो सकता जब तक कि उस क्षेत्र में पर्याप्त जनसंख्या न हो। न्यूनतम जनसंख्या किसी भी राष्ट्र या प्रदेश के विकास (Development) के लिए अवरोध समान है। अंतर्राष्ट्रीय स्तर पर अनेक ऐसे उदाहरण मिल जायेंगे, जहाँ संसाधनों का अम्बार लगा हुआ है, किन्तु उनके दोहन के लिए वहाँ प्रचुर आबादी नहीं है। ब्राजील और आस्ट्रेलिया को इसका उदाहरण मानने में कोई आपत्ति नहीं। भारत के परिप्रेक्ष्य में इस प्रकार की जनसंख्या रखने वाले क्षेत्र नगण्य हैं। यद्यपि की राजस्थान के कुछ क्षेत्र ऐसे हैं जहाँ जनसंख्या अल्पल्प है किन्तु वहाँ इतना संसाधन नहीं है कि उस क्षेत्र को न्यूनतम जनसंख्या का क्षेत्र इस दृष्टिकोण से कहा जा सके।

(3) अधिकतम जनसंख्या या अतिशय जनसंख्या या जनसंख्या विस्फोट (Maximum Population or Over Population or Population Explosion): जनसंख्या की यह अवस्था उस स्थान व समय पर उद्घाटित होती है जहाँ एवं जब यह किसी देश/क्षेत्र विशेष के संसाधनों की तुलना में बहुत अधिक हो गयी होती है। निम्न जीवन स्तर एवं विविध प्रकार की समस्याएँ इस प्रकार की जनसंख्या को जनसांख्यिकीय सौगात के रूप में मिल जाते हैं। आज से 209 वर्ष पूर्व ब्रिटेन के एक पादरी, जिसका नाम था टी. आर. माल्थस ने 1798 में 'An essay on the principles of population' नामक लेख, में जो आर्थिक विवेचन प्रस्तुत किया था वह आज भी सत्यमेव प्रमाणित होता है। उसने कहा था कि "जनसंख्या ज्यामितीय प्रणाली (1, 2, 4, 8, 16, 32 ...) एवं संसाधन (भोजनोपलब्धि) अंकगणितीय प्रणाली (1, 2, 3, 4, 5, 6 ...) में बढ़ते हैं।" भारत के लिए यह बात पूर्णतया तो नहीं, किन्तु आंशिक सत्य अवश्य है। देश में जनाधिक्यता की स्थिति व्याप्त है। क्षेत्रफल और संसाधन दोनों को देखते हुए एक अरब 10 करोड़ (आकलित-2007) आबादी इसके लिए विस्फोटक है, क्योंकि इससे उच्चतम जीवन स्तर की सामान्य एवं सार्वभौमिक प्राप्ति संभव नहीं हो सकती। राज्य स्तर पर यह बिडम्बना और अधिक है। उत्तर प्रदेश और बिहार ऐसे राज्य हैं जिनकी जनसंख्या क्रमश: 16.60 एवं 8.07 करोड़ (संयुक्त रूप में 24.67 करोड़) या क्रमश: देश का 16.17 एवं 8.07 प्रतिशत (संयुक्त रूप में

24.24%) है। यहाँ उपस्थित संसाधनों पर इसकी जनसंख्या भार बन गई है, परिणामस्वरूप ये निम्न प्रतिव्यक्ति आय एवं न्यून जीवन स्तर के लिए जाने जाते हैं। अतः अधिकतम जनसंख्या किसी भी प्रदेश/राष्ट्र के समग्र विकास के लिए साधक नहीं बाधक है।

अतिशय जनसंख्या का संसाधनों पर विपरीत प्रभाव (Adverse Effects of Over Population on Resources)

किसी भी राष्ट्र में जब जनसंख्या और संसाधन के अंतर्सम्बन्ध दूषित होते हैं और जनाधिक्य की समस्या उत्पन्न होती है तो उससे विभिन्न संसाधनों (प्राकृतिक) पर विपरीत प्रभाव दृष्टिगोचर/ज्ञात होने लगते हैं। देश में निम्नलिखित प्राकृतिक संसाधनों पर अतिशय जनसंख्या से विपरीत प्रभाव पड़े हैं–

(1) वायु संसाधन पर विपरीत प्रभाव

(2) मृदा संसाधन पर विपरीत प्रभाव

(3) जल संसाधन पर विपरीत प्रभाव

(4) वनस्पति संसाधन पर विपरीत प्रभाव

(5) जीव-जन्तु संसाधन पर विपरीत प्रभाव

(6) खनिज संसाधन पर विपरीत प्रभाव

(7) ऊर्जा संसाधन पर विपरीत प्रभाव

(1) वायु संसाधन पर विपरीत प्रभाव (Adverse Effects on Air Resource): वायु की शुद्धि एवं उसकी महत्ता अखिल प्राणी समुदाय के लिए अनिवार्य है। मानव को ऑक्सीजन की उपलब्धि भोजन एवं जल से भी महत्वपूर्ण है क्योंकि यह श्वसन (जो कि मानव की जीवितता का प्रतीक है) के लिए उपयोगी है। देश में तीव्र जनसंख्या वृद्धि से उसकी आवश्यकताओं की पूर्ति हेतु तेजी से औद्योगिक विकास किया गया है परिणामतः कारखानों एवं यातायात के साधनों द्वारा नाना प्रकार के प्रदूषक वायुमंडल में जा मिले हैं, जिससे वायु की गुणवत्ता का क्षरण हुआ है। ग्रामीण क्षेत्रों की तुलना में यह महानगरों में अधिक से अधिकतम तक संभव हुआ है। श्वसन योग्य निलम्बित कणिकीय पदार्थ (Respirable Suspended Particulate matter or R.S.P.M.) का सामान्य राष्ट्रीय वायु गुणवत्ता मानक औद्योगिक क्षेत्रों में 120 $\mu g/m^3$ से लेकर 150 $\mu g/m^3$ तक तथा आवासीय क्षेत्रों में 60 $\mu g/m^3$ से लेकर 100 $\mu g/m^3$ तक है। किन्तु कुछ प्रमुख महानगरों की वायु प्रदूषण स्थिति इस मामले में 4 गुने से भी अधिक बढ़ोतरी लिये है। आरेख प्रस्तुत है–

विभिन्न महानगरों में वायु गुणवत्ता: 2000

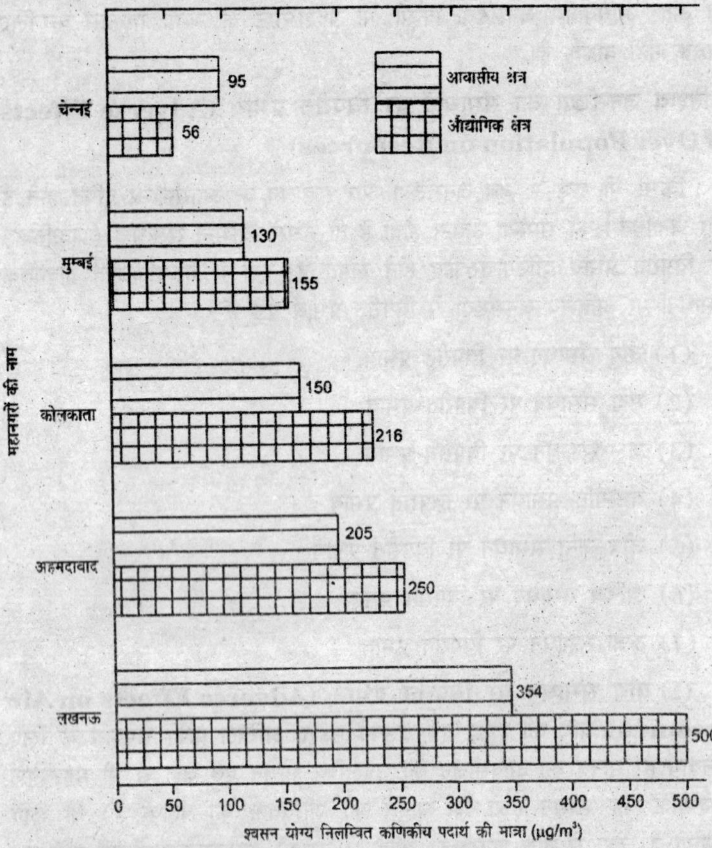

स्रोत: Based on C. P.C.B. Lucknow, U.P.P.C.B. By G & Y. Vol. 6 No. 3 & 4, 2006.

मुम्बई, कोलकाता, अहमदाबाद और लखनऊ महानगर में वायु की गुणवत्ता पर तीव्र प्रहार हुआ है। लखनऊ में तो वायु में निलम्बित ठोस कणों की मात्रा सामान्य से चार गुनी तक पायी गई है। इन नगरों की हालत से हम अनुमान लगा सकते हैं कि देश के अन्य नगर भी कमोबेश इस चपेट में होंगे। यह वायु संसाधन पर अतिशय जनसंख्या का कुठाराघात नहीं तो और क्या है? अतः कह सकते हैं कि वायु संसाधन क्षीणता की ओर अग्रसर है।

(2) मृदा संसाधन पर विपरीत प्रभाव (Adverse Effects on Soil Resources): बढ़ती जनसंख्या से बढ़ती भूख को शान्त करने के लिए सरकार और नागरिकों दोनों ने कमर तो कस ली और 'अधिक अन्न उपजाओ' नारा लगाते

हुए बेतहाशा अन्नोत्पादित किया, फलस्वरूप हम आत्मनिर्भर ही नहीं खाद्यान्न निर्यातक का भी दर्जा हाँसिल कर लिये, किन्तु इसका मृदा के जीवनशक्ति पर क्या प्रभाव पड़ रहा है?, का ध्यान नहीं दिये। परिणाम यह हुआ कि अधिकांश भूमि अनुर्वर एवं लवणीय/क्षारीय होती जा रही है। आज हम यह दावा बिल्कुल नहीं कर सकते कि उत्तर प्रदेश, पंजाब एवं हरियाणा की कृष्य भूमियाँ नैसर्गिक रूप से उपजाऊ हैं। परम्परागत खादों (Traditional Manures) से व्यामोह करते हुए आधुनिक रासायनिक उर्वरकों (Modern Chemical Fertilizers) का अंधाधुंध प्रयोग कर रहे हैं। यही नहीं कीटों और खरपतवारों से फसलों की परिरक्षा हेतु विविध प्रकार की जहरीली दवाओं का भी बेरोकटेक धड़ल्ले से प्रयोग कर रहे हैं जिससे मृदा की जीवनरक्षा प्रणाली बुरी तरह तहस-नहस होती जा रही है। आगामी समय में इसके परिणाम बेहद भयंकर होंगे। जब जनसंख्या आज

भारत में खारी भूमि का कुछ प्रमुख राज्यों में प्रसार

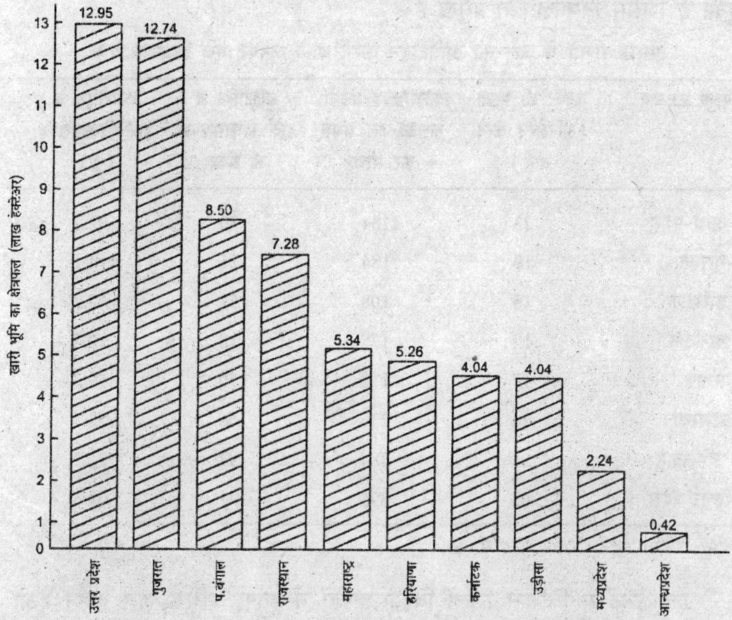

स्रोत: Based on Food & Agricultural Organization (F.A.O.) Report.

की अपेक्षा और अधिक बढ़ चुकी होगी। अनाज, दालें, सब्जियाँ, फल, दूध, मांस इतनी बड़ी जनसंख्या के लिए कहाँ से आयेंगे इसकी चिन्ता न नागरिकों को है न ही नीति नियोजकों और सरकारों को। महान वैज्ञानिक की संज्ञा से सम्मानित श्री स्वामीनाथन, एम.एस. का कहना है कि अब दूसरी हरित क्रान्ति की आवशयता है।

लेकिन इसके क्या हश्र होंगे शायद उन्होंने इस बात पर बल नहीं दिया। देश के अधिक अन्नोत्पादक राज्यों में खारी भूमियाँ बढ़ती जा रहीं है। कुछ प्रमुख राज्यों में 90 के दशक में इन भूमियों की मात्रा पूर्ववत आरेख में दी गई है–

देश की कुल 69.49 लाख हेक्टेयर खारी भूमि में से लगभग पाँचवा हिस्सा अकेले उत्तर प्रदेश में ही है, जहाँ पर खाद्यान्न की पेटी (गेहूँ एवं चावल) पायी जाती है। इसके बाद गुजरात, पश्चिम बंगाल, राजस्थान एवं हरियाणा राज्यों में खारी भूमियाँ सर्वाधिक हैं जिससे स्पष्ट होता है कि मृदा संसाधन का अनवरत हनन हो रहा है, जिसके लिए अतिशय जनसंख्या ही जिम्मेदार है।

(3) जल संसाधन पर विपरीत प्रभाव (Adverse Effects on Water Resources): बढ़ती जनसंख्या का जल संसाधन पर बुरा प्रभाव पड़ा है, क्योंकि कुल जलराशि के अनुपात में जनसंख्या भार बढ़ा है। ग्रामीण क्षेत्रों के साथ-साथ नगरीय क्षेत्रों में जल स्तर (भूगर्भिक) नीचे गया है तथा कई स्थानों/क्षेत्रों में जल संकट विद्यमान है। प्रमुख राज्यों व ब्लाकों में जल का अतिशय दोहन हुआ है जिसमें निम्नलिखित प्रमुख हैं–

प्रमुख राज्यों में जल का अतिदोहन करने वाले जनपद एवं विकासखण्ड

राज्य का नाम	जनपद की संख्या (अतिदोहन करने वाले)	विकासखण्ड/मंडलों/तालुको/जल संभरों कर संख्या	अतिदोहित व डार्क विकासखण्डों की संख्या	अतिदोहित व डार्क विकासखण्ड (%)
आंध्र प्रदेश	23	1104	30	02.7
गुजरात	19	184	26	14.1
हरियाणा	16	108	51	47.2
कर्नाटक	19	175	18	10.3
पंजाब	12	118	70	59.3
राजस्थान	30	236	66	22.7
तमिलनाडु	21	384	97	25.3
उत्तर प्रदेश	63	895	41	04.6

स्रोत: योजना, जून, 2006, पृष्ठ सं. 15.

इन राज्यों में विभिन्न जिलों विकासखण्डों में इतना अधिक जल दोहन हुआ है कि वहाँ का जल स्तर सामान्य से बहुत नीचे चला गया है। कहीं-कहीं पर जल-संकट विद्यमान हो गया है। राजस्थान में जल की किल्लत से सभी वाकिफ हैं, यहाँ प्रतिवर्ष जल संकट का सामना करना पड़ता है। **अत: हम कह सकते हैं कि जल संसाधन भी जनसंख्या भार की मार झेल रहा है।**

(4) वनस्पति संसाधन पर विपरीत प्रभाव (Adverse Effect on Vegetation Resource)

वनस्पतियाँ जैव-जगत की स्थापना में सहयोगी एवं स्वयं उसकी कारक हैं। वृक्ष से जल, जल से अन्न, अन्न से जीवन, जीवन से अखिल जैविक संसार। किन्तु आज बिडम्बना इस बात की है कि बड़े पैमाने पर वानस्पतिक-क्षय हुआ है और इसके लिए उत्तरदायी और कोई नहीं विशाल जन समूह है। श्वसन हेतु ऑक्सीजन की उपलब्धि कराना वनस्पतियों का प्रथम कर्तव्य है, जो कि जीवों को जीवन देती है। वनों की महत्ता को सिद्ध करते हुए भगवान बुद्ध ने कहा है "वन माँगता कुछ नहीं प्रत्युत प्रत्येक जीव को शक्ति एवं सुरक्षा प्रदान करता है, यहाँ तक कि उस मानव को भी छाया प्रदान करता है, जो कुल्हाड़ी लेकर उसे नष्ट करने आया होता है।" किन्तु वर्तमान मानव उपदेशों/संस्कारों को कम और आर्थिक लालचों को अधिक महत्व देता है, फलस्वरूप वनस्पतियाँ तेजी से ह्रासमान हैं। अनेक वनस्पतियाँ पूर्णरूप से विलुप्त हो चुकी हैं और कई 'रक्तिम आँकड़ा सूची' (Red Data List) में विलुप्तप्राय रूप लिये हुए हैं वनावृत्त क्षेत्रों की दिनानुदिन बढ़ती कमी चिन्ता का विषय बनी हुई है। भौगोलिक/वैज्ञानिक नियमों के अंतर्गत न्यूनतम 1/3 क्षेत्रफल (भौगोलिक) पर वनावरण होना चाहिए किन्तु अखिल भारत में यह मात्र 20.55% भौगोलिक क्षेत्र पर ही है। इसमें से भी कुछ ऐसे भी राज्य है जहाँ मात्र 4 – 6% वनावरण ही रह गया है। ये निम्न आरेख से स्पष्ट हैं–

न्यूनतम वनाबरण वाले भारतीय राज्य: 2001

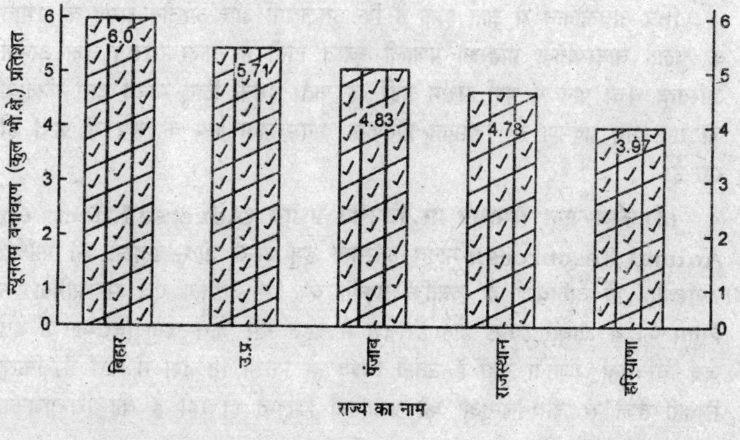

स्रोत: Based on State of Forest Report 2001.

इनके अतिरिक्त गुजरात, हिमाचल प्रदेश राज्यों तथा दिल्ली, पाण्डिचेरी, दमन एवं दीव जैसे संघशासित प्रदेशों में भी वनावरण 10% से कम है। कृषि क्षेत्रों व आवासीय क्षेत्रों सहित नगरीकरण ओर औद्योगीकरण ने वनों का विनाश करवाया। घरेलू लकड़ी (ईंधन हेतु) एवं फर्नीचर की लकड़ी की लालच ने इनका हनन करने में कोई कसर नहीं छोड़ी। ज्यों-ज्यों आबादी बढ़ती गई उसकी वनाधारित आवश्यकताओं में भी वृद्धि होती गई। आज मान लीजिए हम फाइबर और इस्पात के युग से गुजर रहे हैं किन्तु कुछ साल पहले लकड़ी का युग था, जिसके दौरान फर्नीचर निर्माण में करोड़ों टन लकड़ियाँ स्वाहा हो गयीं। हमें वन नीति निर्माण का ख्याल तब आया जब बहुत कुछ हो चुका था, किन्तु नीति-निर्माण के बाद भी पुलिस अफसरानों से मिलकर वन कटान को अन्जाम दिया जा रहा है, फलस्वरूप वन विनाशिता की ओर कूच कर रहे हैं।

अब इससे भी भयंकर एक समस्या उत्पन्न हो गई है जो बची वनस्पतियों की जीवन गुणवत्ता पर कुठाराघात करती जा रही है। उस समस्या का नाम है अम्लवर्षा (Acid rain) व ओजोन क्षरण (Ozone hole)। अम्ल वर्षा विशेषकर सल्फर डाइ ऑक्साइड (SO_2) गैस के वायुमण्डल में संचयन और पुनः वर्षा जल के साथ अभिक्रिया कर सल्फ्यूरिक अम्ल में बदलते हुए धरती पर गिरती है। जबकि ओजोन क्षरण मुख्य रूप से क्लोरोफ्लोरो कार्बन्स (क्लोरीन-फ्लोरीन एवं कार्बन्स) गैसों द्वारा ओजोन परत (O_3-आक्सीजन के तीन परमाणुओं वाली परत) के विनाश या छिद्रण को कहते हैं। इन दोनों का संयुक्त प्रभाव वृक्षों की प्रतिरक्षा प्रणाली को नुकशान पहुँचा रहा है। अनुसंधानों से सिद्ध हो चुका है कि भारत भी अम्ल वर्षा ओर ओजोन क्षरण की चपेट में है। अतः यहाँ की वनस्पतियों पर भी यह प्रभाव पड़ना लाजिमी है। देखें वृक्षों को कैसे नुकशान पहुँचता है–

चित्र-अवलोकन से ज्ञात होता है कि अम्लवर्षा और ओजोन क्षरण के प्रभाव के चलते वानस्पतिक प्रतिरक्षा प्रणाली ध्वस्त होती है, फल-स्वरूप वृक्ष अपना अस्तित्व बचा पाने में पूर्ण सक्षम नहीं रह पाते। इसके लिए मानव द्वारा फैलाया जा रहा वायु प्रदूषण है, जिसका प्रतिफल वानस्पतिक क्षय के रूप में प्राप्त हो रहा है।

(5) जीव-जन्तु संसाधन पर विपरीत प्रभाव (Adverse Effects on Animal Resources): मानव अस्तित्व हेतु अन्य जीव-जन्तुओं की पार्थिव उपस्थिति भी अनिवार्य है, क्योंकि प्रकृति का 'सहजीविता एवं सहभागिता के नियम की ये आधार इकाई होते हैं। देश में बहुत सारे जीव-जन्तु विद्यमान हैं एवं जैव विविधता, जितनी यहाँ है उतनी विश्व के किसी भी देश में नहीं है, किन्तु जितनी तेजी से जीव-जन्तुओं की प्रजातियाँ विलुप्त हो रहीं हैं वह चिन्ताजनक

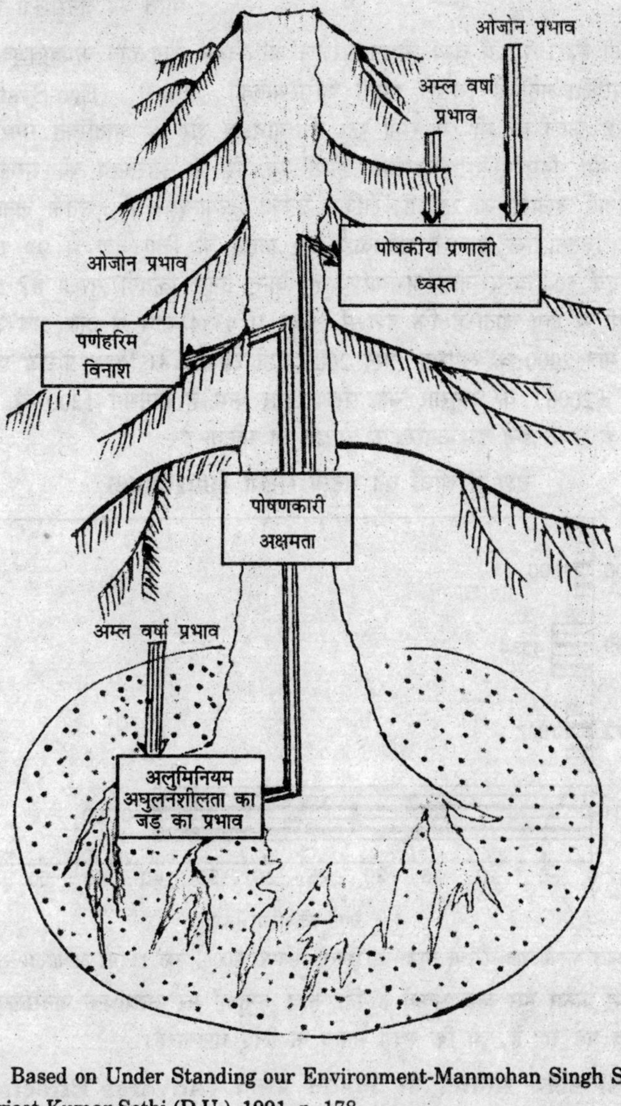

स्रोत: Based on Under Standing our Environment-Manmohan Singh Sethi & Inderjeet Kumar Sethi (D.U.), 1991. p. 178.

है। चीता देश से पूरी तरह लुप्त हो गया व बाघों की प्रजातियाँ विलुप्त प्राय हैं। रक्तिम आँकड़ा सूची (Red data list) में इसे रखा गया है इसके अतिरिक्त अन्य अनेक प्रजातियाँ (जीव) भी इस सूची में शामिल हैं। बढ़ती जनसंख्या, कटते वन एवं मुद्रा-लालच इन प्राणियों के जीवन को संकट की स्थिति में ला

खड़ी की हैं। 1972 में वन्य जीवन संरक्षण अधिनियम लागू होने के बावजूद वन्य जीव सुरक्षित नहीं हैं जिससे हमारी पारिस्थितिकी प्रणाली (Eco-System) बुरी तरह काल के मुँह में समा रही है। बाघ व शेर के अतिरिक्त मगरमच्छ, कस्तूरी मृग, हिमतेंदुआ, बारहसिंहा, हाथी एवं गैंडे के अस्तितव की सुरक्षा हेतु परियोजनाएँ चलायी जा रही हैं, लेकिन उनका क्रियान्वयन से उतना लेना-देना नहीं है जितना कि कागजी कार्यवाही से। कहने के लिए देश में 99 राष्ट्रीय उद्यान एवं 504 वन्य जीव-अभयारण्य हैं किन्तु उनमें कितनी सुरक्षा है? इसका पता इसी से लग जाता है कि देश में 1989 में 4334 बाघ थे और अब उनको संख्या मात्र 2000 के लगभग (सन् 2005) ही रह गई है। विश्व प्रसिद्ध पत्रिका 'टाइम' (2006) के अनुसार यह संख्या और कम है लगभग 1200 से लेकर 1800 के मध्य। इन्हें इस आरेख से समझा जा सकता है–

देश में बाघों की घटती संख्या 1901-2006

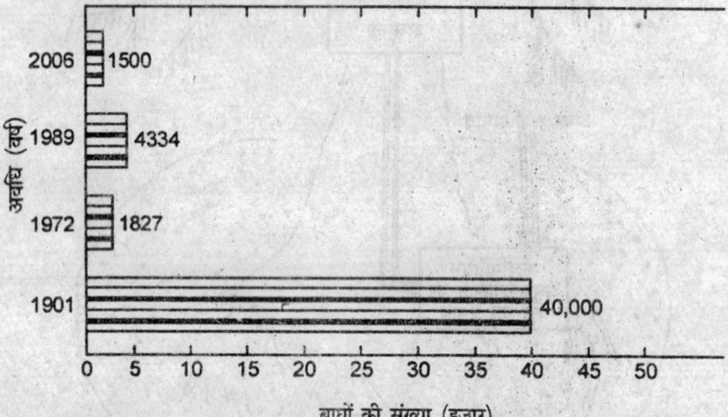

स्रोत: ऑल कम्पीटिशन कैरियर न्यूज, नई दिल्ली सितम्बर 2006, पृष्ठ 11 पर आधारित।

इस प्रकार हम कह सकते हैं कि जीव जन्तुओं पर अत्यधिक जनसंख्या का कुप्रभाव पड़ रहा है, जो कि स्वयं मानव के लिए घातक है।

(6) खनिज संसाधन पर विपरीत प्रभाव (Adverse Effects on Mineral Resources): देश औद्योगिक क्रान्ति की चपेट में आया और तीव्र औद्योगिक विकास को अंजाम दिया। राष्ट्र-गर्भ में निहित खनिज संसाधनों का तेजी से पता लगाया गया और उनके भण्डारण क्षेत्रों के पास विशालकाय कारखाने खाले गये। इन कारखानों को कच्चा माल प्रदान करने के लिए धात्विक एवं अधात्विक खनिजों की खानों का तीव्र विदोहन किया गया उधर उद्योगों में रोजगार सृजित होते जाने से जनसंख्या वृद्धि भी तीव्र हुई और अधिक हुई उसकी

आवश्यकताएँ। विलासी आवश्यकताओं की कोई सीमा नहीं होती इसलिए वे बढ़ती गयी हैं। ऐसे में खनिज संसाधनों का हनन होता गया। इस समय प्रतिमाह करोड़ो टन विभिन्न प्रकार के खनिजों का उत्पादन होता है। सितम्बर, 2005 में विभिन्न प्रकार के धात्विक खनिजों का उत्पादन निम्नलिखित रहा। आँकड़ा देखें–

सितम्बर 2005 में विभिन्न प्रकार के धात्विक खनिजों का उत्पादन

क्रमांक	खनिज का नाम	उत्पादन (मीट्रिक टन)
1.	लोहा	10,2,26,000
2.	बॉक्साइड	9,51,364
3.	ताँबा	2,08,779
4.	क्रोमाइट	1,96,023
5.	मैंगनीज	1,62,281
6.	जस्ता सांध्र	73,527
7.	सीसा सांध्र	7,518
8.	टिन सांध्र	4,094 (कि.ग्रा.)
9.	स्वर्ण	291(कि.ग्रा.)

स्रोत: भारतीय खान ब्यूरो, खान मंत्रालय, सितम्बर 2005. 'Monthly Abstract of Statistics.

लोहा, बॉक्साइट जैसे अतिउपयोगी खनिजों का तीव्रतम् विदोहन चिन्ताजनक है। यद्यपि कि यह बात सत्य है कि इनका भण्डार अधिक है किन्तु यह तो अकाट्य सत्य है कि खनिज अक्षय संसाधन नहीं है। इनका अतिशय उत्पादन न केवल घरेलू जनसंख्या की पूर्ति के लिए हो रहा है प्रत्युत बड़े पैमाने पर निर्यात भी किया जा रहा है। ऐसा कदम दूरदर्शिता पूर्ण नहीं है और आने वाले समय में यह अधिक उत्पादन की माँग करेगा।

(7) ऊर्जा संसाधन पर विपरीत प्रभाव (Adverse Effects on Energy Resources): यद्यपि कि देश में ऊर्जा के विभिन्न रूप विकसित हैं, किन्तु आज भी सर्वाधिक खपत कोयला एवं पेट्रोलियम की हो रही है। कल कारखानों, मोटर वाहनों एवं घरेलू आवश्यकताओं की लगातार पूर्ति परम्परागत शक्ति (ऊर्जा) संसाधनों के भावी अस्तित्व हेतु मँहगी पड़ रही है। इतनी विशाल आबादी की अनन्त जरूरतें और उसके आर्थिक क्रियाकलाप मुख्यत: शक्ति संसाधनों पर ही निर्भर करते हैं। बिडम्बना ही है कि इतना प्रगतिशील वैज्ञानिक युग होने के बावजूद भी हम परम्परागत ऊर्जा स्रोतों के ही बलबूते आर्थिक क्रियाओं को क्रियान्वित कर रहे हैं। अन्य वैकल्पिक ऊर्जा स्रोतों का अभी भी प्रत्याशित विकास नहीं किया जा सका है। पवन ऊर्जा, सौर ऊर्जा, बायो डीजल,

ज्वारीय ऊर्जा एवं बायो गैस तथा भूगर्भिक ऊर्जा का प्रयोग आज भी अत्यल्प ही है। देश की 70 फीसदी विद्युत ऊर्जा आज भी ताप अर्थात् कोयला से ही प्राप्त हो रही है, फलतः कोयले का अतिशय उत्पादन किया जा रहा है जिससे उसका भण्डार समाप्ति का घण्टा बजा रहा है। सन् 2005-2006 वर्षावधि के दौरान अप्रैल से लेकर सितम्बर (6 महीने) तक कोयले का उत्पादन इस प्रकार रहा (आरेख देखें)–

2005-2006 वर्ष की अवधि के कुछ मासों में कोयला उत्पादन
(मिलियन टन)

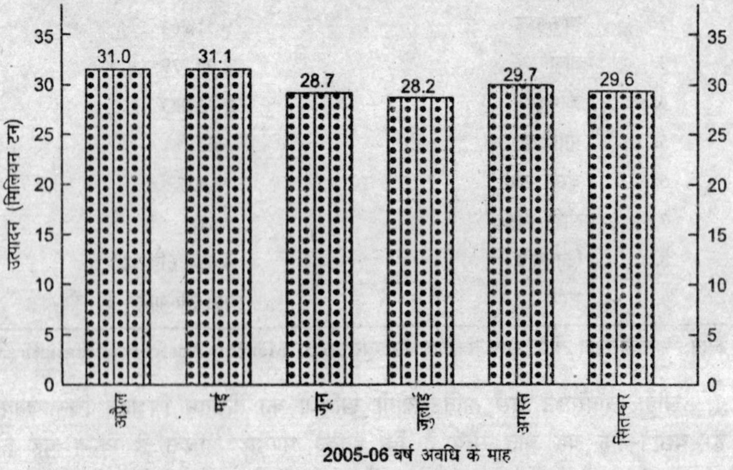

स्रोतः भारतीय खान ब्यूरो, खान विभाग, कोयला एवं खान मंत्रालय, ऊर्जा मंत्रालय, सितम्बर, 2005 पर आधारित।

इतनी तेजी से होता उत्पादन अतिशय जनसंख्या भार को प्रकट करता है। लगभग यही स्थिति समस्त ऊर्जा संसाधनों के उत्पादन के संदर्भ में है।

निष्कर्षतः, प्रत्येक संसाधन पर अतिशय जनसंख्या के विपरीत प्रभाव देखे जा सकते हैं।

जनसंख्या संसाधन प्रदेश (Population Resource Region)

भारत में जनसंख्या संसाधन प्रदेशों का निर्धारण काफी नवीन घटना है। इसके पूर्व अंतर्राष्ट्रीय स्तर पर जनसंख्या संसाधन प्रदेशों के निर्धारण का सर्व प्रथम प्रयास एडवर्ड ए. एकरमान (Edward A. Ackerman) ने 1959 में किया किन्तु इसका प्रकाशन सन् 1970 में उनकी पुस्तक "Population, Natural Resources & Technology" in Population Geography : A Reader"

में हुआ। यह प्रादेशिक निर्धारण जनसंख्या, संसाधन और तकनीकी के आधार पर था।

भारत में जनसंख्या संसाधन प्रदेशों का निर्धारण लम्बे समय तक इसलिए नहीं हो सका कि यहाँ प्रयोज्य आँकड़ों का अभाव था, जो किसी भी राष्ट्र के जनसंख्या संसाधन प्रादेशीकरण का मूलाधार होता है। यों तो इन प्रदेशों के निर्धारण का कार्य बेहद कठिन था, किन्तु पी. सेन गुप्ता ने इसे निर्धारित करने का बीड़ा उठाया। इन्होंने जनसांख्यिकीय संरचना के दो मूल तत्वों जनसंख्या वृद्धि एवं जनसंख्या घनत्व, संसाधन संभावना और सामाजिक आर्थिक प्रगति के मानकों को आधार मानते हुए देश में तीन मुख्य एवं 19 गौण जनसंख्या संसाधन प्रदेशों को संकेतित किया–

(1) गतिशील प्रदेश (Dynamic Regions)

(2) आशान्वित प्रदेश (Prospective Regions)

(3) समस्या ग्रसित प्रदेश (Problematic Regions)

इन मुख्य प्रदेशों को पुन: क्रमश: 5, 5, और 9 (संयुक्त रूप से 19) गौण प्रदेशों में विभक्त किया, जो निम्नलिखित हैं–

1. **(*a*)** पश्चिम बंगाल का डेल्टा **(*b*)** दकन प्रदेश **(*c*)** तमिलनाडु प्रदेश **(*d*)** गंगा-यमुना एवं पंजाब का मैदान **(*d*)** दक्षिणी पूर्वी कर्नाटक का पठार।

2. **(*a*)** प्रायद्वीप का उत्तरी पूर्वी भाग **(*b*)** कृष्णा एवं गोदावरी बेसिन **(*c*)** मालवा पठार एवं अरावली की पहाड़ियाँ **(*d*)** दक्षिणी और पश्चिमी कर्नाटक का पठार तथा गोआ **(*e*)** ब्रम्हपुत्र की घाटी

3. **(*a*)** केन्द्रीय एवं पूर्वी गंगा का मैदान **(*b*)** उड़ीसा का तटीय क्षेत्र **(*c*)** केरल का तटीय क्षेत्र **(*d*)** लक्षद्वीप मिनिकोय एवं अमीनदीवी **(*e*)** उत्तर पूर्वी कर्नाटक का पठार एवं रायलसीमा तथा कोकण तट **(*f*)** राजस्थानी मरूस्थल (सकच्छ) **(*g*)** उत्तर-पश्चिम हिमालय **(*h*)** पूर्व के पहाड़ी एवं पठारी प्रदेश (पूर्वी हिमालय को संयुक्त करके) **(*i*)** अण्डमान एवं निकोबार द्वीपें।

अध्ययन की सरलता को देखते हुए इन सभी गौण प्रदेशों का विवेचन/विश्लेषण/वर्णन उनके प्रमुख प्रदेशों के अंतर्गत ही करना श्रेयष्कर होगा। ये क्रमनानुसार निम्नलिखित है–

(1) गतिशील प्रदेश (Dynamic Regions): गतिशील प्रदेश वे जनसंख्या-संसाधन प्रदेश होते है जिनमें प्रगति की रफ्तार तीव्र होती है। ऐसा

इसलिए संभव होता है क्योंकि इन प्रदेशों में संसाधन संभावनाएँ अधिक होने के साथ-साथ प्राविधिकी ज्ञान वाले मानव संसाधन अर्थात् जनसंख्या भी मौजूद पायी जाती है। तीव्र औद्योगीकरण एवं नगरीकरण इस क्षेत्र में विद्यमान ग्रामीण क्षेत्रों की जनसंख्या को आकर्षित करते हैं क्योंकि उन्हें रोजगार के अवसरों की तलाश होती है। ग्रामीण क्षेत्रों से नगरीय केन्द्रों की ओर प्रवास होने से वहाँ की जनसंख्या में प्राकृतिक वृद्धि के अतिरिक्त प्रवास से भी जनसंख्या वृद्धि बढ़ जाती है जिससे विभिन्न प्रकार के उद्यमों में तीव्रता आती है। ये इस प्रकार हैं–

(*a*) पश्चिम बंगाल का डेल्टा : पश्चिम बंगाल के डेल्टा में कोलकाता-हुगली औद्योगिक क्षेत्र पश्चिम बंगाल के ग्रामीण क्षेत्रों तथा देश के अन्य भागों से क्रियाशील जनंसख्या को प्रवास हेतु आमंत्रित करता है, क्योंकि यह प्रदेश अधिकतम रोजगार प्रदान करने में सक्षम है। यहाँ पर अवस्थित उद्योगों में साधारण श्रम के अतिरिक्त प्राविधिकी एवं वैज्ञानिक श्रम की भी आवश्यकता होती है। दामोदर घाटी में स्थित औद्योगिक पेटी भी इससे संलग्न है।

(*b*) दकन या लावा प्रदेश : लावा या दकन प्रदेश भी औद्योगीकरण एवं नगरीकरण के क्षेत्र में अग्रसर है। मुम्बई, अहमदाबाद, सूरत, बड़ोदरा, नागपुर, शोलापुर प्रभृति नगरों में यातायात ऊर्जा, चिकित्सा, शिक्षा आदि के साथ-साथ तीव्र व्यावसायिक क्रियाकलाप अस्तित्व में हैं। यद्यपि कि इन क्षेत्रों में संसाधनों की अपेक्षाकृत कमी है, किन्तु गुजरात के अंकलेश्वर पेट्रोलियम क्षेत्र तथा प्रायद्वीप के पश्चिमी घाटों पर जल विद्युत की सम्भाव्यता विद्यमान है। इन क्षेत्रों में अब तृतीयक व चतुर्थक क्रियाओं का बोलबाला है, फलस्वरूप अधिक जनसंख्या वाले केन्द्र बन गए हैं। मुम्बई इस प्रदेश का ही नहीं देश का भी सबसे बड़ा नगरीय केन्द्र है।

(*c*) तमिलनाडु प्रदेश : तमिलनाडु का मद्रास (अब चेन्नई) क्षेत्र भी उन्नत औद्योगिक केन्द्र हैं जहाँ घनी आबादी मिलती है। तकनीकी शिक्षा का यह गढ़ है। चेन्नई के अनुषंगी नगर (Satellite Cities) यथा कोयमुत्तुर, मदुरई, नेवेली एवं तूतीकोरन आदि इसके जनसंख्या भार को हल्का कर देते हैं, क्योंकि ग्रामीण (समीप) आबादी चेन्नई के अतिरिक्त इन नगरों में भी आकर बस जाती है। इस क्षेत्र के तीव्र औद्योगीकरण में खनिज (कच्चे माल) की कमी पायी जाती है, किन्तु फिर भी तकनीकी परक उद्योग विकसित हैं।

(*d*) गंगा, यमुना और पंजाब का मैदान : गंगा-यमुना एवं पंजाब के मैदान मुख्यतः शस्योत्पादन के लिए जाने जाते हैं, किन्तु इनमें औद्योगिक नवाचार हो रहा है। अधिकांश कृषि से संलग्न जनसंख्या अब उद्योगों पर ध्यान देने लगी है, क्योंकि कृषि में लाभ की गुंजाइश कम हुई है। दिल्ली यहाँ का सर्वाधिक

जनसंकुल नगरीय केन्द्र है जहाँ जनसंख्या की प्राकृतिक वृद्धि दर कम, किन्तु प्रवास जनित वृद्धि दर अधिक है। बिहार एवं उत्तर प्रदेश के प्रवासी यहाँ अधिक हैं, क्योंकि वे अपेक्षाकृत पड़ोसी हैं। नोएडा एवं गाजियाबाद तथा गुड़गाँव-फरीदाबाद आदि अनुषंगी नगर इसके जनसंख्या भार को कम करने में सहायक हैं।

(e) दक्षिणी-पूर्वी कर्नाटक का पठार : दक्षिणी पूर्वी कर्नाटक के पठार वाले प्रदेश तुमकुर से लेकर माण्ड्या बंगलौर एवं कोलार तथा मैसूर तक को शामिल किये हैं। इनमें बंगलौर 'साइंस सिटी' के नाम से विख्यात है और अधि कतम रोजगार के अवसर तकनीकी क्षेत्र में उपलब्ध करा रहा है। इस प्रदेश में तेजी से औद्योगीकरण होने पर ग्रामीण जनसंख्या आकर्षित हुई है। बंगलौर के चारों ओर व्यापक संसाधनों की उपस्थिति (सम्भाव्यता) के कारण बाह्य क्षेत्रों में ही औद्योगीकरण की तीव्र संभावनाएँ हैं जिससे इस नगर की आबादी कुछ कम होते जाने की सम्भावना है।

2. आशान्वित प्रदेश (Prospective Regions): आशान्वित प्रदेश वे होते हैं, जहाँ विकास की सम्भावनाएँ तो विद्यमान होती हैं किन्तु तकनीकी ज्ञान का अभाव उनका पूर्ण उपयोग नहीं कर पाता। तमाम सामार्थिक (सामाजिक-आर्थिक) समस्याएँ तकनीकी ज्ञान एवं संसाधन उपयोग के मार्ग में रोड़ा बनती हैं। इतना होने के बावजूद भी इस प्रदेश में छोटे-छोटे औद्योगिक केंन्द्रों का अविर्भाव सम्भव हो सका है। इनके अंतर्गत निम्नलिखित उप या गौण प्रदेश आते हैं–

(a) प्रायद्वीप का उत्तरी-पूर्वी भाग : झारखण्ड, छत्तीसगढ़ एवं उड़ीसा के भाग इसमें समाहित हैं। देश की विपुल खनिज सम्पदा यहाँ विद्यमान है, किन्तु इनका तकनीकी ढंग से बेहतर उपयोग नहीं किया जा सका है। लोहा, कोयला, चूना पत्थर, अभ्रक आदि खनिजों के अथाह भण्डार यहाँ मौजूद हैं। अभ्रक के मामले में यह प्रदेश देश का ही नहीं विश्व स्तर का समृद्धवान प्रदेश है। खनिजों के अतिरिक्त वनस्पतियों (विशेषकर मुद्रादायिनी) की भी उपस्थिति यहाँ की विकासीय आशाओं को बढ़ाती है बशर्ते तकनीकी ढंग से इनका विवेकपूर्ण उपयोग किया जाय।

(b) कृष्णा एवं गोदावरी बेसिन : यह प्रदेश तेलंगाना की पहाड़ियों एवं आंध्र प्रदेश के 7 जनपद पर विस्तृत है। तेलंगाना पठार का शेष हिस्सा हैदराबाद को छोड़ देने पर अविकसित माना जाता है। यहाँ खनिजों की खानें समृद्ध हैं किन्तु उनका प्रचुर उपयोग नहीं किया जा सका है। इस प्रदेश में पेट्रोलियम के भारी भण्डार हाल ही में ज्ञात हुए हैं।

(c) मालवा पठार एवं अरावली की पहाड़ियाँ : इसके अंतर्गत मध्य प्रदेश का आधा भाग एवं पूर्वी राजस्थान निहित हैं। भोपाल, इन्दौर, ग्वालियर, जयपुर,

जोधपुर, अजमेर आदि नगरीय केन्द्रों में तीव्र औद्योगिक गतिविधियाँ अस्तित्व में हैं किन्तु इन केन्द्रों को छोड़कर सम्पूर्ण प्रदेश निम्न नगरीकृत और निम्न औद्योगीकृत ही है। बीहड़ भूभाग के चलते सुचारू यातायात का अभाव एवं तकनीकी कुशलता में कमी यहाँ खल रही है। जबकि यहाँ पर ताँबा, जस्ता, सीसा, अभ्रक, जिप्सम, चूना पत्थर, डोलोमाइट, नीस आदि की प्रचुरता व्याप्त है।

(*d*) दक्षिणी और पश्चिमी कर्नाटक का पठार तथा गोआ : यह प्रदेश कर्नाटक पठार के दक्षिणी और पश्चिमी भागों में 650 किलोमीटर लम्बाई में विस्तृत है। धात्विक खनिजों में समृद्ध यह क्षेत्र वनस्पति एवं जलविद्युत उत्पादन

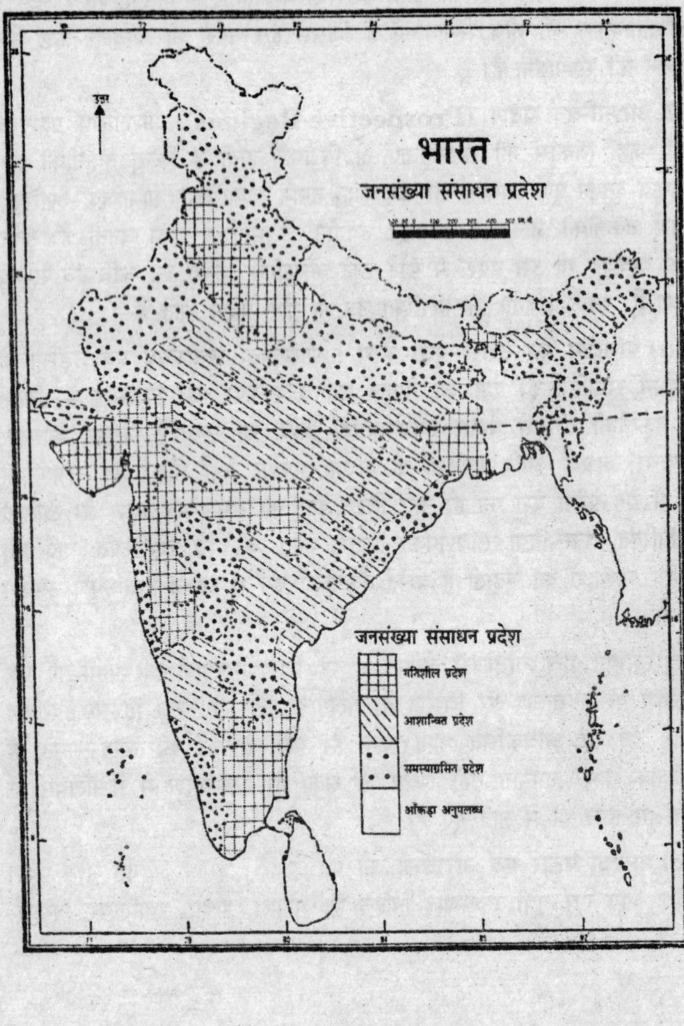

की भी सम्भावनाएँ संजोये है। भद्रावती में इस्पात करखाने स्थित हैं तथा सीमेंट उद्योग के लिए यह प्रदेश अनुकूल औद्योगिक परिस्थितियाँ प्रदान करता है। गोआ बेहतरीन पर्यटक केन्द्र के रूप में उभरा है।

(e) ब्रम्हपुत्र की घाटी : इस प्रदेश में ब्रम्हपुत्र घाटी के अंतर्गत ऊर्जा संसाधनों एवं वनस्पतियों के दोहन की पूर्ण सम्भावनाएँ हैं किन्तु तीव्र जनसंख्या वृद्धि एवं संसाधन विकास में अंतराल के चलते यह सम्भव नहीं हो पा रहा है। पेट्रोरसायन, प्लास्टिक उत्पादन, कागज तथा फर्नीचर उद्योग की यहाँ प्रबल सम्भावनाएँ विद्यमान हैं।

(3) समस्या ग्रसित प्रदेश (Problematic Regions): समस्या ग्रसित प्रदेश वे हैं जिनके पास आगामी समय में अपनी जनसंख्या को संतुष्टि प्रदान करने योग्य संसाधन नहीं हैं। इनमें संसाधनों की मात्रा अत्यल्प है एवं अधिकांश क्षेत्र ऐसे हैं जहाँ जनसंख्या घनत्व अतिशय है। कुछ क्षेत्रों में जहाँ संसाधनों (प्राकृतिक) का अभाव है वहीं कुछ में पर्यावरणीय प्रतिकूलता, अविकसित यातायात प्रणाली तथा कुशल श्रमिकों का नितान्त अभाव भी है जिनके चलते आर्थिक विकास सम्भव नहीं हो सका है तथा ये विभिन्न सामार्थिक समस्याओं को झेल रहे हैं। देश के समस्या ग्रसित प्रदेशों का समूहवार मध्ययन प्रस्तुत है–

प्रथम समूह के चार प्रदेश क्रमशः (*a*) केन्द्रीय एवं पूर्वी गंगा के मैदान, (*b*) उड़ीसा का तटीय क्षेत्र, (*c*) केरल का तटीय क्षेत्र एवं (*d*) लक्षद्वीप, मिनिकोय, अमीनदीवी आदि ऐसे समस्या ग्रसित प्रदेश हैं, जिनके भूभाग में जनसंख्या का घनत्व अधिक पाया जाता है। इस अकूल जनसंख्या को पोषित करने हेतु स्थानीय क्षेत्रों में संसाधनाभाव है अतः निर्धनता एवं अभाव का वर्चस्व है।

द्वितीय समूह के 2 प्रदेशों क्रमशः (*e*) उत्तर पूर्वी कर्नाटक का पठार एवं रायलसीमा तथा कोंकण तट और (*f*) राजस्थानी मरुस्थल में नगण्य संसाधन प्राप्ति इसकी कुल जनसंख्या को आर्थिक संतोष प्रदान करने में पूर्णरूपेण अक्षम है। फलस्वरूप समस्या की विकरालता है।

तृतीय समूह के शेष सभी 3 प्रदेश क्रमशः (*g*) उत्तर पश्चिम हिमालय (*h*) पूर्व के पहाड़ी एवं पठारी प्रदेश पूर्वी हिमालय को संयुक्त करके) तथा (*i*) अण्डमान एवं निकोबार द्वीपें अतिशय उच्चावचीय भूभाग हैं जहाँ न तो अधिक जनसंख्या बसायी जा सकती है और न ही बेहतर आधारी संरचनाएँ (Infrastructures) ही विद्यमान हैं फलतः प्राकृतिक संसाधनों की समुचित प्रगति सम्भव नहीं है और प्रदेश समस्याएँ झेल रहा है। भविष्य में भी इनके पूर्ण निस्तारण की सम्भावनाएँ कम ही दृष्टिगोचर होती हैं।

निष्कर्षतः जनसंख्या संसाधन प्रदेशों के निर्धारण हेतु नवीनतम् प्रयास की आवश्यकता है, क्योंकि पूर्व निर्धारित प्रदेशों के कुछ हिस्सों में परिवर्तन परिलक्षित

हुए हैं। पी. सेन गुप्ता का प्रदेश निर्धारण प्रथम प्रयास तो अवश्य है किन्तु यह भूगोलवेत्ता समुदाय का अंतिम प्रयास नहीं है। अतः जनसंख्या संसाधन प्रदेशों के नवनिर्धारण की महती आवश्यकता है भूगोलवेतत्ताओं को इस हेतु सार्थक प्रयास करना ही होगा।

अति उपयोगी प्रश्न श्रृंखला

1. Population' (जनसंख्या) शब्द की उत्पत्ति किस भाषा के 'Populosus' शब्द से हुई है?

   (अ) फ्रांसीसी (ब) जर्मनिक (स) लैटिन (द) अमेरिकी

2. 'Resource' शब्द में 'Re' से क्या आशय निकलता है?

   (अ) पुनः (ब) दीर्घ अवधि (स) स्रोत (द) कोई नहीं

3. क्या मंगल ग्रह पर पहुँचने के बाद वहाँ की चट्टानें मानव हेतु संसाधन मानी जायेगी?

   (अ) नहीं (ब) हाँ
   (स) दोनों सही है (द) संशयपूर्ण स्थिति है

4. प्रकृति के पास निम्नलिखित में से कौन सी/कौन-कौन सी शक्तियाँ निहित हैं?

   (अ) स्वसंतुलन (ब) स्वनियंत्रण (स) स्वमूल्यन (द) सभी

5. निम्नलिखित में से कौन संसाधनों का भी संसाधन है?

   (अ) सौर ऊर्जा (ब) वायु ऊर्जा (स) जल (द) मानव

6. निम्नलिखित में से कौन अक्षयशील संसाधन है?

   (अ) कोयला (ब) सौर ऊर्जा
   (स) पेट्रोलियम (द) सम्पीडित प्राकृतिक गैस (C.N.G.)

7. पृथ्वी को सौर ऊर्जा का कितना प्रतिशत प्राप्त होता है?

   (अ) 1 अरबवाँ भाग (ब) 1.5 अरबवाँ भाग
   (स) 2 अरबवाँ भाग (द) 3 अरबवाँ भाग

8. मानव की श्वसन हेतु ऑक्सीजन आवश्यक होती है, किन्तु वह किस गैस का उत्सर्जन करता है?

   (अ) हाइड्रोजन (ब) सल्फर डाई ऑक्साइड
   (स) कार्बन डाई ऑक्साइड (द) ओजोन

9. जब जनंसख्या को अधिकतम प्रति व्यक्ति आय प्रप्त होने लगती है एवं संसाधन तथा जनसंख्या के मध्य बेहतर तालमेल रहता है तो इस अवस्था को क्या कहते हैं?

   (अ) न्यूनतम जनसंख्या (ब) अधिकतम जनसंख्या
   (स) आदर्श जनसंख्या (द) धनाढ्य जनसंख्या

10. निम्नलिखित में से किस राज्य की प्रतिव्यक्ति आय अधिक है?
(अ) पंजाब (ब) गुजरात (स) हरियाणा (द) सभी की

11. माल्थस का जनसंख्या सिद्धांत किस लेख में 1798 में प्रकाशित हुआ था?
(अ) Problems of Population
(ब) Rules of Population
(स) An Essay on Environment & Population
(द) An Essay on the Principle of Population

12. टी.आर. माल्थस के अनुसार अवरोध की अनुपस्थिति में जनसंख्या किस विधि से बढ़ती है?
(अ) अंकगणितीय (ब) बीजगणितीय (स) ज्यामितीय (द) वैज्ञानिक

13. R.S.P.M. का पूरा नाम क्या है?
(अ) Reserved Suspended Population Matter
(ब) Reconstructional Super Particulate Matter
(स) Respirable Suspended Particulate Matter
(द) Rural Suspended Part of Matter.

14. वायु की गुणवत्ता खो चुके महानगरों में शीर्ष स्थान किसका (2000) है?
(अ) लखनऊ (ब) चेन्नई (स) मुम्बई (द) कोलकाता

15. मृदा संसाधन के अनवरत हनन के लिए कौन जिम्मेदार है?
(अ) रासायनिक खादें (ब) कीटनाशी/खरपतवार नाशी
(स) सिंचाई का नहरी जल (द) सभी

16. खाद्य एवं कृषि संगठन (F.A.O.) के प्रतिवेदन के अनुसार भारत में कितनी भूमि पर लवणता विद्यमान है?
(अ) 25 लाख हेक्टेयर (ब) 70 लाख हेक्टेयर
(स) 50 लाख हेक्टेयर (द) 120 लाख हेक्टेयर

17. जल संसाधन का अतिशय दोहन करने वाले जिले में सर्वाधिक किस राज्य में हैं?
(अ) राजस्थान (ब) उत्तर प्रदेश (स) आंध्र प्रदेश (द) कर्नाटक

18. देश में वन संसाधन का आवरण कितने भौगोलिक क्षेत्र पर है?
(अ) 15.4% (ब) 17.8% (स) 20.6% (द) 28.8%

19. वानस्पतिक प्रतिरक्षा प्रणाली को नष्ट करने में कौन भूमिका अदा कर रहा है?
(अ) अम्लवर्षा (ब) ओजोन
(स) दोनों (द) इनमें से कोई नहीं

20. देश में बाघों की संख्या तेजी से घट रही है एवं चीते पूर्णतया लुप्त हो चुके हैं। विलुप्त प्राय जैविक संसाधनों को किस सूची में रखा जाता है?

(अ) हरित आँकड़ा सूची (ब) पीत आँकड़ा सूची

(स) रक्तिम आँकड़ा सूची (द) नील आँकड़ा सूची

21. देश की ऊर्जा जरूरतों को पूरा करने के लिए किस शक्ति संसाधन का अतिशय विदोहन हो रहा है?

(अ) कोयला (ब) बायोगैस (स) सौर ऊर्जा (द) बायोडीजल

22. विश्व जनसंख्या संसाधन प्रदेशों को एकरमान ने निर्धारित किया था किन्तु भारत के जनसंख्या प्रदेशों का निर्धारण किसने किया?

(अ) माजिद हुसेन (ब) पी. सेनगुप्ता (स) सविन्द्र सिंह (द) गोविन्द प्रसाद

23. भारत के जनसंख्या संसाधन प्रदेशों के मुख्य प्रकारों में कौन शामिल नहीं है?

(अ) गतिशील प्रदेश (ब) आशान्वित प्रदेश

(स) विकसित प्रदेश (द) समस्याग्रसित प्रदेश

24. गतिशील प्रदेश के अंतर्गत कौन सा गौण प्रदेश आता है?

(अ) तमिलनाडु (ब) ब्रम्हपुत्र की घाटी

(स) लक्षद्वीप (द) गोआ

25. समस्याग्रसित प्रदेशों के अंतर्गत कौन सा गौण प्रदेश शामिल नहीं है?

(अ) लक्षद्वीप (ब) केरल

(स) दमन (द) अण्डमान-निकोबार द्वीप समूह

उत्तरदायी सूची

1. स	2. ब	3. ब	4. द	5. द
6. ब	7. स	8. स	9. स	10. द
11. द	12. स	13. स	14. अ	15. द
16. ब	17. ब	18. स	19. स	20. स
21. अ	22. ब	23. स	24. अ	25. स

11

भारत : जनसंख्या नीति एवं परिवार कल्याण कार्यक्रम
(INDIA : POPULATION POLICY AND FAMILY WELFARE PROGRAMME)

प्रस्तावना (Introduction)

किसी भी राष्ट्र में जनसंख्या नीति का मुख्य निर्माणोद्‌देश्य उसके जनसांख्यिकीय अतीत एवं वर्तमान का अभिज्ञान करते हुए भविष्य के परिप्रेक्ष्य में जनसंख्या की वाञ्छनीय मात्रा प्राप्त करना होता है। एक आशावादी राष्ट्र के रूप में वह अपने गर्भ में समाहित नैसर्गिक संसाधनों की वाञ्छनीयता प्राप्त करना चाहता है। भारत ऐसा ही राष्ट्र है। सर्वज्ञात है कि हमारी जनसंख्या एक अरब का आँकड़ा पार कर चुकी है। अर्थशास्त्रियों का मानना है कि यदि इस संसाधन का विवेकपूर्ण ढंग से उपयोग हो तो यह देश के लिए भार नहीं उपहार के सदृश है, किन्तु जनातिरेक के पक्ष में वे भी कदापि नहीं रहे। भूगोलवेत्ता समुदाय कहता आया है कि राष्ट्र में जनसंख्या निहित संसाधनों की अपेक्षा अधिक है और चिन्ताजनक यह है कि इसमें अनवरत बढ़ोत्तरी जारी है। ऐसे में एक स्वस्थ जनसंख्या नीति को अपनाये जाने की महती आवश्यकता है। यद्यपि कि हमारे राष्ट्र में जनसंख्या नीतियाँ बदलती रही हैं तथापि आज जो स्थिति है वह लगभग स्थायित्वपूर्ण है एवम् कुछ नवाचारों (Innovations) का सात्मीकरण आज भी हो रहा है।

भारत की जनसंख्या नीति (Population Policy of India)

भारत में जनसंख्या नीति की पहल अखिल विश्व के विकासशील देशों में सर्वप्रथम हुई। यहाँ जनसंख्या नियंत्रण के प्रत्यक्ष एवं परोक्ष दोनों उपायों का प्रावधान है। प्रत्यक्ष उपायों में जनसंख्या नियंत्रणार्थ विविध प्रकार के निरोधकों की व्यवस्था है तो वहीं दूसरी ओर परोक्ष उपायों के अन्तर्गत सामार्थिक (सामाजिक एवं आर्थिक) उन्नति को उस स्तर पर पहुँचाना है, जिससे जनसंख्या स्वनियंत्रण हेतु स्वतः तैयार हो जाये। वर्तमान में अपनायी जा रही यह नीति विगत विभिन्न

नीतियों का परिष्कृत रूप है। आरंभ से लेकर अब तक की नीतियों का चरणबद्ध ढंग से 2 कालों में वर्गीकरण कर अध्ययन करना समुचित होगा–

(अ) स्वतंत्रता से पूर्व की जनसंख्या नीति

(ब) स्वतंत्रता के बाद की जनसंख्या नीति

(अ) स्वतंत्रता से पूर्व की जनसंख्या नीति (Past independence population policy) : देश में स्वतंत्रता से पूर्व सुस्पष्ट जनसंख्या नीति का पूर्णतया अभाव था। इसके 2 मूल कारण थे। प्रथम तो यह कि ब्रिटिश-भारत में अंग्रेज-अफसरानों ने इस ओर रुचि ही नहीं ली और दूसरे यह कि 1911 एवं 1921 के मध्य विविध प्रकार की महामारियों यथा प्लेग, हैजा, एन्फ्लुएंजा आदि के प्रकोप के चलते अचानक मृत्युदर का बढ़ जाना और 1921 के जनगणना वर्ष का जनसांख्यिकीय इतिहास का महान विभाजक वर्ष बन जाना जिससे लोगों में मृत्यु के प्रति भय का बढ़ जाना रहा। इन दोनों हतोत्साहनों ने जनसंख्या नियंत्रण पर लोगों का रुझान हीं नहीं पनपने दिया।

1930 के दशक में जब मृत्युदर पर शिथिल होने लगी और तीव्र जनसंख्या वृद्धि की ओर देश बढ़ा तो उसके समक्ष निर्धनता, भुखमरी और नाना प्रकार की सामार्थिक समस्याओं ने उसे कोसा। फलस्वरुप तत्कालीन राजनेताओं/समाज सुधारकों/बुद्धिजीवियों/राष्ट्रचिन्तकों एवं गैर सरकारी संगठनों ने जनसंख्या नियंत्रण पर बल देना शुरु किया। एक ओर स्वतंत्रता प्राप्ति हेतु और दूसरी ओर जनसांख्यिकीय समस्याओं को दूर करने हेतु इन सबों ने मिलकर प्रयास किया। यहाँ तक कि परिवार नियोजन के लिए विविध प्रकार के सुझाव के साथ-साथ जन्मदर की तीव्रता को नियंत्रित करने हेतु कतिपय चिकित्सकों ने हिम्मत का परिचय देते हुए चिकित्सा एवं संतति निग्रह करने के उद्देश्य से केन्द्रों की स्थापना भी की। यह इस क्षेत्र (जनसंख्या नियंत्रण) में एक सराहनीय प्रयास था। दक्षिण भारत में इसका प्रादुर्भाव सर्वप्रथम हुआ, जिसका प्रभाव आज तक भी है। उत्तर भारत में वहाँ की अपेक्षा आज भी जनसंख्या नियंत्रण एक शिथिल प्रक्रिया ही बनी प्रतीत होती है।

तत्कालीन ब्रिटिश सरकार ने सर्वप्रथम मैसूर प्रदेश में जन्म नियंत्रणार्थ एक चिकित्सा केन्द्र की स्थापना के लिए सन् 1930 में पहल की। यह इस प्रकार की प्रथम सरकारी पहल थी। इससे प्रोत्साहित होकर तीन वर्ष बाद सन् 1933 में मद्रास ने भी एक चिकित्सा केन्द्र को अंजाम दिया, जिससे लोगों में यह भाव जगने लगा कि जनसंख्या नियंत्रण वर्तमान की आवश्यकताओं (राष्ट्रीय) में से एक है तथा इसके लिए तैयार होना चाहिए।